U0174334

pCBT 基复合材料的力学性能及改性影响

王振清 杨 斌 王永军 吕红庆 张 璐 著

科学出版社

北 京

内 容 简 介

作为一种热塑性高分子材料，pCBT 可与多种增强相组成性能优良的复合材料。本书全面系统介绍了 pCBT 基复合材料的力学性能及其改性影响的相关研究成果，主要内容包括：绪论、CBT 的聚合过程及聚合产物的性能分析、不同改性方式对 pCBT 基体的热学性能和力学性能的影响、纳米改性对 GF/pCBT 复合材料在不同环境下力学性能的影响、纳米改性对 SMA/环氧树脂复合材料界面黏接强度的影响、GF/pCBT 复合材料的液体成型工艺及连接方法研究、混杂改性对 GF/pCBT 复合材料在低速冲击载荷下的影响。

本书可供复合材料产品设计、制造和维护等相关领域的研究人员、工程技术人员和高等院校相关专业师生参考。

图书在版编目(CIP)数据

pCBT 基复合材料的力学性能及改性影响 / 王振清等著. —北京：科学出版社，2022.6
 ISBN 978-7-03-070326-2

Ⅰ. ①p… Ⅱ. ①王… Ⅲ. ①热塑性复合材料-冲击性能-环境影响-研究 Ⅳ. ①TB33

中国版本图书馆 CIP 数据核字（2021）第 230997 号

责任编辑：张 震 张 庆 韩海童 / 责任校对：王萌萌
责任印制：吴兆东 / 封面设计：无极书装

科学出版社 出版
北京东黄城根北街 16 号
邮政编码：100717
http://www.sciencep.com

北京凌奇印刷有限责任公司 印刷
科学出版社发行 各地新华书店经销
*

2022 年 6 月第 一 版 开本：720×1000 1/16
2022 年 7 月第二次印刷 印张：15 1/2

字数：304 000

定价：108.00 元

（如有印装质量问题，我社负责调换）

前　言

纤维增强复合材料具有比强度高、比模量高、可设计性好等优点。近年来，复合材料在航空航天、船舶、汽车等领域得到广泛应用。然而，热塑性和热固性复合材料在不同老化、力学等环境中的使用对其可靠性提出了严峻的挑战。与常规材料相比，纤维增强树脂基复合材料在实际应用中同样面临着湿热、高低温老化、冲击韧性差等一系列问题。环状对苯二甲酸丁二醇酯（cyclic butylenes terephthalate，CBT）的出现解决了这一大难题。CBT 是一种具有大环寡聚酯结构的新型树脂，在加热后熔体黏度极低。在适量催化剂和适当温度下，可开环聚合成高分子量的热塑性工程塑料聚环状对苯二甲酸丁二醇酯（poly cyclic butylenes terephthalate，pCBT），聚合过程中无反应热、无气体和挥发性有机化合物释放。

本书作者团队基于 CBT 树脂的特点，通过原位聚合的方法，对连续纤维增强 pCBT 复合材料的液体成型制备方法和工艺参数进行了研究。在此基础上，主要进行了 pCBT 基复合材料的改性研究，分别对 CBT 树脂进行了包含纳米 SiO_2、纳米 TiO_2、纳米石墨三种纳米颗粒以及短切碳纤维的改性研究，并对改性后 CBT 树脂的热行为、力学行为作了评估；随后采用试验和有限元模拟相结合的方法设计了 pCBT 复合材料熔融连接结构，研究了接头的承载能力和失效模式。为了拓展碳纤维增强 pCBT 树脂基复合材料的应用范围，还对该类材料进行了玻璃纤维/碳纤维层间混杂改性，并研究了改性前后复合材料的冲击性能。

研究发现，在 CBT 树脂基体中添加纳米颗粒能够提升材料的耐高温性能；利用纤维表面涂覆纳米颗粒的方法可以提升复合材料的界面黏接强度，进而提升材料的耐湿热老化、耐高温能力；从试验中得到的使用时间-温度等效曲线可以有效预测材料在不同温度下的使用性能；利用玻璃纤维与碳纤维层间混杂的方式能够在很大程度上提升纯碳纤维增强 pCBT 树脂基复合材料的临界穿透速度，改性后材料的抗冲击能力增强。同样，利用层间混杂的方式可以改善泡沫夹心三明治结构的冲击容限，材料冲击后压缩强度得到提升。

新材料的发展历史进程与人类进化的历史进程十分相似。新的知识和智慧促进了新材料研究及应用，且是永无止境的。现在的研究还仅仅是开始，许多问题尚待多个学科的专家学者共同努力去解决。本书只是起到抛砖引玉的作用，难免存在一些瑕疵，敬请读者批评指正。

王振清

2022 年 1 月

目　　录

第1章 绪　　论

21世纪以来，材料、能源、信息产业成为推动社会发展的三大支柱产业。材料是人们生活必需的物质基础，在人类历史发展中，材料科学的进步很大程度上促进了社会生产力的发展。与常规材料相比，复合材料（composite materials）在实际工程领域中得到了更为广泛的重视及应用。复合材料是指由两种或两种以上不同性质的材料通过物理或化学的方法在宏观或微观上形成的具有新性能的材料。复合材料中，各种组分在性能上取长补短，产生了协同效应，使复合材料的综合性能优于原组成材料，进而满足了各种不同的要求[1]。材料的复合化是一个重要发展方向，也是新材料领域的重要组成和最具有生命力的分支之一。目前，复合材料已经发展成为与金属、无机非金属、高分子材料并列的四大材料体系之一。复合材料共同的优点有：①可综合发挥各种组成材料的优点，使一种材料具有多种性能，甚至具有天然材料所没有的性能；②可按对材料各种性能的需求进行设计、制造；③可制成需要的具有任意形状的产品，可避免多次加工工序等。这些优点中，材料性能的可设计性是复合材料最大的优点[2]。影响复合材料性能的因素很多，主要取决于增强材料的性能、含量及分布状况；基体材料的性能、含量；增强材料与基体材料之间的界面黏接情况等。此外，复合材料的性能还与成型工艺和材料结构有很大关系。因此，不论是哪一类复合材料，就是同类复合材料的性能也不一定是一个固定值。聚合物基复合材料具有比强度高、比模量大、耐疲劳性能好、减震性好、加工工艺性优良等诸多突出优点。因此，聚合物基复合材料在实际工程中得到了更为广泛的应用。

聚合物基复合材料以其不可比拟的优点被广泛应用于航空航天及航海等工程领域中。但是，与众多常规材料相同，应用于这些领域的复合材料难免会遭受环境老化、腐蚀、力学冲击等一系列使用因素的考验。在湿热环境中，树脂基复合材料会发生基体的物理或化学老化，进而导致整体性能的大幅衰减。在冲击载荷作用下，复合材料层合板内会产生目视不可见的损伤，这些损伤往往表面很小，而在内部和冲击内表面损伤严重，这些内部损伤会使复合材料结构的承载能力大幅下降，从而对结构的安全构成潜在威胁。复合材料层合板在低速低能冲击下的损伤破坏模式通常表现为基体开裂、基体挤压、纤维断裂、分层，因此冲击损伤使复合材料的强度和寿命大幅下降，严重影响材料的使用[3-5]。因此，为了克服自然环境以及力学环境对材料性能的影响，研究材料的改性方法来提升材料的某一个或者某些方面的性能意义重大。

1.1　热固性及热塑性复合材料的特点

1.1.1　复合材料的分类

复合材料的分类方法有很多，常见的分类方法有以下几种[2]。

按增强材料形态，复合材料可以分为以下几类：

（1）连续纤维增强复合材料，作为分散相的纤维，每根纤维的两个端点都位于复合材料的边界处。

（2）短纤维复合材料，通过将短纤维无规则地分散在基体材料中而制成的复合材料。

（3）颗粒填料复合材料，通过将微小颗粒状增强材料分散在基体中而制成的复合材料。

（4）编织复合材料，以平面二维或立体三维编织物为增强材料与基体复合而成的复合材料。

按增强纤维种类，复合材料可以分为以下几类：

（1）玻璃纤维复合材料。

（2）碳纤维复合材料。

（3）有机纤维复合材料。

（4）金属纤维复合材料。

（5）陶瓷纤维复合材料。

按基体材料类型，复合材料可以分为以下几类：

（1）聚合物基复合材料，以有机聚合物（主要为热固性树脂、热塑性树脂及橡胶）为基体制成的复合材料。

（2）金属基复合材料，以金属为基体制成的复合材料，如铝基复合材料、钛基复合材料等。

（3）无机非金属基复合材料，以陶瓷材料为基体制成的复合材料。

按材料的使用要求，复合材料可以分为以下几类：

（1）结构复合材料，用于制造受力构件的复合材料。

（2）功能复合材料，具有各种特殊性能（阻尼、导电、导磁、换能、摩擦、屏蔽等）的复合材料。

此外还有同质复合材料和异质复合材料。增强材料和基体材料属于同种物质的复合材料为同质复合材料，如碳/碳复合材料。如前所述的大部分复合材料属于异质复合材料。

1.1.2 热固性复合材料

不饱和聚酰树脂、环氧树脂及酚醛树脂等是最为常见的热固性树脂。这些树脂在加入固化剂并受热后,将形成不溶不熔的固化物,因此该类树脂被称为热固性树脂。热固性树脂中使用最多的是不饱和聚酰树脂,这是因为不饱和聚酰树脂的原材料来源广泛,价格相对较低,并且具有成型工艺简单、温度低等诸多优点。热固性复合材料及其应用一直是复合材料研究的一个主要方向。在该类复合材料中,固化的树脂将增强纤维黏接成为一个整体,这样就能够很好地传递载荷,进而使得到的复合材料具有较好的力学性能[6]。热固性复合材料具有以下优点:

(1)质轻强度高,比强度高。该类复合材料的比强度超过合金钢、铝合金、钛钢等材料,因此在航空航天、交通运输等部门中得到广泛应用。

(2)优良的电性能。该类材料不易受到电磁干扰,不反射电波,透波性好。因此在雷达、电器工业中得到广泛应用。

(3)耐腐蚀。该类材料一般都能耐酸碱、海水等介质腐蚀。因此在海洋工业中应用广泛。

(4)良好的绝缘性。该类材料热导率低,只有金属材料的 1/1000～1/100,是很好的抗烧蚀材料。

(5)多样化的工艺性能。适用于手糊工艺、挤拉工艺、注塑工艺、模压工艺等多种加工工艺。

然而,虽然热固性复合材料具有以上诸多优点,但其也存在弹性模量较低、耐热性能较差、抗老化性能差、力学性质各向异性严重及材料性能分散性严重等缺陷,最主要的问题是热固性复合材料不可降解、循环使用等环保问题严重。

1.1.3 热塑性复合材料

1. 热塑性复合材料的发展史

随着各国政府有关绿色环保和可持续发展等相关政策的出台,对于资源的有效利用、重复利用已成为了当今社会的发展主题之一,循环经济和低碳经济的发展要求材料领域不仅要提供性能优异的材料制品,同时还应致力于可循环使用的材料及其技术的研究。当今全球复合材料行业都将易回收、可循环再利用的热塑性复合材料视为应大力发展的方向,一些机构甚至预测在未来十年内热固性复合材料和热塑性复合材料的应用比例将趋于相等[7]。

热塑性复合材料现已广泛地应用到航空航天工业、船舶工业、汽车制造业、石油化工业等领域。热塑性复合材料的发展经历了一个漫长的历史过程,主要为以下三个阶段：短纤维增强热塑性复合材料；长纤维增强热塑性复合材料；连续纤维增强热塑性复合材料[8, 9]。

众所周知，热塑性复合材料和热塑性塑料是密切相关的。20 世纪 50 年代初，随着石油和化学工业的发展，热塑性塑料的发展速度也开始加快，美国的 Bradt 首先采用短玻璃纤维增强了聚丙烯，拉开了热塑性复合材料的序幕，继而 Fiberfil 公司利用这项技术成功制造出短玻璃纤维增强尼龙 66[10-12]。直到 20 世纪 60 年代中期，纤维增强热塑性复合材料由于螺杆式注射机的广泛使用才得以大规模生产。在 20 世纪 70 年代，以中长玻璃纤维毡增强聚丙烯的热塑性片材的出现为标志，长纤维增强热塑性复合材料开始进入了发展阶段[13]。与短纤维增强热塑性复合材料相比，长纤维增强热塑性复合材料中的纤维可以平行排列和分散，纤维长度不被破坏，长度均匀统一，树脂能够充分浸润增强纤维，纤维体积分数可达到 30%，与短纤维复合材料结构件相比，其抗冲击、抗蠕变性更好，耐热性能也更优异[14-16]。20 世纪 80 年代初，以 APC-1 和 APC-2 为代表的连续纤维增强高性能的先进热塑性复合材料相继问世，标志着复合材料的发展进入了连续纤维增强热塑性复合材料阶段，热塑性复合材料开始在军工领域，以及体育用品、建筑修补加强片等民用工业得到越来越广泛的应用[17-19]。

我国的热塑性复合材料是 20 世纪 80 年代末期发展起来的，作为可回收利用的材料，在树脂基复合材料的总产量中的比例呈逐年增长趋势[20]。主要品种有长纤维增强粒料（long fiber reinforced particles）、连续纤维增强预浸带和纤维增强热塑性片材。根据使用要求不同，热塑性树脂基体主要有聚丙烯（polypropylene，PP）、聚乙烯（polythlene，PE）、聚酰胺（polyamide，PA）、聚对苯二甲酸乙二酯（polyethylene terephthalate，PET）、聚对苯二甲酸丁二酯（polybutylene terephthalate，PBT）、聚醚酰亚胺（polyetherimide，PEI）、聚醚砜（polyethersulfone，PESF）、聚醚醚酮（polyetheretherketone，PEEK）、聚苯并咪唑（polybenzimidazole，PBI）等热塑性工程塑料，热塑性复合材料常用的增强材料主要有玻璃纤维、碳纤维和聚芳酰胺纤维三类，其典型的物理性能见表 1.1[21-24]。

表 1.1　热塑性复合材料常用增强材料典型的特性

性能	玻璃纤维	碳纤维	聚芳酰胺纤维
热分解温度/℃	软化温度 840	≥540	≥400
热膨胀系数 /×10^{-6}℃$^{-1}$	5	-1.4	湿热 100℃，15min 收缩 3.8%; 干热 200℃，收缩 0.05%
电阻率/（Ω·cm）	10^{15}（绝缘）	1.6×10^{-3}（导电）	10^{15}（绝缘）

续表

性能	玻璃纤维	碳纤维	聚芳酰胺纤维
耐化学性	耐水、耐碱性较差,其他耐化学性能好	对溶剂、盐溶液有极好的耐蚀性,能耐强酸碱	对溶剂、盐溶液有极好的耐蚀性,不耐强酸碱
耐磨性	不耐磨	极耐磨	耐磨
摩擦系数	较大	极小	较大
比热容/ [J/ (g·℃)]	0.67	0.7	—
热导率/[W/(cm·℃)]	$4.19×10^{-4}$	$8.37×10^{-4}$	—
耐疲劳性	差,106 交变载荷作用下强度仅剩 20%	极好,106 交变载荷作用下强度稳定(>60%)	拉伸疲劳性能较好,不耐弯曲交变载荷
介质温度的影响	≥100℃时耐腐蚀性能下降	≥100℃时耐腐蚀性能缓慢下降	≥100℃时性能大幅下降

热塑性复合材料由于其独特的特性,在近十年来取得了快速的发展。我国目前对热塑性复合材料的研究所用的基体材料以 PP、PA 为主,增强材料以玻璃纤维为主,少量为碳纤维。虽然我国近年来对热塑性复合材料的研究已取得较多成果,但目前仍存在复合体系单一,工业化程度不高,大多数只处于实验室研究阶段,没有完全推广实用,与国外的研究和产量方面相比,存在着较大的差距,聚合物复合材料所具备的特性和潜能,仍有待开拓和发展。

2. 热塑性复合材料的主要特点

现代社会中,热塑性塑料作为一种轻便、易用的材料越来越多地出现在人们的日常生活之中。目前,随着我国社会发展的快速进步,国内对热塑性塑料的使用和需求日益增加。当前的热塑性有机塑料主要有 PET、聚碳酸酯(polycarbonate,PC)等。与热固性基体复合材料相比,热塑性复合材料具有以下特点[22]:

(1)热塑性复合材料密度小,比刚度和比强度大。普通钢材的密度为 7.8g/cm³,热固性复合材料的密度一般为 1.7~2.0g/cm³;由于热塑性塑料的密度通常小于热固性树脂,因此,热塑性复合材料的密度一般为 1.4~1.6g/cm³,密度小于热固性复合材料,比强度较高,力学性能较好。

(2)韧性优于热固性树脂,热塑性复合材料具有良好的抗冲击性能。热固性复合材料在成型过程中,树脂基体交联固化为三维网格结构。因此,热固性复合材料的刚度较高、脆性较大、抗冲击和抗损伤能力较差。热塑性复合材料是以线性高分子聚合物为基体材料,韧性良好的线性高分子聚合物赋予了复合材料优异的抗冲击性能和抗损伤能力,是工程材料减重的理想材料。

(3)热塑性复合材料的物理性能良好,适合复合材料的多种应用。一般热塑性塑料的长期使用温度为 50~100℃,经纤维增强后复合材料的使用温度可提高至 100℃，纤维增强工程塑料的长期使用温度可以达到 120～150℃，高性能热塑性复合材料的长期使用温度可达 250℃，耐热性优异。热塑性复合材料的耐水性一般优于热固性复合材料，玻璃纤维增强聚丙烯的吸水率为 0.05%～0.5%，即使是耐水性较好的玻璃纤维增强环氧复合材料的吸水率也在 0.04%～0.2%，耐水性低于热塑性复合材料。

（4）热塑性复合材料加工成型周期短。热固性复合材料的加工过程实质上是树脂在固化剂作用下，由线性的分子结构聚合为体形分子结构的过程，这需要一定的反应时间。不同的热固性树脂的反应时间不同，对于反应速度较快的不饱和聚酯树脂复合材料来说，模压一个薄壁汽车部件所需要的成型时间通常超过 1min。热塑性树脂的聚合反应通常在复合材料成型前完成，复合材料的加工过程仅仅是一个加热熔融变形，冷却固结定型的一个物理变化过程。由于热塑性复合材料的加工过程中不发生化学反应，因此，它的成型速度快，成型周期短，一般为 20～60s，生产效率高，制造成本较低。

（5）热塑性复合材料制造成本较低。对于一些形状复杂的金属部件，由于受到金属材料特征和加工工艺的限制，需要将复杂的部件分解设计为多个形状较为简单的零件，将这些零件分别加工后再组装成为具有一定功能的部件。由于复合材料具有材料设计和结构设计一体化的特点，可以通过适当的设计来简化复合材料部件的结构，复杂部件可以一次成型，简化了复杂部件的加工工艺，使得制造成本降低。

（6）成型压力较低，成型模具费用低。适合于模压成型压力较低，一般为 0.05～1.0MPa，成型时间一般在 1min 以内，纤维含量可根据不同部件确定。由于热塑性复合材料的成型压力较低，对于成型模具的承压能力要求也较低。与热固性复合材料相比，热塑性复合材料的模具制造费用可节省 25%左右，非常适合于制造小批量复合材料部件。

（7）预浸材料无存放条件限制，使用方便。制备热固性复合材料片状模塑料（sheet molding compound，SMC）、团状模塑料（bulk molding compound，BMC）和预浸料等半成品过程中，需要向基体树脂中加入可以引发树脂固化交联所需的固化剂，并产生一定的预交联反应，是一个化学变化过程。因此，半成品的预浸料通常需要在一定温度下保存，预浸料的使用期也有严格规定。与热固性预浸料不同，在制备热塑性复合材料增强颗粒、玻纤毡增强热塑性塑料（glass mat reinforced thermoplastics，GMT）片材、纤维混合材料和预浸料等半成品材料时，热塑性树脂基体一般不会发生化学反应，因此没有存放条件的限制，使用方便，节省储存费用。

（8）废料可以回收重新利用。热塑性复合材料作为可回收再利用的材料已经引起了人们的关注。最近，有关资料多次报道热塑性复合材料的回收和再利用的消息。瑞士的 Symalit 公司利用回收的热塑性片材部件和生产废料，开发出一种新型 GMT 片材，回收再利用的材料用量为 20%～50%。最近，TOYOTA 发动机公司和杜邦工程聚合物公司声称，经过气密、爆破和破坏强度等一系列的试验，结果证明采用 100%尼龙 6 混合料制成的空气进气道部件符合使用要求，证实了杜邦复合材料尼龙 6 的再利用技术的可行性。

然而，相对于热固性树脂而言，热塑性树脂的主要缺点是加工温度高、体系黏度大，对于复杂形状和高填充体含量的制品难于制备，这些因素在很大程度上限制了热塑性树脂体系的应用。环状低聚物是一类具有环状结构特征的低分子量聚合物，在加工成型时较低温度即可熔融，且熔体的黏度较低，并可与适当的开环剂反应而开环聚合形成高分子量的热塑性聚合物。目前此类材料中最具代表的是美国 Cyclics 公司生产的环状 PBT、PET 及 PC 产品。CBT 主要是由 PBT 树脂解聚而成的，其性能与 PBT 相当。该树脂一方面具有液态热固性树脂的加工特性，加工过程中黏度低，易于浸润增强体材料，便于采用更多的方式来成型；另一方面，它在聚合后又具有热塑性树脂材料的可重复加工的特性，可实现重复利用。同时，CBT 树脂的特性决定了它具有低黏度、快速聚合、可热成型、无反应热、无释放物的加工特点，是一种环境友好的有机塑料材料，而且 CBT 树脂聚合后所形成的 PBT 树脂的性能十分突出。由此可见，该类材料兼具热固性树脂和热塑性树脂的优点，备受业界的关注，尤其是在先进复合材料领域更是备受瞩目。CBT 树脂具有大环寡聚酯结构，是不同低分子量环状低聚物的混合物。

CBT 常温下为固态，加热到一定温度时，会变得像水一样，黏度极低；而且在加入催化剂后在适当的温度下可聚合成高分子量的工程热塑性聚合物——pCBT。CBT 树脂润湿能力强、填充能力强、加工黏度低，且与各种填料、增强材料和高分子材料的兼容性好。这些特性使得 CBT 树脂在不同的应用领域具有独特的作用。CBT 树脂的应用领域十分广泛，并不断得到拓展，该树脂及其复合材料现已应用在汽车、风能、建筑、运动器具、航海和航空等领域，而且这些应用领域正不断被拓展。

3. 连续纤维增强热塑性复合材料的成型工艺

与热固性复合材料相比，热塑性复合材料有很多明显的优势，具有较好的韧性和抗冲击性能，成型周期短，制造成本低，废料可回收利用，产品可以进行二次加工。但同时，热塑性复合材料也有一些不足。主要的缺点为：由于热塑性树脂作为一种聚合物基体，它的熔融黏度很大，通常在 100～1000Pa·s 的范围内，这使树脂对增强纤维的浸润产生了困难，因此热塑性复合材料的制备工艺也不同于热固性复合材料，国内外学者针对热塑性复合材料的特点做了大量研究[25-30]。

根据国内外学者对热塑性复合材料工艺的研究状况[31-40]，可以总结出连续纤维增强热塑性复合材料的加工流程图，如图 1.1 所示。

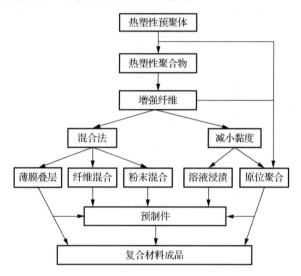

图 1.1 连续纤维增强热塑性复合材料加工流程图

在热塑性复合材料制备过程中，浸渍工艺阶段比较复杂，浸渍方式也多种多样。通常采用后浸渍工艺，也称混合法来减少树脂的流动距离，或者通过溶液浸渍或原位聚合工艺来减小树脂熔体的黏度，从而解决难以对纤维增强材料的浸润问题[41, 42]。

后浸渍工艺方法主要有三种：薄膜叠层法、纤维混合法和粉末混合法。

1）薄膜叠层法

在薄膜叠层的过程中，把聚合物薄片层和增强纤维层交替地堆叠在一起，并进行加温和加压。在高温作用下，使得聚合物薄膜熔融；在压力的作用下，聚合物熔体开始浸润增强纤维。通过压力-温度的循环作用，固结为半成品的热塑性复合材料预浸料。

薄膜叠层这种工艺方法相对来说操作简单，成本低，常用于生产平板状预浸材料，可用于形状简单的复合材料部件成型。由于在成型过程中，很难施加较高的侧向固结压力，因此对于非水平截面等复杂形状部件的成型存在着一定的局限性。此外，增强材料和聚合物基体难以完全紧密地复合在一起，因此，这种技术不适合用于制备高纤维含量的复合材料。尽管这种方法存在着一些不足，薄膜叠层工艺技术仍然常被用于小批量热塑性半成品预浸材料的制备[43, 44]。

2）纤维混合法

将热塑性聚合物以纤维的形态与增强纤维按照一定的比例随机混合均匀，形成混合纤维束，这就是纤维混合法的工艺过程。此混合纤维束具有良好的柔软性和悬垂性，铺覆性也非常好，可以直接用于热塑性复合材料的拉挤成型和缠绕成型，也可以按照一定的比例和确定的纺织结构编织成二维或三维多种形状的混编织物。这种混编织物质地柔软，使用非常方便，具有良好的加工性能。在热塑性复合材料制品成型时，只要根据制品的形状和铺层设计要求，按照结构设计的铺设角度铺放至规定的厚度，再经加温、加压、冷却、固结后，即可获得符合设计要求的复合材料制品[45]。

纤维混合工艺法的基体材料选择范围广泛，从而增加了复合材料的设计方案，扩大了热塑性复合材料的应用领域。此工艺方法可在较低成型压力下实现纤维的浸润，并且可用于制备结构复杂的复合材料构件。纤维混合法主要应用于航空航天工业、民用工业等领域。

3）粉末混合法

将聚合物粉末均匀地附着在已经分散开的单根纤维表面，再对处理后的纤维加热，使聚合物熔融，包覆在纤维的表面，形成纤维与树脂的混合体，从而使聚合物能够更好地浸渍纤维。在聚合物粉末的分散过程中，由于粉末粒径较小，容易产生团聚现象，需要一些特殊的方法使其分散，如流态化床法、静电流态化法和 Fit 法等[46-49]。

粉末混合法工艺流程较简单、可操纵性强、生产效率高，可应用于多种聚合物基体复合材料的制备。

通过减小树脂熔体黏度来增强树脂对纤维材料的浸润技术主要有两种：溶液浸渍法和原位聚合法。

1）溶液浸渍法

溶液浸渍法是热塑性复合材料实现低黏度状态下纤维浸渍的一种最简单的工艺方法，此工艺适用于可溶解的无定型聚合物。如果聚合物基体可以溶于某种溶剂，就可将其制备成低黏度溶液，从而对连续纤维进行充分的浸渍，待纤维浸渍结束后，再除去溶剂。此工艺对于溶剂的选择有着一定的条件，在浸渍过程中，溶剂应不易挥发；浸渍结束后，溶剂应易去除。这就要求溶剂应具有适当的沸点，此沸点要求低于被溶解的聚合物的分解温度，当加热到溶剂沸点以上时，溶剂可以迅速完全挥发。

此工艺解决了热塑性聚合物因熔体黏度大而难以浸渍纤维的问题，减少了由于浸渍不完全产生的界面缺陷。但是溶液浸渍法又具有一定的局限性，不适用于耐溶剂性能较好的聚合物，此外，如果溶剂选择不当，去除不完全，将在复合材料内形成孔隙，会对复合材料的性能产生一定的影响[50, 51]。

2）原位聚合法

原位聚合法的原理是将聚合物单体或预聚体与增强纤维均匀混合，由于聚合物单体和预聚体的分子量很低，黏度也很低，易于快速浸渍增强纤维；当增强纤维与树脂基体完全浸润后，可在一定条件下引发单体或预聚体聚合，使其聚合成为具有一定韧性和强度的高分子聚合物。

此工艺可以有效地解决聚合物熔体黏度大而难以浸润纤维这一困难。但树脂单体和预聚体在聚合过程中往往会伴随着较大的收缩，容易导致复合材料结构中产生较大空隙，因此热塑性复合材料成型时需要将热塑性树脂加热至其熔点以上，并在较大的固结压力下固结，以消除空隙，形成密实结构[52]。由于可供原位聚合工艺选择的聚合物单体和预聚体非常有限，该方法也具有一定局限性。

连续纤维增强热塑性复合材料的成型工艺既具有热塑性塑料和复合材料的工艺特征，又由于其可热成型的特点，也具有金属材料成型的特征[53]。连续纤维增强热塑性复合材料制品的成型工艺方法主要分为以下几种：模压成型法、拉挤成型法、树脂传递模塑成型法、纤维缠绕成型法、焊接层合成型法及隔膜成型法等。

1）模压成型法

热塑性复合材料的模压成型法是采用热塑性树脂预浸料在模具内加热加压成型的一种成型工艺，其工艺参数主要有合模速度、模具温度、压力和模压时间等，这些参数主要取决于热塑性树脂的类型和复合材料的产品形状，可以通过参数的优化来改善纤维的取向、空隙率和材料的力学性能。在热塑性基体对纤维完全浸渍后，只需要熔化树脂聚合物并施加一定的压力，将预浸料压制成复合材料制品。模压成型的压力选取范围通常在 0.7～2.0MPa，在合适的温度下保持数分钟即可成型[54]。

2）拉挤成型法

拉挤成型法是一种连续的自动化生产复合材料型材的工艺方法，适合于制造高纤维体积分数、高性能、低成本的复合材料。热塑性复合材料的拉挤成型工艺与热固性玻璃钢的成型工艺相似。工艺过程为首先将连续纤维经过树脂的浸渍而初步成型，然后出模、冷却定型、牵引和定长切断成制品。这种方法要严格控制加工温度，并要保证纤维被树脂完全浸透。拉挤成型工艺具有生产效率高、容易操控、产品质量稳定、制件拉伸和弯曲强度较高等优点[55-57]。

3）树脂传递模塑成型法

树脂传递模塑成型法是从热固性聚合物复合材料借鉴过来的新型连续纤维热塑性聚合物复合材料成型方法。该工艺是一种液体成型技术，操作起来相对简单。近年来，此方法越来越广泛地应用到航空航天、汽车、建筑和船舶等领域的复合材料制造与生产中，其技术也在迅速发展、完善。与其他先进的热塑性复合材料制备工艺相比，树脂传递模塑成型法适用于多种纤维增强材料和树脂体系，产品可设计性强，表面平整光滑，可以制备高纤维体积分数的复合材料构件，且能有效地控制纤维体积分数[58, 59]。

4）纤维缠绕成型法

纤维缠绕成型法是一种连续化制备复合材料的工艺，用热塑性聚合物浸渍连续纤维，得到了一类新的高性能复合材料。热塑性复合材料缠绕工艺路线主要有三种：在线浸渍缠绕/原位固结、预浸带缠绕/原位固结和预浸带缠绕/后固结[60]。缠绕成型时，先将预浸纤维加热到软化点，再对芯模上与预浸纤维的接触点处进行加热，并用压辊施加压力，使其熔接成一个整体[61]。由于热塑性树脂基体的熔融黏度较高，为获得密实的低孔隙缠绕结构，成型过程中往往需要加以较高的压力和温度，这也是纤维缠绕成型技术的一个难点。

5）焊接层合成型法

焊接层合成型法是利用热塑性复合材料的树脂加热熔融的特点，生产平板状复合材料的一种工艺。工艺流程为：将两层预浸料上下铺放，利用焊接器使其在短时间内（一般为几秒钟）同时受热熔化，此时在加压辊的压力（通常为 0.3MPa）作用下固结在一起。重复此步骤，可生产任意厚度的板材[62]。

6）隔膜成型法

隔膜成型法是以金属超塑性成型和复合材料热压罐成型为基础开发出的一种新型热塑性复合材料成型工艺。它是将预浸料平铺在两层受约束的隔膜之间，抽取隔膜间的空气，使其真空，然后对其加热、加压，使其黏接成一体。若在隔膜一面施加压力使其变形，预浸料就会随隔膜的形变成型为所要制备的部件形状。这种工艺对于制备双曲面大型热塑性聚合物基复合材料构件非常有意义[63]。

4. 连续纤维增强热塑性复合材料的优缺点

连续纤维增强热塑性复合材料与短纤维增强和长纤维增强的热塑性复合材料相比，其增强纤维是连续的，导致其力学性能出现了大幅提升[64-66]。尤其是近年来生产制造工艺技术的不断改进，可以制备出纤维含量较高的复合材料，其力学性能提高的效果更加显著。连续纤维增强热塑性复合材料的性能及制备工艺的优缺点如表 1.2 所示[67]。连续纤维增强热塑性复合材料与热固性复合材料相比，由于树脂基体分子结构和分子量不同，它们的工艺技术有着较大的区别。在热塑性复合材料的加工过程中，通常是产生加热熔融和冷却固结等物理变化，由于预浸料的储存过程中也不发生化学变化，因此不像热固性复合材料一样，为减缓树脂的化学反应要在低温等特殊的储存条件下才可以长期保存，降低了生产制造成本。但是，热塑性复合材料预浸料在室温（本书中室温均指 25℃）下呈固态，硬度较大，铺覆性很差，这对部件成型时的铺放和操作产生了一定的困难[68, 69]。

表 1.2　连续纤维增强热塑性复合材料的性能及制备工艺的优缺点

	性能	制备工艺
优点	密度小、韧性相对较高； 比强度和比刚度大； 性能可设计性好； 耐化学腐蚀性良好； 损伤易修补，可以进行二次加工	成型周期短，生产效率高； 成型压力较低； 制造成本低； 废料能回收利用； 生产环境清洁无污染
缺点	蠕变等长期性能受限； 化学稳定性较差； 目前使用经验不足	加工熔体黏度高； 成型温度高； 高纤维含量复合材料难制备

可适用于连续纤维增强热塑性复合材料的制造成型工艺方法非常多，为了使这些工艺更具有经济实用性，还需要在产品的工艺流程和生产设备方面做大量的工作。连续纤维增强热塑性复合材料的应用技术和潜在的使用价值还需要进一步的开发。

1.1.4　复合材料的老化、冲击问题概述

近几年来，由于高分子聚合物材料种类多，合成方法较为简便，价格相对较低，同时具有良好的物理、加工性能等诸多优点，该类材料被广泛应用于日常生活和工业领域中。由于纤维增强树脂基复合材料具有高比强度、高比模量、低密度、耐腐蚀以及结构可设计等诸多特点，该类材料在机械、汽车、化学、航空航天、建筑、土木工程、风力发电等领域内得到大规模的应用，其用量及重要性都逐年上升。复合材料的性能特点使得它们多被作为起承载作用的结构材料来使用，因此力学性能对于结构材料来说至关重要。以高分子聚合物为基体的纤维增强复合材料的缺点之一是其抗老化性差[70-73]。例如，高分子聚合物在经紫外光辐照、湿热暴露、高温暴露等环境后会引起降解，聚合物复合材料会出现变色、开裂等老化现象。热、光、电、高能辐射和机械应力等使用环境都会引起高分子材料老化。同时，在氧化作用和化学介质（水、酸、碱）作用下高分子材料也很容易发生老化。其中，水和热是聚合物复合材料物理力学性能降低的重要的老化因素[74-77]。高分子复合材料在不同使用环境下的老化给复合材料结构的可靠性带来很大挑战。老化会使材料的力学性能下降进而导致整个结构的破损甚至失效。目前，复合材料产品防止老化最主要的途径包括使用反应型、接枝型或大分子型防老剂。它们的共同点是使具有防老化性能的官能团键接到高分子大分子中，从而避免防老剂的挥发，以延长制品使用寿命[78, 79]。

另外，在纤维增强树脂基复合材料的发展和应用中，复合材料制品不可避免地要面临冲击等一类的动载荷。采用混杂纤维增强的方式可改善复合材料的性能，

实现功能互补，降低材料成本[80-84]。由于混杂形式的多样性，拓宽了按照复合材料结构的服役情况进行铺层优化设计的空间，因此混杂纤维复合材料已经成为树脂基复合材料重要的发展方向[85-89]。例如，在材料设计与性能研究中，有些增强纤维存在黏接性差、蠕变明显的致命缺陷，难以单独作为复合材料的增强纤维。而碳纤维却具有较好的黏接性和抗蠕变性，但其耐疲劳性、韧性不佳。因此利用混杂改性的方法可将两者复合，它不仅能降低成本，还能取长补短，产生混杂效应，形成性能优异的材料。又如，玻璃纤维虽然弹性模量较低，但延伸率却达到3%～5.4%，与树脂的浸透性能较好，价格低廉。而芳纶纤维具有优良的抗冲击性和抗拉强度，但价格较贵。两者复合亦可得到性能优良的复合材料。

1.2　复合材料的改性

如前所述，纤维增强树脂基复合材料有诸多需要克服的缺点，例如许多材料脆性较强而不耐冲击；又有很多材料的耐热性、抗老化性能差而不能在高温、湿热老化等环境下使用等。诸如此类问题，都要求对纤维增强树脂基复合材料进行改性，以用来强化或者展现该类材料某些或某一个特定性能。复合材料的改性能够使得材料的性能大幅提升，或者被赋予了某些新的性能，进而扩展了材料的应用领域，提升了复合材料的应用价值[90]。

1.2.1　复合材料的物理化学改性

为了进一步提升复合材料某个方面的性能，人们常常会对复合材料进行改性。在这一方面，研究者通常采用各种不同的方法来对材料进行改性，这些方法大体上可分为对基体或者纤维的化学改性和物理改性两大类。化学改性通常包含对材料的偶联剂、酸碱腐蚀处理等手段处理材料表面，使材料表面性质得到提升。物理改性通常包含共混改性、填充改性、增强改性及功能改性等方法[91]。尽管这些方法能够在一定程度上提升材料的宏观力学性能，但是在处理过程中对纤维微观结构带来的损害通常会造成其本身强度的下降。为了改良 CBT 树脂各方面的性能，很多学者对 CBT 树脂进行了纳米共混改性。Jiang 等[92]制备了纳米 SiO$_2$ 质量分数为 1%和 2%的 pCBT 浇注体，通过对其弯曲性能研究发现添加纳米 SiO$_2$ 颗粒后的试样弯曲强度、模量大幅提升，同时材料的韧性大大增加。Baets 等[93]将质量分数为 0.1%的碳纳米管添加到 CBT 树脂中，使得到的材料脆性大大降低。Fabbri 等[94]将石墨烯添加到原位聚合的 CBT 单体中，分别制备了石墨烯质量分数为 0.5%～1.0%的一系列试样，研究中发现材料的热学性能随着石墨烯质量分数增加而提升，同时，在添加石墨烯后，材料的导电性能也大幅提升。值得一提的是，以上所有的研究中都发现 CBT 树脂具有很低的熔融黏度，这样，纳米颗粒就可以在树脂中有很好的分散性。另外，在现有文献中，为了提高纤维和基体之间的黏接性，研究者采用对纤维、基体分别改性或者对两者同时改性等诸多改性方法来提升复合材料的界面黏接性能。Sreekumar 等[95]分别对天然剑麻纤维进行热处理、酸、碱液浸泡等手段处理，发现处理后的纤维增强聚酯复合材料的拉伸和弯曲性能提高，但这些处理对纤维本身造成的损伤却导致材料的冲击强度降低。王玉龙等[96]研究了在环氧基体中加入不同直径、种类、含量的纳米 SiO_2 对形状记忆合金增强环氧树脂基复合材料的剪切强度的影响，发现利用纳米颗粒改性环氧树脂基体能够有效提高形状记忆合金纤维增强复合材料的界面黏接强度，然而该方法面临纳米颗粒在基体中分散工艺复杂的问题。尽管对纤维进行纳米颗粒喷涂的方法不会破坏纤维的完整性，但是就现有文献来看，很少有人通过对纤维表面覆盖纳米颗粒来提高纤维增强 pCBT 树脂复合材料的力学性能，对改性后复合材料的耐高温、抗湿热老化性能的研究更为少见。

1.2.2　复合材料的混杂改性

近年来，由于碳纤维具有高刚度、高强度等突出优点，碳纤维被广泛应用于诸多实际工程领域中。不幸的是，碳纤维材料的低韧性限制了它进一步的应用。解决碳纤维低韧性的途径之一就是利用混杂改性来改善碳纤维的性能。混杂纤维复合材料是由两种或多种增强材料来加固同一种基体，这类材料提供了单种纤维无法提供的多种性能优势。不同纤维混杂的复合材料的结构形式大致可分为以下几种类型：

（1）层内混杂纤维复合材料。由两种纤维按比例均匀分散在同一基体中构成。

（2）层间混杂纤维复合材料。由两种不同的单纤维复合材料单层以不同比例及方式交替铺设构成。

（3）夹芯结构。由一种单纤维复合材料芯层和另一种单纤维复合材料表层组成。

（4）层内或层间混杂复合材料。

（5）超混杂纤维复合材料。由金属材料、各种单一复合材料（包括蜂窝夹芯或泡沫塑料夹芯等）组成。

混杂纤维复合材料存在复合材料的混杂效应，具体来说就是由于混杂纤维复合材料采用两种或多种纤维混杂，复合材料的性能表现出来的综合效果[97]。某些性能在一定条件下符合混合律关系，而另一些性能则与混合律关系出现正或负的偏差。人们普遍地将此偏离混合律关系的现象称为混杂效应。混杂效应是混杂纤维复合材料所特有的一种现象，不仅与材料的组分结构、性能有关，而且还与混杂的结构类型、受力形式、界面状况，以及对能量的不同响应等有关。混杂纤维复合材料承受各种形式载荷会引起各种破坏过程。破坏的形式多种多样，如基体开裂、界面脱胶、纤维断裂、拔出、分层损伤、扩展及整体断裂等。这些形态可能分别发生，也可能几个同时发生，由于混杂纤维复合材料存在两种以上纤维，增加了界面类型、界面数、各种纤维的力学性能差异以及相互协调制约等，使由此而引起的混杂效应十分复杂。影响混杂效应的因素通常包括以下几个方面。

（1）制造工艺的热收缩。一般而言，混杂纤维复合材料体系中两种纤维的热膨胀系数存在差异，这两种纤维在复合材料固化后，由于不同的热收缩造成零载时两种纤维所处的受力状态不同。如碳纤维（carbon fiber，CF）/玻璃纤维（glass fiber，GF）混杂复合后，由于热收缩造成零载时，CF 受压，GF 受拉。当复合材料受力时，就会出现混杂效应。如 CF/GF 混杂复合材料，达到 CF 断裂应力时，其断裂应变提高，而使 GF 的破坏应变降低，因此，制造工艺的热收缩对混杂效应有明显的影响。

（2）基体的影响。基体的混杂效应的关系尚没有定量的认识，一般考虑为协调两种纤维的力学行为而选用中等模量的树脂基体。其实，复合材料很多性能与树脂基体的性能有关，而有些性能又是由基体的性能决定的。由于树脂的结构不同，必然引起不同的界面效应及裂纹在树脂基体中的行为，树脂基体固化形成的不同残余应力，基体的韧性会明显影响混杂纤维复合材料中裂纹的传播方式，因而混杂纤维复合材料的破坏模式也将不同。这些必然对混杂效应产生不同的影响。

（3）混杂结构因素的影响。混杂纤维复合材料的断裂应变并不恒定，它和纤维的位置分布有关，一般可用混杂比和分散度这两个结构参数表示两种纤维的位置分布。混杂比是指两种纤维相对体积分数之比。分散度是指混杂纤维复合材料最小复合单元厚度的倒数，在许多场合，断裂应变值随混杂体系的分散度增加而增加，也随着混杂比变化而明显变化。研究表明，层间混杂结构的一层断裂后裂纹并不趋向于传入另一层，而是转化为分层裂纹，并且由于裂纹长度有限，经过一段距离后载荷又重新由界面传递到原层中继续承载，这种现象只在混杂结构中低伸长（low extension，LE）纤维的体积分数低于某一临界值时才有。

（4）界面状态的影响。混杂纤维复合材料的界面，从概念上说与复合材料的界面含义是一样的；但它又有特殊的地方，由于混杂纤维复合材料由多于一种的纤维以不同的混杂形态进行复合，因此在复合材料中所造成的界面将有几种不同的类型，且有不同的界面数。界面数的多少是混杂纤维复合材料的特征参数，界面的状态-纤维和基体间黏合效应等将在混杂纤维复合材料的热学性能、物理性能等方面有不同效果。如果界面黏接情况好，可以提高纤维黏接性能的界面值并降低分散度的临界值。这必然反映到混杂结构因素与混杂效应的关系上。一般认为 CF/GF 界面的脱黏范围随着分散度的增加和 CF 体积分数的降低而减少。考虑到混杂改性方法能够大幅提升复合材料在低速冲击动载荷作用下的损伤容限，本书拟针对纤维增强 pCBT 树脂基和乙烯基树脂等热塑性和热固性材料在低速冲击载荷作用下的力学响应展开研究，探索混杂改性对材料抗冲击性能的影响情况。

1.3　CBT 基体的研究

1.3.1　CBT 的合成和应用

由于热塑性树脂基复合材料具有很多优良的性能，近年来受到了各个行业的高度重视。但是传统的热塑性树脂由于分子结构的特点，熔体黏度较高（＞1000Pa·s），使树脂对纤维的浸润过程产生了阻碍[98-105]。热塑性复合材料加工温度高、体系黏度大，限制了产品纤维体积分数，也自然限制了在高强度主承力复合材料构件中的应用；过高的黏度也使得传统热塑性复合材料很难利用液体成型技术来制备，限制了其在复杂几何形状和大尺度承力构件中的应用[106-113]。

CBT 是一种预聚物，具有大环寡聚酯结构，是不同低分子量环状低聚物的混合物。CBT 常温下为固态，加热到一定温度时，会变得像水一样，黏度极低，在加入催化剂后（并在适当的温度下），可聚合成高分子量的热塑性聚合物，而且 CBT 树脂聚合后所形成的 PBT 树脂的性能十分突出[92, 114-116]。目前所用 CBT 树脂主要由 Cyclics 公司制造，主要有两种合成方法。

第一种合成方法是以 PBT 为原料，用低沸点的二氯甲苯为催化剂，在溶液中将 PBT 裂解为短链的低聚物，并闭合成环状。这种方法比较常用，生产效率很高，可达 96%[117, 118]。PBT 裂解为 CBT 的反应式如图 1.2 所示。

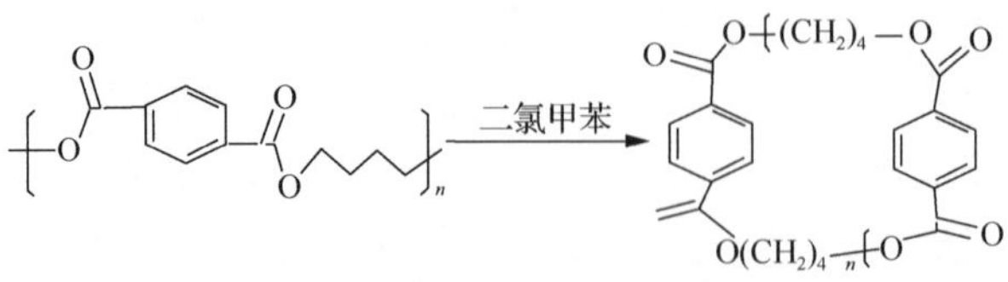

图 1.2　CBT 的第一种合成方法

第二种合成方法是采用对苯二酰氯或是间苯二酰氯以及丁二醇为基本原料，在胺类催化剂作用下，合成 CBT 树脂，此种制备方法工艺相对比较简单，成本较低，但生产效率较低，不足 50%[119]。这种合成方法的反应式如图 1.3 所示。

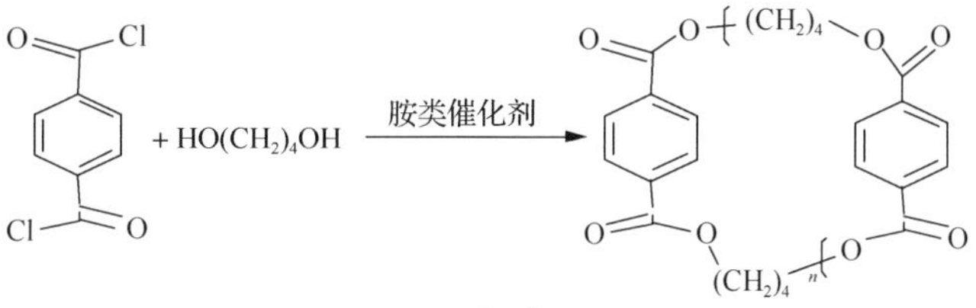

$n=1\sim6$

图 1.3　CBT 的第二种合成方法

CBT 树脂润湿能力强、填充能力强、加工黏度低，与各种填料、增强材料和高分子材料的相容性好[120]。这些特性使得 CBT 树脂在不同的应用领域具有独特的作用。由此可见，该类材料兼具热固性树脂和热塑性树脂的优点，备受业界的关注，尤其是在先进复合材料领域更是备受瞩目。CBT 树脂的应用领域十分广泛，并正在不断得到拓展。CBT 树脂及其复合材料现已应用在汽车、风电、建筑、运动器具、航海和航空等领域，并且其应用领域正在不断被拓展，CBT 树脂的市场前景也被业界十分看好。

1.3.2　CBT 的分类

目前，用于研究和生产中的 CBT 主要有三种类型，分别为 CBT-100、CBT-200 和 CBT-160。CBT-100 和 CBT-200 是不含催化剂的基础树脂，在正常的加工条件下，保持环状结构。由于 CBT 是一种环状低聚物的混合物，与 CBT-100 相比，CBT-200 混合物中较大分子量的低聚物要少一些，因此具有更低的黏度和熔点。CBT-100 和 CBT-200 的基本性能参数如表 1.3 所示[121]。CBT-160 是 CBT-100 与锡类、钛酸酯类催化剂的混合物，加热到 190℃以上，即可发生反应聚合成高分子量的 PBT，可以直接用于生产加工。对于 CBT-100 和 CBT-200，在加工过程中均需要加入催化剂，在适当的温度下开环聚合成线性 PBT，此聚合所得的 PBT 与商用 PBT 相比，分子量较高，是通用 PBT 树脂分子量的两倍左右，为了将它们区别开来，我们通常把这种由 CBT 反应聚合成的 PBT 称为聚环状对苯二甲酸丁二醇酯 pCBT。CBT-100 和 CBT-200 是一种很好的共混改性材料，它们与聚酰胺、聚对苯二甲酸丁二酯、聚对苯二甲酸乙二酯、聚甲醛、聚苯醚、热塑性聚氨酯弹性体橡胶、丙烯腈-丁二烯-苯乙烯塑料等都具有很好的相容性，可以在这些材料中加入质量分数为 0.5%～5% 的适量的 CBT 来进行改性。由于 CBT 的熔融黏度非常低，因此可以在几乎不改变材料力学性能的前提下，提升这些材料的流动性能，从而提高树脂基体对增强纤维的浸润性能，使薄壁部件和需要长流程注射的大尺寸构件的制备可以很容易地实现，也使高强度、高纤维含量的复合材料的制备成为可能。将 0.5%～5% 的 CBT 添加到透明基体中，不会影响基体材料的透明性。

表 1.3　CBT-100 和 CBT-200 的基本性能参数

物理性质	测试方法	CBT-100	CBT-200
固态热容/[J/（kg·℃）]	ASTM E1269	1.25	1.25
180℃下液态热容/[J/（kg·℃）]	ASTM E1269	1.96	1.96
熔融热/（J/g）	ASTM E793	64	64
熔点/℃	—	180	165
液态密度/（g/cm³）	—	1.14	1.14
180℃下熔融黏度/（MPa·s）	锥板夹具；10Hz 剪切速率	33	28
190℃下熔融黏度/（MPa·s）	锥板夹具；10Hz 剪切速率	26	22
200℃下熔融黏度/（MPa·s）	锥板夹具；10Hz 剪切速率	18	17
210℃下熔融黏度/（MPa·s）	锥板夹具；10Hz 剪切速率	15	13
220℃下熔融黏度/（MPa·s）	锥板夹具；10Hz 剪切速率	12	11

　　同时，CBT 与碳酸钙、滑石粉、硅灰石、硅粉、玻璃微珠等多种填料以及稳定剂、阻燃剂、脱模剂和颜料的相容性较好，对碳纤维、玻璃纤维、玄武岩纤维等多种类型的纤维润湿能力强，适用于制备各种易分散、高填充的母料。CBT-100 可用于注塑成型、旋转模塑成型，以及用于聚合物共混、纳米复合材料及热塑性塑料母料的生产。它的熔融温度约为 180℃，加工温度为 190～240℃。在加工初期，它有一个快速结晶的过程。由于温度不同，其结晶过程也有快有慢，从几秒钟到一分钟不等。CBT-200 则用于成型时间较长的复合工艺，如浇注成型和涂布成型。它的熔融温度约为 160℃，加工温度为 170～220℃，固化时间从几分钟到一小时不等。CBT-100 和 CBT-200 树脂的结构既可为单组分，也可为双组分。在 CBT 聚酯聚合反应中所用的催化剂为锡类和钛酸酯类催化剂，这些催化剂的优势是环保性好，对加工人员无任何毒害作用[122]。

　　对于本身就带有催化剂的 CBT-160，可以直接利用滚塑、浇注等工艺成型，其力学性能比聚乙烯优异，并可以添加各种功能填料，制备复合材料、纳米复合材料和具有高导电、高导热（热导率可达 10～60W/mK）等特殊性能的共混物。聚合型 CBT-160 可以通过反应挤出，与端羟基化合物快速聚合，制造出如弹性体、永久抗静电剂等具有特殊高分子的功能聚合物[123]。与传统的反应釜反应技术相比，反应挤出工艺的成本较低、容易操作，反应进程容易及时进行调节和控制。

1.3.3 CBT 的反应加工

1. CBT 的反应催化剂

CBT 树脂的特性决定了它具有低黏度、快速聚合、可热成型、无反应热、无挥发性有机物（VOC）和无释放物的加工特点，是一种环境友好的有机塑料材料。CBT 树脂一方面在其聚合后又具有热塑性树脂材料的可重复加工的特性，可实现重复利用；另一方面，它具有液态热固性树脂的加工特性，加工过程中黏度很低，易于浸润增强体材料，便于采用更多的方式来成型。CBT 树脂几乎适用于所有的热塑性塑料和热固性树脂的加工方式，包括：滚塑、浇注、共混、挤出、注射成型、压铸成型、反应注射成型（reaction injection molding，RIM）、真空辅助树脂注射（vacuum assistant resin infusion process，VARI）成型、树脂传递模塑成型（resin transfer molding，RTM）等。

CBT 树脂的聚合反应是在熵驱动下的开环缩聚反应，生成长分子链状结构的 pCBT，在聚合过程中需要合适的催化剂。催化剂的类型与质量比对聚合反应速率和最终产物的分子量都会产生影响。CBT 的开环聚合可以在多种类型的催化剂作用下发生，但是目前在生产和研究中比较常用的是锡类和钛类催化剂。Tripathy 等[124]对于 CBT 分别在锡类和钛类催化剂作用下的反应过程及产物特性进行了研究。对于锡类催化剂，主要研究了锡环烷（XB2）和二羟基丁基氯化锡（XB3）；对于钛类催化剂，主要研究了正钛酸（OTGR）对聚合反应及生成物的影响。CBT 树脂开环聚合常用的催化剂分子结构如表 1.4 所示。

表 1.4 CBT 反应常用催化剂

名称	结构	活性
锡环烷（XB2）		高
二羟基丁基氯化锡（XB3）		中等
正钛酸（OTGR）		高

Tripathy 等[124]的研究结果表明，CBT 在 XB2 催化剂的作用下，加热至 165℃或者高于此温度，聚合反应可以非常迅速的进行，为 2～3min 即可聚合完成，此催化剂适用于反应注射成型工艺；相比于 XB2 催化剂，CBT 在 XB3 或 OTGR 催化剂的作用下，反应速率相对较慢，一般需 12～20min 可以完成聚合反应，因此这两种催化剂比较适用于树脂传递模塑成型工艺。相比 CBT 在这三种类型催化剂作用下聚合而成的产物，由 OTGR 体系催化所得的 pCBT 聚合物分子量最大，并且分子量会受到反应温度的影响。反应温度在 200℃以上时，XB3 体系催化得到的 pCBT 的分子量为 OTGR 体系作用下的 90%，而 XB2 体系作用下在不同聚合温度所得 pCBT 的分子量较为一致，为 OTGR 体系所得产物分子量的 75%。这三种催化剂的 CBT 聚合产物都具有一定的结晶，随着温度的升高，XB3 体系催化作用下所得的 pCBT 的晶态含量有所增加；而 XB2 体系和 OTGR 体系催化所得产物的结晶度随温度升高反而下降。

2. CBT 基复合材料的制备加工

典型的 CBT 基复合材料的制备方法有喷积预成型工艺、拉挤成型工艺、预浸料模压成型工艺、树脂传递模塑液体成型（RTM）工艺[125]。

1）CBT 基复合材料喷积预成型工艺

Bank 等[126]将 CBT 树脂球磨成粉末状，再加入催化剂继续球磨，待其混合均匀后，再与短纤维混合，均匀喷射到模具表面，研究了一种采用热喷雾的方法制备短纤维增强 CBT 基复合材料预浸料的方法，然后通过热压机将预浸料制备成复合材料成品，喷积预成型工艺示意图如图 1.4 所示。

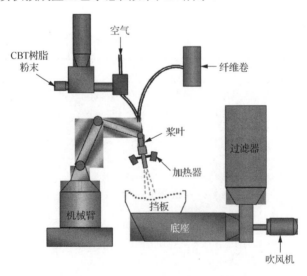

图 1.4　喷积预成型工艺示意图

2）CBT 基复合材料拉挤成型工艺

拉挤成型工艺示意图如图 1.5 所示，是将浸渍 CBT 树脂聚合物的连续纤维束、带或布等，在牵引力的作用下，通过挤压模具成型、固化，连续不断地生产长度不限的连续纤维增强 pCBT 复合材料。这种工艺最适于生产各种断面形状的型材，如棒、管、工字形或槽形实体型材、门窗或叶片等空腹型材[127]。

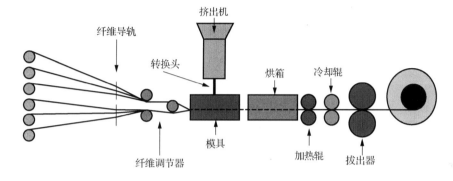

图 1.5　拉挤成型工艺示意图

3）CBT 基复合材料预浸料模压成型工艺

CBT 基长纤维预浸料的制备工艺常用的有三种方法。Winckler 等[128]发明了两种 pCBT 复合材料的制备方法。第一种方法是：选择适量的经偶联、烘干去水分处理后的纤维束或编织纤维布，引导上挤压辊，再将充分混合的带有催化剂的粉末状 CBT 均匀地撒到上面，用红外线加热至 160～180℃，使 CBT 熔融至很低的黏度，在其未发生完全聚合前对纤维进行充分浸润，再牵引冷却、缠绕、打卷。第二种方法是：通过粉末沉积作用来制备 CBT 预浸料，这种方法与喷积预成型法类似，区别在于预浸料的形状有所不同。此法制备的预浸料能够使树脂基体与增强纤维混合更加均匀，该预浸料被 Coll 等[129]应用到树脂膜熔渗工艺中，并研究了工艺过程中热传导的相关问题。第三种方法是周利民等[130]发明的一种制备方法，即将 CBT 树脂在浸渍槽处进行加热，至树脂呈熔融状态，再将增强纤维在 CBT 熔体中充分浸润，再使其冷却凝固为带有 CBT 树脂的纤维布。在 65～75℃下，用催化剂注射针将催化剂埋入此纤维布中，再通过挤压辊的压力作用将埋入的催化剂压实密封，在 60～65℃下进行表面加膜、打卷。相比于前两种制备方法，这种工艺很好地解决了 CBT 与催化剂存在二次反应和运输中催化剂容易脱落的问题。

CBT 预浸料可通过热压的方式来制备复合材料产品，工艺流程如图 1.6 所示。Mohd Ishak 等[131]采用热压成型的方法制备了玻纤编织布增强 pCBT 复合材料，研究了成型工艺中的聚合温度和压力对复合材料力学性能的影响。

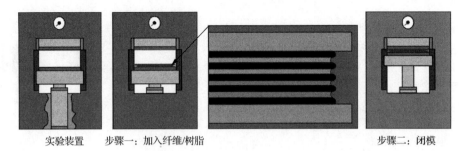

实验装置　　步骤一：加入纤维/树脂　　　　　　　　　　步骤二：闭模

图 1.6　CBT 预浸料模压工艺示意图

4）纤维增强 pCBT 复合材料 RTM 工艺

Repsch 等[132]和 Weyrauch 等[133]分别对 CBT 树脂自动控制热塑性 RTM 的工艺过程进行了模拟，研究了树脂的流动性对复合材料力学性能的影响。Rosch[134]发明了一种适用于单组分 CBT 树脂的 RTM 工艺系统。该系统由一个独立气缸驱动的树脂传输装置组成，能够对加热温度进行准确的调控。CBT 树脂在树脂罐中预加热到适当的温度，到达末端注射口处进行二次加热，至其呈熔融状态，CBT 熔体注入模具成型。

Parton 等[135]使用质量分数为 0.45%的锡类催化剂，通过 RTM 工艺制备了连续纤维增强 pCBT 复合材料，并研究了真空度、注入速率和加工温度等工艺参数对复合材料宏观及微观性能的影响。图 1.7 为 RTM 工艺示意图。由于 CBT 树脂低黏度的特点，很适合采用液体成型技术来制备产品，近年来采用热塑性 RTM 工艺制备 pCBT 基复合材料的技术得到了广泛的应用。

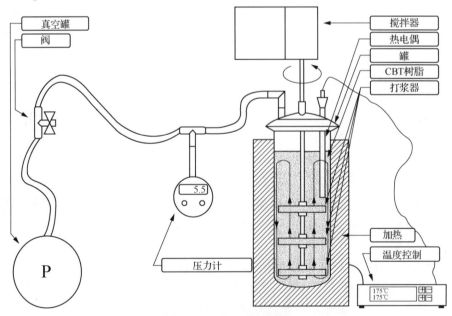

图 1.7　RTM 工艺示意图

1.3.4　催化剂体系的选择

与常规树脂相同，材料在不同催化剂、固化剂和促进剂的体系作用下，其产物的热学性能和力学性能会有很大差异。就 CBT 树脂而言，Zhou 等[136]利用差示扫描量热法（differential scanning calorimetry，DSC）技术研究了 CBT 单体与 XB3-CA4 型催化剂在反应过程中表现出的流变性能和热行为。他们发现，只有在较低的加热速率（0.5℃/min）下对反应产物加热时，DSC 曲线上的第一次加热曲线才能表示反应产物（pCBT）的结晶度和熔融结果。同时，他们认为当加热温度范围在 T=145～210℃时，CBT 的聚合过程中表现出来的黏度符合一种阶梯形变化形状。聚合过程中的 CBT 树脂和产物 pCBT 的黏弹性可以利用相角的变化来跟踪研究。Tripathy 等[137, 138]研究了 CBT 树脂与 XB3、OTGR 和 XB2 三种不同类型催化剂反应过程中的结晶行为。他们以实际工程需求为出发点，利用 CBT 树脂与不同催化体系催化剂的反应特点，成功合成了不同反应过程的 pCBT 树脂，并找出了针对不同实际需求的催化体系。其中，XB2 催化剂在 165℃及以上温度时，2～3min 即可完成聚合反应，适用于 RIM，而 XB3 和 OTGR 催化剂则需 15min 左右完成聚合反应，适用于 RTM。相比这三种催化剂的 pCBT 聚合产物，OTGR 体系的聚合物分子量最大，XB3 体系在 200℃以上时的分子量为 OTGR 体系的 90%，而 XB2 体系在不同温度的分子量较为一致，为 OTGR 体系的 75%。所有这三种催化剂的 pCBT 聚合产物均具有一定的结晶，但在 XB3 体系中，晶态含量随反应温度的升高而提升，这在 XB2 体系和 OTGR 体系中正好相反。

张翼鹏等[139]也对 CBT 树脂用的催化剂体系进行了研究，在他们的研究中采用的催化剂为化学纯度为 96%的二羟基丁基氯化锡。此外，他们还对含有该催化不同质量分数的纤维增强复合材料的力学性能和热学性能进行了分析。研究发现，当该催化剂用量（质量分数）为 0.5%时，pCBT 的结晶度为 53%，纤维增强的复合材料的力学性能达到最佳。

1.3.5　pCBT 树脂的力学性能

对 pCBT 浇注体力学性能的研究主要集中在拉伸、弯曲等静力学方面。Wu 等[140]结合 CBT 树脂与催化剂反应的聚合物黏度的变化，研究了 pCBT 浇注体的三点弯曲性能，发现该类材料具有很高的脆性。这是因为在弯曲应力-应变曲线上，应力随着应变的增加而迅速下降为零，表现出脆性材料的自然特性。同样，在 Baets 等[141]及 Edith 等[142]的研究中，也发现尽管 CBT 树脂具有良好的工艺性，但其作为复合材料基体时表现出来的材料脆性给复合材料的整体力学性能带来威胁。采用扫描电子显微镜（scanning electron microscope，SEM）等观察到的试样断口微观形貌是衡量材料性能的手段之一。图 1.8 为文献[74]和文献[83]中得到的 pCBT 基体及其纤维增强复合材料的断口 SEM 图片。从图中可以看出，由于基体树脂的脆性，树脂在弯曲破坏时，材料表面光滑，表现出清晰的整齐断口特征。另外从图中也可以观察到纤维增强 pCBT 树脂基复合材料在破坏时，由于树脂本身的脆性，树脂与纤维结合性能差，纤维表面附着的树脂很少。

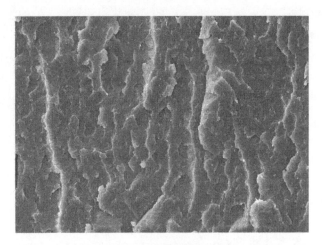

（a）pCBT 基体

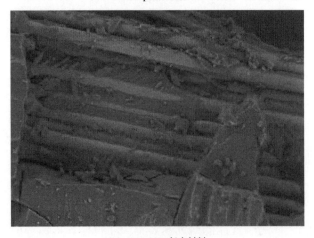

（b）GF/pCBT 复合材料

图 1.8　文献[74]和文献[83]中得到的 pCBT 基体及其
玻璃纤维增强复合材料的断口 SEM 图片

1.3.6　纳米改性 CBT 树脂复合材料的研究

由于 CBT 树脂韧性较差，国内外很多学者为了改善其韧性，提高该材料的力学性能，对 CBT 树脂进行了很多方法的改性。Abt 等[143]将 CBT 单体与低分子量的环氧树脂进行预混，并对聚合后 CBT 的分子链长度进行了研究。结果发现，共混聚合得到的 pCBT 树脂分子链变长，随着共混环氧百分比的增加，得到的 pCBT 的韧性显著增加。Fabbri 等[94]将石墨烯添加到原位聚合的 CBT 单体中，分别制备了石墨烯质量分数为 0.5%～1.0%的试样，他们的研究中发现不仅改性后材料的热学性能随着石墨烯质量分数增加而提升，同时，由于石墨烯与低熔融黏度的 CBT 树脂具有很好的结合性能，添加石墨烯后材料的力学性能大幅提升。Wu 等[144]利用接枝反应技术成功地将多壁碳纳米管添加到聚合后的 pCBT 基体中，发现由于 CBT 树脂的开环聚合特点，在催化剂与 CBT 反应的过程中，石墨烯可以与材料有很高的接枝率，材料的力学性能也得到了提升。Romhány 等[145]利用纳米颗粒与 CBT 树脂的球磨共分散技术，制备了纳米增强的 CBT 浇注体，研究发现，通过该方法制备的纳米复合材料具有良好的热学和力学特性。另外，Youk 等[146]利用有机改性的黏土合成了 PBT/黏土纳米复合材料。X 射线分析显示在 CBT 聚合后所形成的复合材料中有纳米结构的存在，而透射电子显微镜也证实了这一点。同时，此纳米复合材料的热稳定性相对于有机改性的黏土有 8～10℃的提升，力学性能也得到改善。总结可以看出，以上所有的研究中都发现 CBT 树脂具有很好的低熔融黏度，纳米颗粒可以在树脂中有很好的分散性。同时，在 CBT 树脂中加入纳米颗粒不仅可以提升材料的热学性能，与此同时，材料的力学性能也得到改善。化学改性方面，Abt 等[143]在 CBT 树脂中加入了四氢呋喃，发现该溶剂的加入可使聚合后材料的韧性大大提升。Tripathy 等[137]则是用锡类催化剂合成了一系列 CBT 和 ε-聚己内酯的共聚物。研究发现，改变 CBT 在此共聚物中的含量，可使 CBT 和 ε-聚己内酯的共聚物热学性能在很大的范围内波动。同时，CBT 和 ε-聚己内酯的共聚物的物理性能，如弹性模量、拉伸强度、弯曲强度等可通过控制 ε-聚己内酯的含量来进行控制。最为关键的则是，通过引入 ε-聚己内酯，有效地消除了 PBT 的脆性。

1.4 纤维增强 CBT 树脂基复合材料的研究

1.4.1 工艺研究

尽管 CBT 树脂受到了来自研究单位和工业部门的广泛关注，但对纤维增强 CBT 树脂复合材料工艺的研究十分有限。Parton 等[147]和 Mohd Ishak 等[131]分别利用 RTM 工艺和压模工艺制备了玻璃纤维增强 pCBT 树脂基复合材料。他们发现用 CBT 树脂作为基体时，由于树脂本身的黏度低，在材料加工过程中表现出优异的浸润性。但是，由于 CBT 在催化剂作用下聚合速度极快，用于注射的时间窗口就受到限制。并且，得到的复合材料由于较大的结晶度表现出很大的脆性。另外，文献[131]还比较了模压工艺中的限压力法和限位移法对所制备的 pCBT 基复合材料力学性能的影响。他们认为由于模压工艺的限位移法能够有效控制树脂与纤维的紧密结合程度，所以得到的材料具有更好的力学性能。

另外一种加工工艺是 CBT 树脂的预浸料加工工艺，在文献[128]和文献[148]中有所阐述。将根数准确的纤维（偶联处理、烘干，也可能编织）排列均匀，引导上辊，将 CBT 与催化剂粉末均匀撒到上面，红外线加热，当温度达到160～180℃时 CBT 液化变稀，被纤维吸入，再牵引冷却、缠绕、储存或进行下一步加工，如图 1.9 所示。与之不同的是，文献[149]通过将 CBT 预浸料与含有催化剂的纤维交叉铺层，然后通过特定的工艺条件制备出复合材料。

图 1.9　CBT 基长纤维预浸料制备

1.4.2　纤维增强 pCBT 树脂基复合材料静力学研究

对于纤维增强 pCBT 树脂基复合材料的静力学研究主要集中在拉伸、弯曲、面内剪切等方面。不同工艺制备的复合材料的力学性能不同，表 1.5 为不同工艺制备的 GF/pCBT 复合材料的力学性能对比。由表可见，真空辅助和树脂注射是常用的技术手段，不同工艺得到的复合材料的力学性能具有较大差异。

表 1.5　不同工艺制备的 GF/pCBT 复合材料的力学性能对比

工艺方法	拉伸强度/MPa	拉伸模量/GPa	弯曲强度/MPa	弯曲模量/MPa
真空辅助树脂注射	512.2	25.7	479.3	25.6
树脂传递模塑	—	—	766.0±113.0	38.3±1.2
真空辅助模压	656.5	28.7	647.0	31.0

1.4.3 纤维增强 CBT 树脂基复合材料动力学研究

Agirregomezkorta 等[150]利用真空辅助树脂注射工艺成功制备了碳纤维增强 pCBT 树脂复合材料，随后研究了该材料的冲击性能。作为对比，他们同时研究了碳纤维增强环氧树脂复合材料。对比发现，CBT 树脂基复合材料具有很高的固化收缩率，在承受冲击载荷过程中，其临界分层能量要比环氧基体复合材料稍低。另外，碳纤维增强 pCBT 树脂基复合材料在冲击过程中所吸收的冲击能量远远高于碳纤维增强环氧树脂基复合材料，大约是热固性复合材料吸收冲击能量的两倍。

1.5 复合材料黏接概述

1.5.1 复合材料黏接的特点

复合材料黏接是以合适的胶黏剂，设计一定的接头类型，通过相应的连接工艺将两个或两个以上复合材料构件连接在一起，成为一个整体部件的一种复合材料的加工技术。螺栓连接、铆接等连接方式，由于需要在待连接的复合材料层合板上钻孔，从而会产生应力集中和纤维的切断，导致连接接头处力学强度有所下降，复合材料的黏接很好地避免了这一问题，它能使载荷较平缓地分散于结构中。为了提高复合材料结构的连接效率，最大限度地减少零件数量成了连接结构设计的重要原则之一，黏接技术是一种无紧固件的连接方式，有效地解决了这一问题，减轻了复合材料结构的重量，降低了生产成本，并且能制备出光滑气动外形的结构表面，连接构件上的裂纹不易扩展，密封、减震性能优异。同时，采用复合材料黏接技术制备的部件还具有绝缘性好、破损安全性好、抗疲劳、耐腐蚀等优点，对不同材料进行连接也不涉及电偶腐蚀现象。现在复合材料黏接技术已经应用在航空航天、船舶、潜艇、汽车、建筑、机械、电子、医学等领域。但是由于缺少可靠的无损检测方法，黏接质量难以控制，可靠性较差，目前的应用大多限制在次承力构件上。未来，随着复合材料制造工艺和无损检测技术的发展，复合材料黏接的应用范围将会更加广泛[151-154]。

树脂基复合材料的熔融连接是黏接技术的一种工艺方式，其适用范围取决于树脂基体的类型。树脂基可分为热固性树脂和热塑性树脂两大类。热固性树脂的成型是在一定温度下加入相应的固化剂后，通过交联固化反应，形成三维网络结构。由于这是一种不可逆过程，因此固化后将形成不溶于溶液也不会受热熔融的结构，且在过高的温度下将发生碳化。这类树脂基复合材料是无法进行熔融连接的，只能采用其他黏接方式或机械连接。热塑性树脂的高分子链是通过二次化合键结合的，在对其加热时，这些键的结合能力变弱，甚至被破坏，从而使这些高分子链能够自由移动和扩散[155]。因此，热塑性树脂可以反复加热熔融和冷却固化。这就使它可以在一定的温度和压力下进行成型加工和连接，并且可以重复再加工利用。所以，树脂基复合材料的熔融连接指的就是热塑性树脂基复合材料的熔融连接。

热塑性树脂基复合材料的熔融连接过程如下：将树脂加热到熔融的流动状态，并加压进行连接[156]。树脂基复合材料中增强纤维的存在，往往会影响到加热熔融连接时的热过程、熔融树脂的流动性及凝固后的孔隙率，这是一个需要特别注意的问题。在这种情况下，连接时的加压显得尤其重要，它有助于促使树脂的流动、浸润，树脂中高分子链的扩散以及连接接头的紧密接触和树脂中孔洞的消除等[157]。此外，熔融连接时的冷却速率同样可以影响到微观结构和性能，特别是半结晶的热塑性树脂基体，因为它会影响到晶体的比例。一般来说，提高晶体比例可以提高树脂基体的耐溶剂性能，但是，较高的晶体比例又通常会降低复合材料的韧性。

1.5.2　复合材料黏接接头设计原则

在复合材料连接设计中，首先要根据产品特性和用途，决定采用何种连接方法，黏接工艺适合于受力不大的纤维增强树脂基复合材料构件，机械连接适合于连接接头厚度较大的主承力结构。在确定产品将采用黏接工艺后，要设计黏接接头的形式。成功的黏接接头设计方案有可能降低约 20% 的维修和加工成本，也可能减轻 15% 左右的产品质量。黏接方式的设计原则要同时考虑结构承载、制造模具、固化方案和制造工艺，在任何载荷作用下，对于各种形式的破坏，都不应使黏接面成为最薄弱的环节[158]。黏接接头的承剪能力很强，但抗剥离能力很差，在设计中应想办法避免或减小接头的剥离应力，根据结构的最大承载方向，使所设计的接头以剪应力的方式传力，减小其他方向的载荷。

接头的设计方案的确定还可以通过试验测试的方法，对复合材料层合板连接件进行拉伸、弯曲、压缩、剪切等力学性能测试或接头的疲劳寿命测试等试验来选取合适的设计参数。确定设计原则的最重要的一项是对设计载荷的要求，设计载荷要限定在应力-应变曲线的拐点以下，只有这样才能保证构件在使用过程中不产生永久性损伤，并且设计极限载荷不应超过拐点应变值的 1.625 倍[159]。

复合材料黏接接头由复合材料连接接头和胶层组成，是整体结构上的不连续部分，在承受载荷时，应力分布情况比较复杂。黏接接头内部难以避免会存在气泡、裂纹或杂质等缺陷，这些也使应力分布变得更为复杂，并会造成应力集中现象。在接头构件承受外力时，局部应力如果超过临界强度，内部缺陷就会导致裂纹的产生和扩展，从而接头发生破坏失效。

根据失效模式的不同，复合材料黏接接头的破坏可以分为黏接件失效、胶黏剂层内聚失效、界面失效和混合失效四种类型，如图 1.10 所示。在发生被黏接件破坏时，破坏一般都发生在应力最为集中的接头邻近处，但要注意此时的失效强度并不等同于被黏接件材料自身的力学强度；在发生黏接层内聚破坏时，黏接头的失效强度主要取决于胶黏剂的内聚强度，此时黏接强度也不等同于胶黏剂浇注体本身的失效强度。完全的界面破坏只是一种理论情况，在实际工程中是不存在的。通常在界面失效时，黏接件或胶黏剂的表面层破坏也会同时发生。胶黏剂、被黏接件表面层的强度及它们之间的黏附强度都会对此时连接接头的失效强度产生影响。当黏接接头各部分的强度相近时，往往会发生混合破坏[160]。上面描述的四种破坏形式，当发生被黏接件破坏时，黏接接头的力学强度性能相对最优，因此在对复合材料的黏接接头结构进行设计时，原则上也应该以此种失效模式作为最终破坏形式。

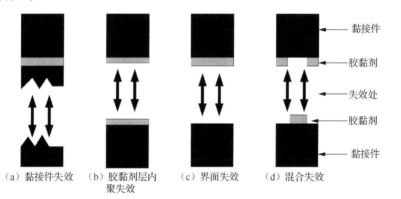

图 1.10　黏接接头的四种失效模式

复合材料黏接接头设计的目标是使制造工艺尽可能的简单，尽量减少成型模具和工装，减少制造成本，同时连接强度不低于连接区以外被连接接头的强度。在采用黏接成型工艺制备复合材料结构后，需要经过无损检测来确保黏接层具有承受结构外载荷的能力。所以在结构连接设计时，要考虑能够对主要黏接部位进行无损检测。然后比较测量结果和应力分析，确定脱胶、孔隙和其他缺陷的情况是否在材料应用的允许范围之内[161]。此外，对接头设计的验证还可以通过一系列的基本力学性能测试，来检验方案是否达到设计强度指标。

不同的连接方式具有各自的优点，在某些情况下，复合材料的螺栓连接或铆接优于黏接，所以不能在任何情况下都一律采用黏接接头。对于薄板结构的连接，比较适合采用黏接的方式，黏接板厚度一般要小于 3mm，并且黏接长度不宜过短。对于较厚的复合材料层合板，应采用阶梯形或楔形连接，或者采用机械紧固件连接方案。

1.5.3 复合材料黏接接头有限元分析研究概况

在复合材料结构设计中，对于实现先进复合材料潜在的减重优势，连接效率是关键因素。优化黏接接头的设计，得到成本效率高的、有效的设计方案是研究者所期待的。由于连接问题的复杂性，涉及多方面因素，很难有封闭形式的解析解，因此，有限元分析在连接设计中起着非常重要的作用，也是使用最为广泛的一种方法。通过有限元仿真，可以模拟出复合材料黏接接头的受力情况和传力性能，并预估出接头的设计方案。一般来说，按有限元模拟的目的可以将接头模型分为两种类型：简单模型和精细模型。简单模型的目的是准确地模拟连接位置的刚度等特性，以及对其周边结构产生的影响；精细模型主要研究的是连接部位自身的应力分布和力学强度等性能[162]。对于模拟黏接接头的精细化模型，通常又可分为线性模型、非线性模型和断裂力学模型等。有限元模型的选取根据研究目的和结果要求来确定。

Darwish[163]建立了线弹性接头模型，使用有限元方法研究了复合材料黏接接头承受载荷下的应力分布情况，并讨论了胶层厚度等参数对其力学性能的影响，结果表明接头胶层厚度与接头力学强度成反比。Seo 等[164]利用三维线弹性有限元仿真分析方法，对五种不同连接尺寸方案的接头进行了模拟和计算，并进行了相关试验的验证，得到了接头两端承受的应力最大，接头中部承载应力最小，有限元仿真结果与试验结果吻合较好。Cui 等[165]建立了非线弹性接头模型，分析了单黏接复合材料接头的几何非线性与材料非线性对剥离强度的影响，并对接头力学性能进行了有限元仿真。Li 等[166]利用非线弹性接头细化模型，对复合材料接头沿厚度方向的受力情况进行了有限元模拟分析，得到了接头两端的胶黏剂与连接接头的界面处为剪切应力达到最大值，并且应力值与接头黏接厚度成正比趋势。Pradhan 等[167]利用有限元数值模拟计算了复合材料黏接接头的应变能释放率，实现了模拟过程中裂纹的开裂过程，对黏接层的裂纹扩展路径进行了渐进分析。Sun 等[168]在 Pradhan 等的研究结果上，分析了加载速率与裂纹产生及扩展路径的关系，通过模拟预估了裂纹开裂的渐进发展过程及失效强度。Sawa 等[169]建立了三维线弹性模型，并利用有限元仿真技术，将接头一端设为固定端，另一端设为自由端，在冲击力的作用下，分析了接头的应力传播和分布状况，并与实验结果进行了对比，结果比较吻合，有限元结果和实验结果都表明，连接物与黏接界面处的主应力最大。Goncalves 等[170]采用有限元仿真中的界面内聚力单元来进行建模分析，这种特殊的界面单元有 18 个节点，单元厚度为零，这种模型针对复合材料的线弹性和弹塑性的特点，对黏接接头进行了界面强度分析和失效模式模拟，此模型在黏接接头的模拟中得到了较多的应用。

针对复合材料黏接接头的有限元分析已经在国内外取得了一定的进展，这些研究将为我们后续的工作提供参考和经验，为热塑性复合材料连接技术的发展和更为广泛的应用做出了奠基。

第 2 章 CBT 的聚合过程及聚合产物的
性能分析

CBT 作为一种低分子量的环状低聚物，力学强度较低。在制备其树脂基复合材料的过程中，需要在催化剂的作用下开环聚合为高强度、高分子量的链状 pCBT，才能在实际工程领域中得以应用。目前，关于 pCBT 树脂及其纤维增强复合材料的研究还不是很多。在 CBT 树脂的聚合反应研究中，Mohd Ishak 等[131]使用了美国 Cyclics 公司生产的锡类催化剂，Parton 等[135]使用了法国 Atofina 公司生产的锡类催化剂，张翼鹏等[171]采用了德国 ABCR 公司生产的锡类催化剂。在本章中，作者将 CBT 催化剂国产化，采用广州远塑化工公司生产的锡类催化剂单丁基氧化锡的氯化物（PC-4101）制备高性能热塑性 pCBT 树脂。

在 pCBT 的应用中，它的加工成型和使用性能在很大程度上取决于其流变和熔融、结晶等行为。CBT 开环聚合成的高聚物 pCBT 具有大分子链结构，其熔体分子又有网状的缠结。pCBT 熔体的相对位移比较困难，它的黏度比小分子的 CBT 熔体大得多，较高的黏度会阻碍树脂对纤维的浸渍。因此，对 CBT 聚合过程中熔体的流变行为研究是非常有必要的。CBT 聚合物流变性是其加工成型的基础，本章 pCBT 基复合材料的制备工艺技术主要是在树脂熔融状态下进行的，它们的黏度与温度、催化剂比例的关系是确定加工工艺参数的重要依据。pCBT 作为一种高分子聚合物，它的熔融、结晶行为是它重要的物理性质，通过对这些特性的研究，可以认识试样物质内部的结构，获得相关的热力学数据，为材料的进一步研究提供理论依据。本章将对不同反应温度和不同催化剂用量下 CBT 在聚合过程中熔体的黏性流动行为进行测定，并对开环聚合所得的产物 pCBT 进行热分析和静力学性能研究。

2.1 CBT 聚合反应中熔体的流动

2.1.1 CBT 聚合物熔体的流变测试原理

CBT 聚合物熔体属于非牛顿流体，流体的剪切应力和剪切速率呈非线性的关系。CBT 聚合成的 pCBT 熔体的流动也属于非牛顿流动，在一定的温度下，其剪切

应力 τ 与剪切速率 $\dot{\gamma}$ 不成正比。其黏度 η 不是一个常数，而是随剪切应力或剪切速率而变化的，其剪切速率仅与所施加的剪切应力有关，而与剪切应力所施加的时间无关。

非牛顿流体可分为三种类型，分别为宾厄姆流体、膨胀性流体和假塑性流体。pCBT 是非牛顿流体中的假塑性流体，此种流体的流动曲线是非线性的。剪切应力的增加比剪切速率增加的慢，并且不存在屈服应力。其特点是黏度随剪切应力或剪切速率的增加而减小，常称为剪切变稀的流体。pCBT 高聚物的细长分子链在流动方向的取向使黏度下降。

假塑性的非牛顿流体的流变行为可以用幂律函数方程来描述：

$$\tau = K\dot{\gamma}^n \tag{2.1}$$

式中，K 为流体稠度，Pa·s；n 为流动指数，也称非牛顿指数。

流体的 K 值越大，流体越黏稠。流动指数 n 可以用来判断流体与牛顿流体的差别程度。n 值离整数 1 越远，则呈非牛顿性越明显。对于牛顿流体 $n=1$，对于假塑性非牛顿流体 $n<1$。

将式（2.1）化成如下形式：

$$\tau = (K\dot{\gamma}^{n-1})\,\dot{\gamma} \tag{2.2}$$

令

$$\eta_a = K\dot{\gamma}^{n-1} \tag{2.3}$$

则式（2.1）可写成

$$\tau = \eta_a\dot{\gamma} \tag{2.4}$$

式中，η_a 为非牛顿流体的表观黏度，Pa·s。

显然，在给定温度和压力下，η_a 不是常数，它与剪切速率 $\dot{\gamma}$ 有关。

在公式中，流体稠度 K 和流动指数 n 与温度相关。通常情况下，K 随温度的升高而减小；而 n 随温度的升高而增大。在塑料加工的剪切速率范围内，n 不是常数。但是，对于 pCBT 树脂的加工过程，熔体流动的剪切速率范围不是很宽广，因此允许在相应较窄的剪切速率范围内，将 n 可以近似为常数。

本章使用旋转流变仪测定 pCBT 聚合物熔体黏性流动行为，旋转流变仪通过一对夹具的相对旋转运动产生的剪切流动来快速确定聚合物的黏性。用于黏度等流变性能测量的几何结构主要有同轴圆筒流变仪、锥板流变仪和平板流变仪，这三种仪器的选择对测试结果的精准度有着一定的影响[172]。由于同轴圆筒流变仪仅仅适合测量中、低黏度均匀流体的黏度，而且在测试过程中需要较多的试样，因此不适合于 CBT 的聚合熔度黏度的测试。测定非牛顿流体的黏度，通常使用的是易于清洗且加热快的锥板流变仪和平板流变仪，表 2.1 对这两种流变仪的优缺点做出了概述。通过比较，本章选用平板流变仪对 CBT 聚合熔融黏度进行测试[173]。

表 2.1　锥板和平板流变仪优缺点

	锥板流变仪	平板流变仪
优点	传热好、温控精准； 末端效应可以忽略； 确定流变学性质后不需要流变学模型； 适合测量实验室合成的少量聚合物	间距可调节、适用黏度范围宽； 小间距可抑制二次流动、减少惯性校正； 适用于高剪切速率； 平面比锥面更容易进行精度检查； 夹具表面容易清洗，可做成一次性夹具
缺点	间距固定； 流体的边界受边缘效应的影响； 剪切速率限制在较低范围； 锥角较大时会产生非测黏的横向流动	平板结构中流场具有不均匀性； 剪切速率沿着径向方向线性变化

　　平板夹具的几何结构如图 2.1 所示，它由两个半径为 R 的同心圆盘构成，间距为 h，上下圆盘都可以旋转，扭矩和法向应力也都可以在任何一个圆盘上测量。CBT 树脂和催化剂粉末的混合物放置在上下圆盘之间，边缘表示与空气接触的自由边界。在自由边界上的界面压力和应力对扭矩和轴向应力测量的影响一般可以忽略不计。与锥板流变仪相比，平板流变仪一个很大优势是可以很容易地调节间距，对于 CBT 聚合黏度的测量，本章选用直径为 25mm 的圆盘，此直径的圆盘通常使用的间距范围为 1～2mm。

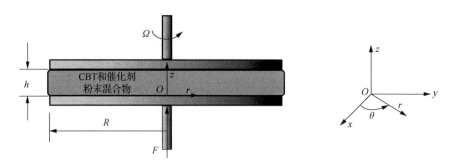

图 2.1　平板夹具的几何结构

　　CBT 聚合熔体作为非牛顿流体，由于剪切速率随径向位置而变化，此系统应采用图 2.1 中的柱面坐标系 (r, θ, z) 进行分析。剪切速率 $\dot{\gamma}$ 是半径的函数，可记为 $\dot{\gamma}_{z\theta}(r)$，转矩 M 不再与黏度成正比，因此需要进行 Robinowitsh 型的推导[174]。

　　剪切速率为

$$\dot{\gamma} = \dot{\gamma}_{z\theta}(r) = r\frac{\Omega}{h} \tag{2.5}$$

流体转矩的积分式为

$$M = -2\pi \int_0^R \tau_{z\theta}(r) r^2 \mathrm{d}r = 2\pi \int_0^R \frac{\eta(r)\Omega r^3}{h} \mathrm{d}r \tag{2.6}$$

式中，Ω 为圆盘平板的转速。

将式（2.5）代入式（2.6），把变量 r 转换成 $\dot{\gamma}$，得

$$M = 2\pi \left(\frac{h}{\Omega}\right)^3 \int_0^{\dot{\gamma}_R} \eta(\dot{\gamma})\dot{\gamma}^3 \mathrm{d}\dot{\gamma} \tag{2.7}$$

式中，$\dot{\gamma}_R$ 为 $\dot{\gamma}_{z\theta}$ 在 $r = R$ 时的剪切速率。结合式（2.5），可将式（2.7）写为

$$M = 2\pi \left(\frac{R}{\dot{\gamma}_R}\right)^3 \int_0^{\dot{\gamma}_R} \eta(\dot{\gamma})\dot{\gamma}^3 \mathrm{d}\dot{\gamma} \tag{2.8}$$

将式（2.8）对 $\dot{\gamma}_R$ 微分，应用 Leibnitz 定律，得

$$\frac{\mathrm{d}\left(\dfrac{M}{2\pi R^3}\right)}{\mathrm{d}\dot{\gamma}_R} = \eta(\dot{\gamma}_R) - 3\dot{\gamma}_R^{-4} \int_0^{\dot{\gamma}_R} \eta(\dot{\gamma})\dot{\gamma}^3 \mathrm{d}\dot{\gamma} \tag{2.9}$$

将式（2.9）代入式（2.8），可以得到圆盘间旋转 CBT 聚合物熔体最终的黏度方程：

$$\eta(\dot{\gamma}_R) = \frac{M}{2\pi R^3 \dot{\gamma}_R} \left(3 + \frac{\mathrm{dln}\left(\dfrac{M}{2\pi R^3}\right)}{\mathrm{dln}\dot{\gamma}_R}\right) \tag{2.10}$$

对于 CBT 聚合熔体，黏度 $\eta(\dot{\gamma}_R)$ 是 M 和 $\dot{\gamma}_R$ 的函数，且与 $\ln M / \ln \dot{\gamma}_R$ 的斜率有关。由此可以用幂律定律来表述旋转流体的转矩：

$$M = 2\pi K \int_0^R \dot{\gamma}_{z\theta}^n r^2 \mathrm{d}r \tag{2.11}$$

从而建立起 $\ln M$ 与 $n\ln \dot{\gamma}_R$ 的指数函数关系，因此黏度可以由式（2.12）给出：

$$\eta(\dot{\gamma}_R) = \frac{T}{2\pi R^3 \dot{\gamma}_R}(3 + n) \tag{2.12}$$

2.1.2　CBT 聚合反应的流变试验

1. 试验原料

CBT 树脂：CBT-100，白色颗粒，美国 Cyclics 公司。CBT 树脂在使用前要在 110℃真空干燥箱中干燥 10h 以上除去水分，防止水分对聚合反应产生的影响以及使聚合物水解[141, 175]。

催化剂：PC-4101，锡类催化剂，白色粉末，广州远塑化工科技发展公司。

异丙醇：催化剂溶剂，天津市德凯化工商贸有限公司。

2. 黏度测试

采用美国 TA 公司的 AR2000 流变仪测试 CBT 在不同催化剂比例下聚合过程的流变性能。测试样品的制备过程如下：使用磁力搅拌器将催化剂在 75℃下溶于适量的异丙醇溶液中，再使用机械搅拌器将 CBT 树脂溶解在已溶有催化剂的异丙醇溶液中，直至溶液呈白色糊状。将溶液放入鼓风式烘箱，在 130℃下对溶液烘干 3h，使异丙醇完全挥发，即可制备成用于流变测试的混有催化剂的 CBT 树脂。

在流变测量过程中，测试样品的放置如图 2.2 所示，选用直径为 25mm 的流变仪平板夹具，在夹具下板上放置一个环形的试样并作为 CBT 样品的熔融环，倒入 CBT 和催化剂的粉末状混合物，关闭环境测试舱，待试样开始熔融时，迅速去掉熔融环，调整平板夹具的间距，测试最大间隙要控制在圆盘平板直径的十分之一以下，由于 CBT 刚开始发生聚合时黏度很低，为了防止试样熔体流到圆盘平板夹具之外，影响测试结果，本章选用较小的测试间隙，间隙为 1mm。

AR2000 流变仪的测试模式有稳态测试、瞬态测试和动态测试三种形式。对于 CBT 聚合过程中熔体的流变测试，本章采用在固定频率下的正弦振荡动态测试，振荡频率为 1Hz，测试时间为 30min[176]。

图 2.2　流变测试样品的放置

2.1.3　CBT 聚合过程中黏度的变化

不同催化剂比例的 CBT 树脂聚合过程中黏度随时间的变化曲线如图 2.3 所示。催化剂与 CBT 树脂的质量分数分别为 0.3%、0.4%、0.5%、0.6% 和 0.7%。在反应初始阶段，在聚合时间相同的情况下，随催化剂质量分数的增加，混合物熔体黏度也有所增加。不同催化剂比例的试样，树脂的黏度均随聚合反应的进行而增加，过高的黏度会影响树脂的流动，从而影响基体对纤维增强材料的浸渍，导致复合材料的力学性能下降，因此树脂对增强纤维的浸润时间要控制在一定的范围内。同时，聚合物基体的黏度也要符合复合材料加工工艺的要求，文献[114]中给出，在浸渍阶段，如果树脂熔融黏度小于或等于 1Pa·s，可以采用直接注入的方式来制备复合材料。对于纤维增强树脂基复合材料的制备，液体成型技术是一种非常简便的工艺，而且可以用于大尺寸复合材料构件的制备，本章采用的就是此种复合材料的制备方法。因此，树脂对纤维的浸渍时间最好控制在树脂黏度达到 1Pa·s 的聚合时间之内。

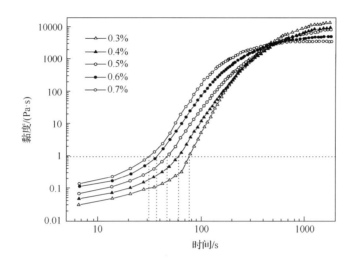

图 2.3　不同催化剂比例的 CBT 树脂聚合过程中黏度随时间的变化曲线

随着反应时间的增加，CBT 树脂在催化剂的作用下不断聚合成高黏度的 pCBT。在反应前期，树脂黏度增加缓慢；反应中期，树脂黏度增加速率变快；反应后期，树脂黏度增加又趋于缓慢，最终的黏度值趋于一个常数。并且，在聚合过程的前期和中期，催化剂质量分数越高的 CBT 聚合物熔体黏度越大，这是由于 CBT 作为一种由环状二聚物、三聚物、四聚物等组成的混合低聚物，较低催化剂含量的 CBT 树脂一旦熔融，相对较小组分的低聚物（二聚物）在催化剂的作用下首先发生开环聚合，较大组分的低聚物开环聚合则需要较长的时间，树脂黏度增加相对缓慢，且黏度值较小；然而，在催化剂质量分数较高时，不同组分的低聚物同时发生开环聚合反应，树脂黏度开始大幅质量分数上升，且增加相对迅速。

在图 2.3 中，以 1Pa·s 为起点作平行于反应时间坐标轴的直线，此线与 CBT 树脂的聚合黏度曲线的交点附近即为不同催化剂比例的 CBT 树脂对增强纤维的最佳浸润区域，由此来确定出 CBT 树脂对纤维的最佳浸润时间如图 2.4 所示。催化剂质量分数为 0.3% 时，最佳浸润时间为 78s；随催化剂质量分数的增加，浸渍时间缩短，当催化剂质量分数以 0.1% 为增量从 0.3% 增加到 0.7% 的过程中，CBT 的最佳浸润时间从 78s 缩短到 32s。催化剂质量分数的增加导致 CBT 的聚合反应速率增大，黏度增加变快，树脂对纤维的最佳浸润时间变短。

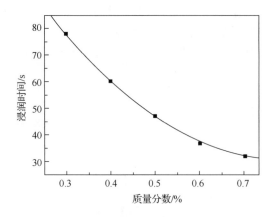

图 2.4　不同催化剂比例的 CBT 树脂的最佳浸润时间

2.2　pCBT 树脂的热分析

2.2.1　pCBT 树脂的热分析试验

　　pCBT 的热分析是指在程序控温和一定气氛下，测量聚合后的 pCBT 试样的物理性质随温度的变化规律。pCBT 试样要承受程序温控的作用，也就是以一定的速率等速升（降）温，该试样包括原始试样和在测量过程中因化学变化产生的中间产物和最终产物，并且所观测的物理量是随温度变化的。热分析技术主要用于测量和分析试样在温度变化过程中的一些物理变化（晶型转变、相态转变及吸附等）、化学变化（分解、氧化、还原、脱水反应等）及其力学特性的变化，通过对这些变化的研究，可以认识试样的内部结构，获得相关的热力学和动力学数据，为 pCBT 树脂及其复合材料的进一步研究提供理论依据[137, 177, 178]。

　　在 pCBT 的热分析测试过程中，测试样品盘材料、升温速率、仪器的灵敏度和分辨率等试验条件，以及 pCBT 试样状态、试样用量和试样粒径等参数都会对测量结果产生一定的影响，因此合理地选择试验材料和试验参数是非常重要的。

　　对于试样盘材料的选择，要求盘体与试样之间在测试过程中不允许发生任何化学反应，本试验选用一次性铝制压盖试样盘，在升温过程中不与 pCBT 产生化学反应，而且一次性使用不会因测试试样中引入杂质而影响热分析曲线的真实性。

　　升温速率一般可以在一定的温度范围内选择，但升温的快慢会对测定过程和结果有十分明显的影响。快速升温可能导致某些反应还没有来得及进行，就进入了高温阶段，造成反应滞后，反应的起始温度、峰值温度和终止温度均提高，试样内温度梯度增大，峰形分离能力下降，并使 DSC 曲线的基线漂移加大，但可提高分析仪的灵敏度。此外，快速升温还使反应向高温区移动，并以更快的速度进行，从而使 DSC 曲线的峰高增加、峰宽变窄、峰形呈尖高状。慢速升温易出现分离的多重峰，使热重分析（thermogravimetric analysis，TGA）曲线本来快速升温的拐点转向平台，DSC 基线漂移减小，并且使试样的内外温差变小，但会导致热分析仪的灵敏度下降。

仪器的灵敏度与分辨率是一对矛盾体。要提高灵敏度必须提高升温速率，增加试样量；而要提高分辨率，则又必须要采用慢速升温，减小试样量。由于增加试样量对灵敏度影响较大，对分辨率影响相对较小，而提高升温速率对两者影响都比较大，因此在热效应微弱的情况下，通常选择较慢的升温速率，并适当增加试样量来提高灵敏度。

在测试过程中，对于试样的用量多少也是有一定的限制。减少试样用量可以减小试样内的温度梯度，所测温度较为真实，减少化学平衡中的逆向反应，相邻峰分离能力增强、分辨率提高，但 DSC 的灵敏度会有所降低；增多试样用量能提高 DSC 的灵敏度，但峰变宽并向高温漂移，相邻峰趋向于合并，峰分离能力下降，且试样内温度梯度较大。综合分析上述因素，对于 pCBT 试样，在保证灵敏度足够时，应该取较少的试样用量。

试样状态一般分为粉状和块状两种，粉状试样相比于块状试样，具有表面积大、活性强的特点，而且反应会有所提前，但导热性能下降，反应过程延长，峰宽增大，峰高下降。粉状试样中粉体粒度与粉体堆积密度对热分析影响也较大。试样粒径愈小，比表面积愈大，活性愈强，反应的起始温度降低，热效应峰前移，峰高降低。粉体的堆积密度高时，试样的导热性能改善、温度梯度变小，其峰值温度和热效应的起始点温度均有所提高。综合上述利弊，本试验中选用小粒径粉状 pCBT 试样。

根据 pCBT 树脂的物理性质，本节主要对其进行了差示扫描量热分析和热重分析，下面分别对其试验过程及试验参数进行具体介绍。

1. pCBT 的 DSC 试验

采用 TA 公司的 Q2000 差示扫描量热仪测量 pCBT 试样升、降温时和参比物的热流与温度的关系，测量信号为试样吸收或放出的能量变化，测试仪器如图 2.5 所示。通过 DSC 可检测吸热和放热效应，可测定峰面积（转变焓和反应焓）、测定表征峰或其他效应的温度。本节中的 DSC 曲线的横坐标表示 pCBT 试样加热的温度，单位为℃，纵坐标表示试样放热或吸热的速度，单位为 mW/mg，也称作热流，表示为 $d(\Delta H)/dt$。对于 pCBT 试样的热效应可直接通过 DSC 曲线的放热峰或吸热峰与基线所包围的面积来度量，不过由于试样和参比物与补偿加热丝之间总存在热阻，使补偿的热量或多或少产生损耗，因此峰面积需要乘以一个修正常数（也叫仪器常数）才能得到测量试样的热效应值。仪器常数可通过标准试样来测定，即为标准试样的焓变与仪器测得的峰面积之比，它不随温度、操作条件而变化，是一个恒定值。

图 2.5　Q2000 差示扫描量热仪

2. pCBT 的 TGA 试验

采用 TA 公司的 Q50 热重分析仪对 pCBT 高分子聚合物的质量随温度的变化趋势进行了测试，揭示了 pCBT 的热稳定性能，测试仪器如图 2.6 所示。不同于 Q50 的分析仪，热重分析仪是一台热重量变化分析仪器，与 TA Instruments 热分析控制器和相关软件共同作用组成了热分析系统。在控制的气氛中，热重分析仪将重量变化量和变化率作为递增温度的函数，或在等温条件下作为时间的函数进行测量。它可用于表现任何出现质量变化的材料特性变化，及测量由于分解、氧化或脱水引起的相变。该信息有助于科学家或工程师确定材料的质量分数变化、相关的化学结构以及最终使用性能。

图 2.6　Q50 热重分析仪

pCBT 高聚物在加热或冷却过程中，除了产生热效应，还伴有质量的变化，根据这一特性，通过热重分析试验，实时记录 pCBT 在程序升温过程中的质量变化、变化速率及相应变化发生的温度区间等特征参数，可以为研究 pCBT 树脂的热分解过程和 pCBT 复合材料的最高加工温度提供依据。本章通过用 pCBT 质量随温度的变化趋势而绘制的曲线表示 TGA 测量分析结果。首次出现 DTG 曲线是 TGA 信号对温度的一阶导数，表示质量的变化速率，是对 TGA 信号重要的补充性表示。当试样失去物质或与周围环境气氛发生反应时，质量出现变化，此时会在 TGA 曲线上产生台阶，或在 DTG 曲线上产生峰。

2.2.2　不同反应温度下聚合成的 pCBT 的 DSC 分析

测试样品为不同反应温度（210℃、220℃、230℃和 240℃）下聚合成的 pCBT 树脂，质量取 7～8mg，在氮气氛围下进行 DSC 测试，升温速率为 10℃/min。试样从室温（约 25℃）被加热到 250℃，再冷却至室温，从加热和冷却扫描分析中可以得到试样的结晶和熔融参数[94]。聚合后的 pCBT 的熔点 T_m 为加热过程中熔融峰的峰值温度，结晶温度 T_c 为冷却过程中结晶放热峰的峰值温度。熔融焓 ΔH_m 和结晶焓 ΔH_c 分别为熔融峰和结晶峰的峰面积。pCBT 聚合物的结晶度 X_c 可以通过下面的公式计算出来：

$$X_c = \frac{\Delta H_m}{\Delta H_m^0} \times 100\% \qquad (2.13)$$

式中，ΔH_m^0 为 pCBT 完美晶体的熔融焓，为 142J/g[179]。

在不同反应温度、相同催化剂质量分数（均为 0.6%）的情况下聚合成的 pCBT 试样在升温和降温时的 DSC 曲线图分别如图 2.7（a）和图 2.7（b）所示。从热分析图中可以得知加热和冷却过程中不同反应温度下聚合成的 pCBT 树脂的熔点和熔融焓、结晶温度和结晶焓，并且根据式（2.13）可以推导出 pCBT 的结晶度，pCBT 的 DSC 分析数据如表 2.2 所示。

表 2.2　不同反应温度下聚合成的 pCBT 熔融和结晶性能

聚合温度/℃	加热			冷却	
	T_m /℃	ΔH_m / (J/g)	X_c /%	T_c /℃	ΔH_c / (J/g)
210	226.4	51.1	36.0	185.6	54.3
220	225.9	54.4	38.3	191.8	57.7
230	224.8	56.7	39.9	191.2	59.2
240	226.0	57.5	40.5	191.3	62.3

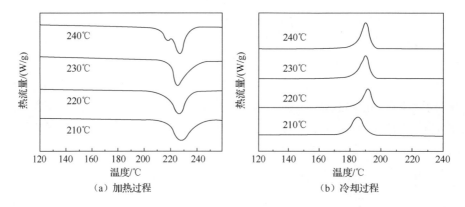

图 2.7　不同反应温度下聚合成的 pCBT 的 DSC 曲线图

　　从测试结果可以得出，不同反应温度下聚合成的 pCBT 树脂的熔点 T_m 随聚合温度的增加略有小幅度改变，但均在 226℃左右，与商用 pCBT 的熔点 225℃比较近似。当反应温度为 210℃时，pCBT 的结晶温度 T_c 为 185.6℃；反应温度在 220~240℃，结晶温度 T_c 均在 191.5℃左右。这是由于当反应温度较低时，CBT 没有发生充分的聚合，pCBT 分子量与在高温时聚合所得的相比而言较小，从而结晶温度较低。在聚合温度从 210℃升高到 240℃的过程中，pCBT 的结晶焓 ΔH_c 随着聚合温度的升高而增大。pCBT 的熔融焓 ΔH_m 随聚合温度的升高也不断增加，从而结晶度 X_c 也逐渐提升。但是当聚合温度为 240℃时，此时产生了两个熔融峰，这是由于过高的聚合温度，导致了除 pCBT 聚合物之外的其他物质的合成；与 230℃的聚合温度相比，此时结晶度的提高不是很明显，仅提升了约 1%，由此可得到 CBT 在开环聚合过程中，可以选取 230℃作为其反应温度。

2.2.3　不同催化剂含量下聚合成的 pCBT 的 DSC 分析

　　在聚合反应温度相同（均为 230℃）、催化剂与 CBT 树脂质量分数（0.3%、0.4%、0.5%、0.6% 和 0.7%）不同的条件下，聚合成 pCBT 树脂，从中采取试样 7~8mg，测试温度范围为 25~250℃，以 10℃/min 的速率先加热再冷却，在氮气环境下进行试验。

　　不同催化剂质量分数下聚合成的 pCBT 的 DSC 曲线如图 2.8 所示。表 2.3 列出了不同催化剂质量分数下聚合成的 pCBT 树脂的熔融和结晶参数。

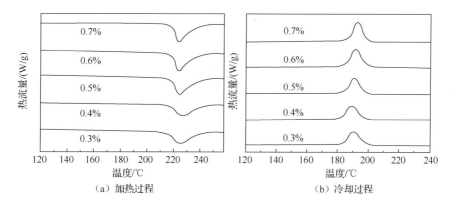

图 2.8　不同催化剂质量分数下聚合成的 pCBT 的 DSC 曲线

表 2.3　不同催化剂质量分数下聚合成的 pCBT 树脂的熔融和结晶参数

催化剂	加热			冷却	
质量分数/%	T_m /℃	ΔH_m / (J/g)	X_c /%	T_c /℃	ΔH_c / (J/g)
0.3	225.5	48.6	34.2	189.0	53.9
0.4	226.9	50.2	35.3	188.1	54.2
0.5	224.6	54.5	38.4	190.5	56.9
0.6	224.8	56.7	39.9	191.2	59.2
0.7	223.9	56.9	40.1	192.7	61.1

通过 DSC 测试与分析可以得出，pCBT 的熔点 T_m 在 225℃左右，与商用 pCBT 的熔点相符。催化剂质量分数从 0.3% 增加到 0.7% 的过程中，pCBT 的熔融焓 ΔH_m 呈增大趋势，从而结晶度 X_c 也逐渐增加。但当催化剂质量分数达到 0.6% 时，随催化剂质量分数的增加，pCBT 的结晶度增加不明显。这是由于当催化剂质量分数较低时，CBT 的开环反应速率较慢，而 CBT 的开环聚合与 pCBT 的结晶过程同时进行，导致了 pCBT 的结晶不完全[136]。当催化剂质量分数超过 0.6% 时，增加催化剂用量对提高 CBT 开环反应速率的效果已经不是很明显，所以 pCBT 结晶度的增加也不显著。pCBT 的结晶焓 ΔH_c 与催化剂质量分数成正比，结晶温度 T_c 也随催化剂质量分数的增加而略有提升，但均在 190℃左右，从而我们可以确定出制备 pCBT 树脂浇注体及其复合材料时，在 CBT 开环聚合反应之后，最佳的结晶温度为 190℃。

2.2.4　不同催化剂质量分数下聚合成的 pCBT 的热重分析

测试样品选取以 230℃为反应温度、不同催化剂质量分数作用下聚合成的

pCBT 树脂粉末，质量为 12～14mg，通入高纯度的 N₂ 作保护气，试样从室温加热到 780℃，升温速率为 20℃/min。

图 2.9（a）为测得的 pCBT TGA 曲线，由图可知不同催化剂质量分数下聚合的 pCBT 树脂的曲线几乎重合，均只有一个失重台阶，表明为一阶失重，5%失重温度均在 380℃左右。温度达到 450℃时，失重率均达到 95%。这说明催化剂质量分数对失重降解温度的影响可忽略。图 2.9（b）为 pCBT 的 DTG 曲线图。从图中可以看出，催化剂质量分数的大小对 pCBT 的最大分解速率有着小幅度的影响。在 0.3%～0.6%的质量分数范围内，催化剂质量分数越高，最大分解速率越低；当催化剂质量分数大于 0.6%时，最大分解速率随催化剂质量分数的提升而增大。因此，选用质量分数为 0.6%的催化剂聚合成的 pCBT 树脂耐热性能相对较好。

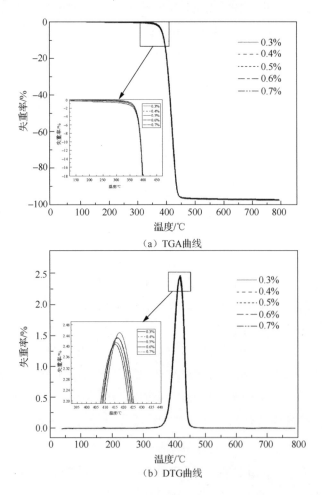

（a）TGA曲线

（b）DTG曲线

图 2.9　不同催化剂质量分数下聚合成的 pCBT 的 TGA 曲线和 DGA 曲线图

2.3　pCBT 的力学性能研究

2.3.1　pCBT 树脂浇注体的制备及力学测试

本节分别以 210℃、220℃、230℃和 240℃为聚合温度，制备催化剂质量分数为 0.3%、0.4%、0.5%、0.6%、0.7%的 pCBT 树脂浇注体。方法如下：把 CBT 树脂用油浴磁力搅拌器加热到聚合温度，使其熔融，再加入所需质量分数的催化剂，催化剂熔点经 DSC 测试，为 154.3℃，因此加入 CBT 熔融树脂中的催化剂也可以迅速熔融，再磁力搅拌 30s，使树脂与催化剂充分混合，迅速倒入放置在烘箱中且温度已升至聚合所需温度的模具中，保持 20min，使 CBT 开环聚合为 pCBT，再将烘箱温度降至 190℃，保持 10min，使 pCBT 结晶，自然冷却后脱模。

pCBT 树脂浇注体的制备试样如图 2.10 所示。拉伸性能测试执行 ASTM D638—2014 标准，试样为哑铃型，长 200mm，厚 4mm，弯曲性能测试执行 ASTM D790—2017 标准，试样尺寸为 80mm×15mm×4mm。力学性能测试每组选取 5 个有效试样，采用德国 Zwick/Roell Z010 万能材料试验机进行测试，pCBT 力学性能测试方式如图 2.11 所示，试验加载速度为 2mm/min。

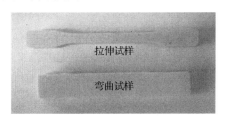

图 2.10　pCBT 树脂浇注体的制备试样

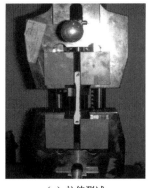

（a）拉伸测试　　　　　　　　　　　　（b）弯曲测试

图 2.11　pCBT 树脂力学性能测试方式

2.3.2　聚合温度对 pCBT 树脂力学性能的影响

不同聚合温度制备的 pCBT 树脂浇注体的力学性能如图 2.12 和表 2.4 所示。由图 2.12（a）可知，在 210～230℃的聚合温度范围内，随温度升高，pCBT 树脂的拉伸强度呈直线上升趋势，拉伸模量也有所增加，但增加的速率逐渐减小；当聚合温度高于 230℃时，拉伸强度基本不变，拉伸模量开始下降。由图 2.12（b）可知，聚合温度在 210～230℃时，弯曲强度和模量均呈线性增大；聚合温度在 230～240℃时，弯曲强度趋于一个定值，而弯曲模量有所下降。

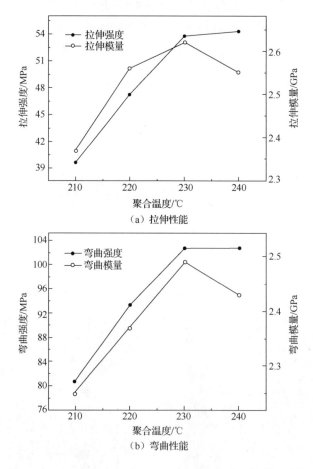

（a）拉伸性能

（b）弯曲性能

图 2.12　不同聚合温度对 pCBT 树脂浇注体力学性能的影响

表 2.4　不同聚合温度制备的 pCBT 树脂浇注体的力学性能数据

聚合温度/℃	拉伸强度/MPa	拉伸膜量/GPa	弯曲强度/MPa	弯曲模量/GPa
210	39.6	2.37	80.8	2.25
220	47.2	2.56	93.4	2.37
230	53.8	2.62	102.6	2.49
240	54.3	2.55	102.9	2.43

2.3.3　催化剂质量分数对 pCBT 树脂力学性能的影响

　　不同质量分数催化剂的作用下，聚合成的 pCBT 树脂浇注体力学性能变化趋势如图 2.13 所示，力学性能数据如表 2.5 所示。从图 2.13（a）可以看出，催化剂质量分数从 0.3%增加到 0.6%的过程中，pCBT 树脂浇注体的拉伸强度和拉伸模量均随催化剂质量分数的增加而增加；当催化剂质量分数从 0.6%增加到 0.7%时，pCBT 树脂的拉伸强度和模量的变化趋于平缓，略有小幅度下降。从图 2.13（b）可知，当催化剂质量分数为 0.3%~0.6%时，pCBT 树脂的弯曲强度和模量与催化剂质量分数成正比；当催化剂质量分数大于 0.6%时，树脂弯曲性能变化很小。这是由于当催化剂质量分数在一定范围内增大时，pCBT 结晶度不断提高，导致pCBT 树脂的力学性能提升。而当催化剂质量分数过高时，pCBT 的结晶度变化不大，没有发生反应的催化剂还可能以少量杂质的形式存在于树脂中，所以树脂的力学性能在趋于稳定的基础上，可能还会发生小幅度的下降。

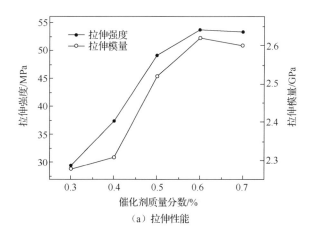

（a）拉伸性能

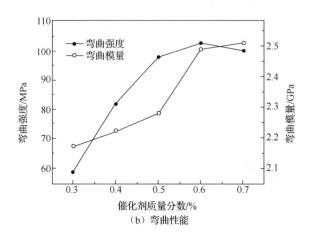

图 2.13　催化剂质量分数对 pCBT 树脂浇注体力学性能的影响

表 2.5　不同催化剂质量分数制备的 pCBT 树脂浇注体的力学性能数据

催化剂质量分数/%	拉伸强度/MPa	拉伸模量/GPa	弯曲强度/MPa	弯曲模量/GPa
0.3	29.5	2.28	58.8	2.17
0.4	37.4	2.31	82.1	2.22
0.5	49.1	2.52	97.9	2.28
0.6	53.8	2.62	102.6	2.49
0.7	53.3	2.60	87.8	2.51

　　本章研究了 CBT 树脂在新型催化剂 PC-4101 作用下黏度随时间的变化,确定了 CBT 在液体成型加工技术中的最佳注入时间。同时,对 CBT 在不同反应温度和不同催化剂质量分数的条件下聚合成的 pCBT 树脂进行了 DSC 分析、热重分析和力学性能分析。

　　通过研究和分析得出,CBT 的最佳开环聚合温度为 230℃,聚合产物 pCBT 树脂的熔点在 225℃左右,结晶温度在 190℃左右,与商用 pCBT 性能相符。当催化剂与 CBT 的质量分数为 0.6%时,聚合成的 pCBT 树脂的综合性能相对较好。此时 pCBT 树脂浇注体的拉伸强度和拉伸模量分别为 53.8MPa 和 2.62GPa,弯曲强度和弯曲模量分别为 102.6MPa 和 2.49GPa,力学性能优于使用传统催化剂聚合成的 pCBT 树脂的性能。

第3章　不同改性方式对 pCBT 基体的
热学性能和力学性能的影响

本章主要利用不同的添加物对 CBT 树脂进行改性研究。首先以 pCBT 浇注体材料的力学性能和热学性能为衡量标准，优化得出了国产锡基催化剂单丁基氧化锡的氯化物（PC-4101）在 CBT 树脂聚合反应中的最佳应用含量。然后，在 CBT 树脂中添加了包括纳米二氧化硅、纳米石墨、纳米二氧化钛和短切碳纤维等四种改性材料。最后分析了 pCBT 浇注体经过不同种类、不同含量的材料改性后材料的制造工艺、力学性质和热学性能。改性前后 pCBT 浇注体的力学性能利用三点弯曲、轴向压缩试验来进行测试。改性前后材料的热学性能利用 DSC 和 TGA 等试验方法测定获得，并对比分析了改性对材料耐热性的影响。同时，利用 SEM 方法对断裂后的试样表面进行了观察。最终优化得出了改性材料的种类及最佳含量。

3.1　试验材料及方法

3.1.1　试验材料

本章所用树脂为 CBT-100 型树脂。CBT 单体分子量为 $M_w=220n(n=2\sim7)$g/mol[180]，CBT 单体在锡基催化剂作用下的开环聚合反应的示意图如图 3.1 所示。

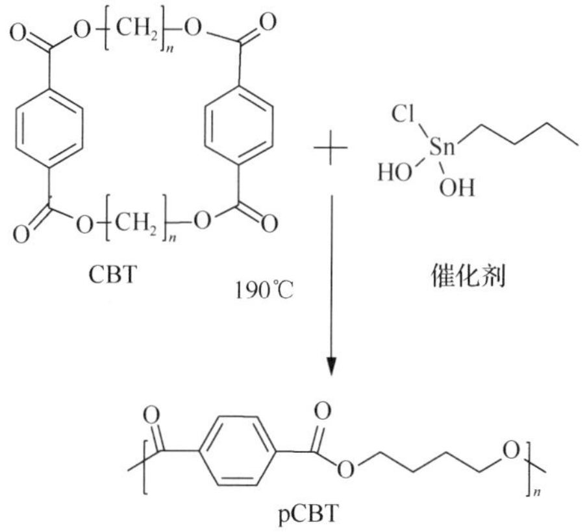

图 3.1　CBT 单体在锡类催化剂作用下的开环聚合反应

　　催化剂为南京鼎晨科技发展有限公司提供的单丁基氧化锡的氯化物（PC-4101）。短切碳纤维由上海短纤有限公司提供，平均长度为 2mm。纳米二氧化硅颗粒由美国 AG 公司购买，型号为 R7200，平均直径为 15nm。纳米二氧化钛由美国 AG 公司购买，平均粒径 50nm 左右。纳米石墨的平均粒径在 100nm 左右。所有材料在使用时没有经过进一步的加工处理。由于潮湿能够影响 CBT 树脂单体的开环聚合反应过程，所有材料在使用前需在 100℃条件下在真空干燥箱中干燥10h，以除去树脂中的残余水分。

3.1.2　pCBT 树脂浇注体的制备

　　pCBT 树脂浇注体的制备过程如下，首先将 CBT 树脂在温度为 220℃真空炉中加热，直至其完全融化，随后向融化的树脂内分别添加树脂质量分数为 0.3%、0.45%、0.6%和 0.8%的 PC-4101 型催化剂。利用玻璃棒快速搅拌混合溶液，由于催化剂与树脂反应极快，为了保证树脂具有较好的充型能力，这一过程需控制在 10s 以内。然后将混合后的树脂浇注到制备好的模具中。用于制备三点弯曲试样的模具示意图如图 3.2 所示。应该指出，该金属模具也应该提前在烘箱中加热至 220℃，这样就能够保证系统冷却过程中，树脂与金属模具之间有较小的固化收缩应力产生。随后，当整个系统冷却至 100℃时，脱模即可得到三点弯曲测试用的试样浇注体。

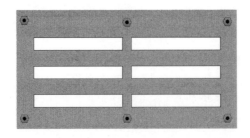

图 3.2　用于制备三点弯曲试样的模具示意图

　　为了制备纳米、短切碳纤维改性的 CBT 树脂浇注体，同样先将 CBT 树脂在如图 3.3 所示的油浴中加热至 220℃，直到树脂完全熔融。此时，由于熔融的树脂具有极低的黏度，CBT 树脂呈现出像水一样的液体状态。随后，将不同颗粒种类、不同质量分数的颗粒按照一定的比例分别投入融化的 CBT 树脂中。为了保证纳米颗粒在熔融树脂中具有较好的分散性，利用图 3.3 中的装置在 1000r/min 的搅拌速度下搅拌 30min。带有叶片的装置能够上下波动，以辅助对团聚纳米颗粒的分散作用。待纳米颗粒在树脂中分散的较为均匀时，将催化剂加入树脂中进行浇注。改性后树脂的固化工艺与未改性的树脂相同。本章利用这一方法分别配备了纳米颗粒质量分数为 0.1%、1%和 2%的三种试样。碳纤维的体积分数分别为 0.4%、0.6%、0.8%和 1%。

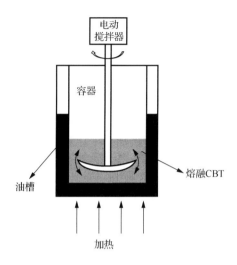

图 3.3　用于分散填料的试验装置

3.1.3　力学测试试验

对于改性前后 pCBT 浇注体的三点弯曲试验在 Zwick/Roell Z010 型电子万能试验机上进行（图 3.4）。测试速度为 2mm/min。为了使得到的试验结果可靠，每组试样进行了至少 5 组平行试样，5 组试样的平均值用来衡量试样的整体力学性能。试样尺寸为 78mm×15mm×6mm。

图 3.4　pCBT 浇注体的三点弯曲试验

3.1.4　热学测试试验

　　差示扫描量热法被广泛应用于一系列应用，它既是一种例行的质量测试也可以作为一种研究工具[181]。该设备易于校准，使用熔点低，可以进行快速可靠的热分析。差示扫描量热法是在程序控制温度下，测量输出物质和参比物的功率差与温度关系的一种技术。DSC 仪器装置和 DTA 仪器装置相似，所不同的是在试样和参比物容器下装有两组补偿加热丝，当试样在加热过程中，由于热效应与参比物之间出现温差 ΔT 时，通过差热放大电路和差动热量补偿放大器，使流入补偿电热丝的电流发生变化，当试样吸热时，补偿放大器使试样一边的电流立即增大；反之，当试样放热时则使参比物一边的电流增大，直到两边热量平衡，温差 ΔT 消失为止。换句话说，试样在热反应时发生的热量变化，由于及时输入电功率而得到补偿，所以实际记录的是试样和参比物下两只电热补偿加热丝的热功率之差随时间 t 的变化关系。如果升温速率恒定，记录的也就是热功率之差随温度 T 的变化关系。许多物质在加热或冷却过程中会发生融化、凝固、晶型转变、分解、化合、吸附、脱附等物理化学变化。这些变化必将伴随体系熔的改变，因而产生热效应。其表现为该物质与外界环境之间有温度差。选择一种热稳定的物质作为参比物，将其与样品一起置于可按设定速率升温的电炉中，分别记录参比物的温度，以及样品与参比物间的温度差。以温差对温度作图就可以得到一条差热分析曲线，或称差热谱图。如果参比物和被测物质的热容大致相同，而被测物质又无热效应，两者的温度基本相同，此时测到的是一条平滑的直线，该直线称为基线。一旦被测物质发生变化，即产生了热效应，在差热分析曲线上就会有峰出现。热效应越大，峰的面积也就越大。在差热分析中通常还规定，峰顶向上的峰为放热峰，它表示被测物质的熔变小于零，其温度将高于参比物。相反，峰顶向下的峰为吸热峰，则表示试样的温度低于参比物。一般来说，物质的脱水、脱气、蒸发、升华、分解、还原、相的转变等表现为吸热，而物质的氧化、聚合、结晶和化学吸附等表现为放热。在差热分析中，当试样发生热效应时，试样本身的升温速度是非线性的。以吸热反应为例，试样开始反应后的升温速度会大幅落后于程序控制的升温速度，甚至发生不升温或降温的现象；待反应结束时，试样升温速度又会高于程序控制的升温速度，并逐渐跟上程序控制温度，升温速度始终处于变化中。而且在发生热效应时，试样与参比物及试样周围的环境有较大的温差，它们之间会进行热传递，降低了热效应测量的灵敏度和精确度。因此，到目前为止的大部分差热分析技术还不能进行定量分析工作，只能进行定性或半定量的分析工作，难以获得变化过程中的试样温度和反应动力学的数据。DSC 分析与差热分析相比，可以对热量做出更为准确的定量测量测试，具有比较敏感和需要样品量少等特点。

热重分析,是指在程序控制温度下测量待测样品的质量与温度变化关系的一种热分析技术,用来研究材料的热稳定性和组分。TGA 在研发和质量控制方面都是比较常用的检测手段[182, 183]。热重分析在实际的材料分析中经常与其他分析方法连用,进行综合热分析。热重分析可以研究晶体性质的变化,如熔化、蒸发、升华和吸附等物质的物理现象;研究物质的热稳定性、分解过程、脱水、解离、氧化、还原、成分的定量分析、添加剂与填充剂影响、水分与挥发物、反应动力学等化学现象。该技术广泛应用于塑料、橡胶、涂料、药品、催化剂、无机材料、金属材料与复合材料等各领域的研究开发、工艺优化与质量监控。热重分析的主要特点是定量性强,能准确地测量物质的质量变化及其变化速率,可以说,只要物质受热时发生质量的变化,就可以用热重分析来研究其变化过程。

本章利用 DSC 技术表征了 pCBT 改性前后的结晶和熔融行为。测试过程中全程在纯氮气保护下进行。每组试样首先在 20℃/min 加热速率下加热至 260℃,随后在相同的冷却速率下冷却至 20℃。材料的结晶度计算公式为

$$X_c = \frac{\Delta H_m}{\Delta H_\infty} \tag{3.1}$$

式中,ΔH_m 为高分子的熔融熵;ΔH_∞ 为完整结晶度下高分子的熔融熵,对于 pCBT 树脂来说,其完整熵的大小是 142 J/g[184]。

利用 TGA 的手段分析了高分子的质量随着温度的变化趋势。试验中所用的最高温度为 550℃。所用试样的质量在 7～15mg,从整体试样上取得。TGA 测试中的加热速率为 20℃/min,并且计算得到了试样质量损失 5%时的温度。

3.2 不同催化剂质量分数的 pCBT 树脂浇注体的三点弯曲性能

本节通过研究 pCBT 树脂浇注体的三点弯曲试验来表征不同的催化剂质量分数对材料力学行为的影响。图 3.5 中给出了不同质量分数催化剂作用下得到的 pCBT 浇注体的三点弯曲应力-应变曲线。表 3.1 中列出了由图 3.5 计算所得的材料强度 σ、模量 E 和失效应变 ε 的值。催化剂质量分数为 0.6%的弯曲试样的断裂形貌在图 3.6 中给出。在图 3.5 中,不同的曲线总体上可以划分为两种形式。图 3.5 中 c 线和 d 线相互重合,而图 3.5a 线和 b 线也相互重合。也可以明显看出,与其他试样相比较,催化剂质量分数为 0.6%试样的弯曲失效表现出了明显的延迟效果。另外,在图 3.5 中没有观察到明显的塑性变形阶段,所有的材料都是当外载

荷达到其临界强度时立即断裂。所以，pCBT 树脂浇注体在弯曲载荷作用下试样的脆性破坏是材料失效的主要模式。

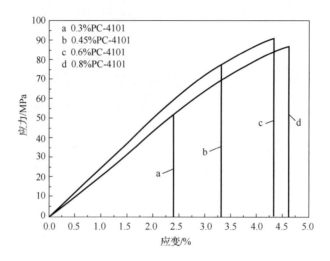

图 3.5　不同质量分数催化剂作用下得到的 pCBT 树脂浇注体的
三点弯曲应力-应变曲线

在表 3.1 中，我们发现催化剂质量分数为 0.6%的 pCBT 树脂浇注体试样的弯曲强度和模量分别为 90.94MPa 和 2.85GPa，这两个值在所测试的四组试验中都是最大的。因此，CBT 树脂与质量分数为 0.6%的催化剂反应具有最好的力学性能，这一结果也可以通过图 3.6 中的 SEM 图片来加以证实。

表 3.1　不同催化剂质量分数催化聚合后 pCBT 树脂的弯曲性能

催化剂质量分数/%	σ/MPa	ε / %	E/GPa
0.3	52.15	2.40	2.69
0.45	86.85	4.62	2.62
0.6	90.94	4.33	2.85
0.8	77.80	3.31	2.83

图 3.6（a）和图 3.6（b）分别为该试样在不同的放大倍数下的 SEM 图片。作为脆性材料的自然特性，试样的断口表现出了平整光滑的断裂后形貌。为了与纯 pCBT 树脂相比，添加 1%和 2%的纳米 SiO$_2$ 改性后的 pCBT 试样的 SEM 图片给出，其放大倍数为 3000 倍。从图 3.6（c）和图 3.6（d）看出，添加纳米颗粒后的试样具有相对粗糙的断口形貌。这一特点表明了树脂内部的微裂纹在传播时要绕过刚性的纳米颗粒，随后才能沿着一条相对较弱的路径继续传播，这样，试样的

断口就表现出了不规则的形貌特点。这一发现为接下来通过改性来提升材料的整体力学性能的途径提供了一个新思路。

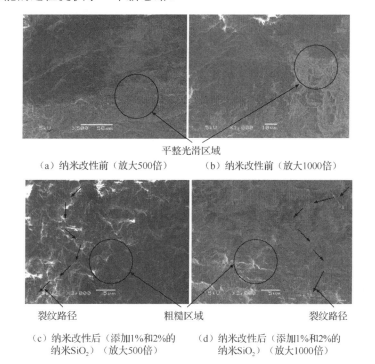

（a）纳米改性前（放大500倍）　　　（b）纳米改性前（放大1000倍）

（c）纳米改性后（添加1%和2%的　　（d）纳米改性后（添加1%和2%的
　　纳米SiO₂）（放大500倍）　　　　　　纳米SiO₂）（放大1000倍）

图 3.6　三点弯曲试验中含有 0.6%催化剂的 pCBT 树脂浇注体试样的断裂形貌

3.3　pCBT 树脂浇注体的热学性能

3.3.1　不同催化剂质量分数催化得到的试样的热学性能

如前所述，不同的催化剂质量分数会在很大程度上影响催化聚合反应物的力学性能。DSC 和 TGA 技术允许我们从热力学角度探究催化剂对材料的结晶度和熔融特点的影响。本节测试不同质量分数催化剂作用下得到的 pCBT 试样的 DSC 和 TGA 曲线图（图 3.7 和图 3.8），图中计算得到的结晶度和热焓值在表 3.2 中给出。从图 3.7 中可以看出，四条曲线表现出了相同的变化趋势，它们的熔点都在 224℃附近变化。值得一提的是，催化剂质量分数为 0.60%的试样的热焓值是四组试样中最大的（-65.05J/g）。冷却过程中所有的峰值都在较小的温度范围内波动，不同催化剂质量分数的催化聚合的 pCBT 树脂试样的熔点几乎相同。通过对比，可以总结出催化剂质量分数对 pCBT 树脂的熔点影响较小。DSC 测试表明催化剂质量分数能够改变树脂的结晶度并且对结晶的完善程度也有较大影响。由于催化剂质量分数为 0.60% 的试样的结晶度是 45.04%，是四组试样中的最大值。这意味着 CBT 树脂聚合的较为完善。然而，催化剂质量分数为 0.30% 和 0.45% 的试样的结晶度相对较小，这是因为此时催化剂质量分数较低，不能够有效地催化 CBT 树脂使其较好地生成 pCBT 产物。而当催化剂质量分数为 0.80% 时，体系内多余的催化剂会在聚合过程中扮演"杂质"的角色，这些"杂质"在反应过程中会影响高分子链的结晶，由于材料的结晶过程受到干扰，材料就表现出了较低的结晶度。

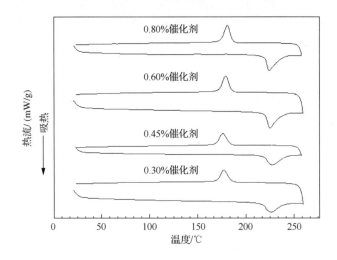

图 3.7　不同质量分数的催化剂作用下 pCBT 树脂的 DSC 曲线图

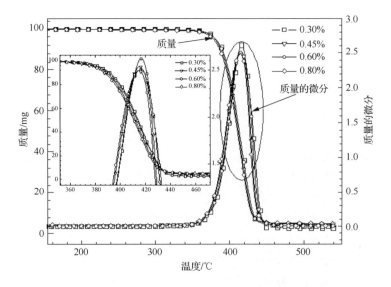

图 3.8　不同质量分数的催化剂作用下 pCBT 树脂的 TGA 曲线图

表 3.2　不同催化剂质量分数催化聚合后 pCBT 树脂的结晶度和热焓值

催化剂质量分数/%	结晶度/%	温度/℃，焓值/（J/g）	
		吸热	放热
0.3	35.32	225.47，−48.06	176.67，+37.05
0.45	33.77	227.03，−52.24	175.71，+38.20
0.6	45.04	224.47，−65.05	178.76，+45.06
0.8	41.84	223.72，−61.15	180.51，+44.84

注：吸热和放热分别用"−"和"+"表示

　　利用 TGA 研究了高分子量随着温度的变化趋势，结果显示不同试验的走势并没有明显的不同，但是不同材料分解率的峰值不完全相同。质量分数为 0.6%试样的最大分解率是四组试样中的最小值，如图 3.8 所示。为了提升材料的热学性能，本章接下来将选取质量分数为 0.6%的催化剂为对象，来研究改性对其热学性能的影响。

3.3.2　纳米 TiO_2 和纳米石墨改性 pCBT 树脂的热学性能

　　图 3.9 给出了初次加热和初次放热 DSC 测试得到的含有不同纳米颗粒的 pCBT 热学性能。图 3.10 给出了二次加热 DSC 测试得到的含有不同纳米颗粒的 pCBT 热学性能。图中，纳米石墨的质量分数分别为 0.5%和 1%；纳米二氧化钛的质量分数分别为 1%和 2%。图 3.9 为试样初次加热和初次放热得到的热历程，而图 3.10 为试样二次加热得到的 DSC 热历程。从图中可见，在试样的冷却和加热过程中，没有发现热曲线明显的不同。即使添加颗粒的种类和他们的质量分数不同，所有的热历程曲线都有相似的走势。

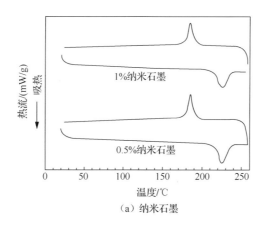

（a）纳米石墨

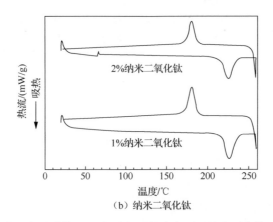

（b）纳米二氧化钛

图 3.9　初次加热和初次放热 DSC 测试得到的含有不同纳米颗粒的 pCBT 热学性能

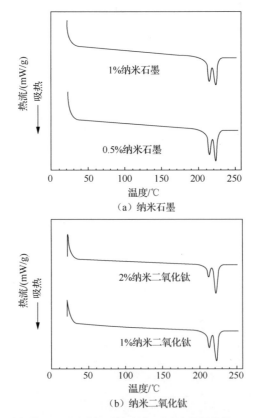

（a）纳米石墨

（b）纳米二氧化钛

图 3.10　二次加热 DSC 测试得到的含有不同纳米颗粒的 pCBT 热学性能

　　通过式（3.1）计算结晶度并由图 3.10 得出熔融峰值，这些数值在表 3.3 中给出，从表中可知，不同试样的结晶度表现出一定的差别。当 pCBT 树脂中添加的颗粒种类相同时，树脂的结晶度随着颗粒的添加量增加而降低。例如，当树脂基体中添加的纳米石墨的质量分数从 0.5%增加到 1%时,试样的结晶度从 34.9%下降到 30.7%。与之相同,当树脂基体中添加纳米二氧化钛的质量分数从 1%增加到 2%时,试样的结晶度从 31.5 下降到 29.5%。另外,不同颗粒填充试样的结晶点温度增长约 5℃,如表 3.3 所示。所有试样的熔融点几乎相同,对比可见,添加颗粒的粒径及其质量分数是影响材料热行为的两个关键因素。树脂内部含有较高的颗粒质量分数能够干涉高分子材料的结晶行为进而表现出较低的结晶度,同时高分子材料结晶或熔融过程中推动较大粒径的颗粒所付出的能量较多,因此大颗粒填充的 pCBT 树脂的结晶度下降较快。

表 3.3　DSC 测试中获得的不同纳米颗粒、不同质量分数填充 pCBT 树脂的热参数

| 试样 | 第一次加热 | 冷却 | | 第二次加热 | |
	熔融峰/℃	结晶峰/℃	结晶度/%	第一个峰值温度/℃	第二个峰值温度/℃
0.5%纳米石墨	225.15	185.21	34.9	215.94	225.02
1%纳米石墨	226.53	185.15	30.7	216.42	224.86
1%纳米二氧化钛	226.35	180.29	31.5	214.63	224.34
2%纳米二氧化钛	225.63	180.20	29.5	214.05	224.08

3.3.3　纳米 SiO$_2$ 改性 pCBT 树脂的热行为分析

如前所述,CBT 树脂开环聚合过程中催化剂的质量分数和填充颗粒的粒径及质量分数都能够影响最终树脂材料的热学性能和力学性能。由于 CBT 树脂在 0.6%的催化剂作用下得到的产物具有较好的热学性能和力学性能,我们选取这一催化剂质量分数来进行分析。由于较小的粒径对材料热行为的干涉效应较小,我们选取粒径较小的 SiO$_2$ 颗粒作为 CBT 材料改性的填充物。为了研究纳米 SiO$_2$ 填充物对改性后材料热学性能的影响,我们选取了纳米颗粒质量分数分别为 0.1%、1%和 2%的三种试样来进行分析。表 3.4 给出了纳米改性后纳米复合材料的结晶度,与未改性复合材料相比,添加 0.1%、1%和 2%的纳米 SiO$_2$ 颗粒的三种改性后的复合材料的结晶度表现出了一定的波动,改性后材料的结晶度分别为 41.04%、37.75%和 41.74%,改性后材料的熔点分别为 222.23℃、226.14℃和 224.95℃。

表 3.4　不同质量分数纳米颗粒增强的 pCBT 树脂的热学性能

纳米 SiO$_2$ 的质量分数/%	结晶度/%	熔点/℃	质量损失 5%时的温度/℃
0.1	41.04	222.23	377.19
1	37.75	226.14	375.23
2	41.74	224.95	375.32

如图 3.11 所示，不同试样的 DSC 曲线上，所有试样在加热和冷却过程的趋势没有表现出差异。从图 3.12 中得到的 TGA 曲线可以看出，pCBT 高分子的最大分解率随着纳米颗粒的增加表现出了衰减趋势。材料的质量损失初始质量 5% 时的温度大小分别为 377.19℃、375.23℃ 和 375.32℃。对比以上热分析结果可见，在 CBT 基体材料中添加纳米 SiO$_2$ 能够提升材料的耐高温性能。在 CBT 树脂基体中添加一定质量分数的纳米颗粒能够有效提升 pCBT 树脂的热稳定性，并且当树脂基体中含有的纳米 SiO$_2$ 颗粒的质量分数为 2% 时，pCBT 试样具有最好的热学性能。

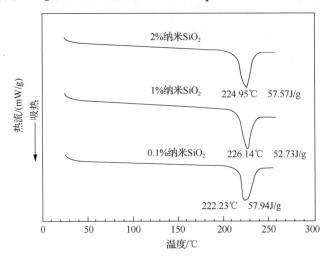

图 3.11　不同质量分数纳米 SiO$_2$ 的 pCBT 试样在第一次加热的 DSC 曲线图

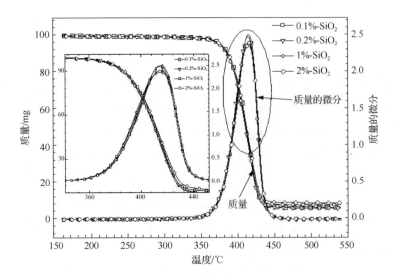

图 3.12　不同质量分数纳米 SiO$_2$ 的 pCBT 树脂的 TGA 曲线

3.4　pCBT 树脂的短切碳纤维改性

作为进一步的尝试，本章还研究了 pCBT 树脂基体中含有不同短切碳纤维（short carbon fiber，SCF）体积分数试样的力学性能[185, 186]。碳纤维改性后的材料通常具有优异的力学性能、电性能[187-190]。

图 3.13 为短切碳纤维改性前后在压缩和弯曲试验中得到的典型应力-应变曲线图。由图计算所得的不同材料的基本力学性能参数见表 3.5。通过比较图 3.13 和表 3.5 中的数据不难发现，通过在材料中添加短切碳纤维，材料的弹性模量得到提升，并且不同体积分数的填料得到的聚合物具有不同的弹性模量升高程度。值得注意的是，在压缩和弯曲试验中，所有试样的失效应变都减小了 20%左右。

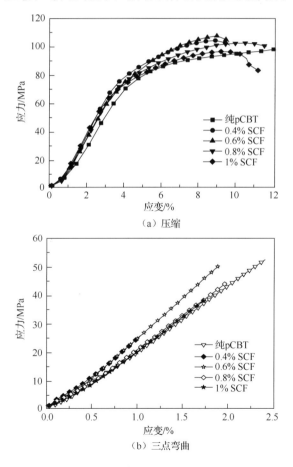

（a）压缩

（b）三点弯曲

图 3.13　短切碳纤维改性前后 pCBT 复合材料的应力-应变关系曲线

表 3.5 不同体积分数 SCF 增强 pCBT 基体的基本力学性能参数

SCF 体积分数/%	压缩性能			弯曲性能		
	强度/MPa	失效应变/%	弹性模量/GPa	强度/MPa	应变/%	弹性模量/GPa
0	103.17	16.89	2.45	52.1	2.40	2.67
0.4	104.78	8.7	2.54	24.7	0.99	2.82
0.6	108.37	8.9	2.53	50.1	1.88	2.8
0.8	103.2	10.4	2.53	43.6	1.96	2.74
1	97	9.4	2.55	37.4	1.71	2.71

同时，与纯树脂浇注体比较，改性后材料的弯曲和压缩强度表现出了下降趋势（图 3.13）。所有的试样都表现出了脆性破坏形貌，即材料在外载荷达到其强度后瞬间失效。这是因为，裂纹在材料内部传播时其消耗的能量与材料的模量、基体和纤维的强度等力学参数，以及填充物的直径、树脂/基体的界面状态和纤维的分散性等因素有很大关系。

在本章中，由于树脂中碳纤维的体积分数较低，复合材料的强度主要依赖于树脂的力学性质。另外，由于纤维模量要远大于基体模量，这样裂纹就在改性后的材料中较为容易传播，最后带来了材料力学强度的下降。

本章主要探讨了催化剂质量分数对 CBT 树脂聚合后产物的热学性能和力学性能的影响。针对 pCBT 树脂热学性能较差的缺陷，本章利用不同种类、不同质量分数的纳米颗粒及短切碳纤维等不同填充物来对 CBT 树脂进行改性，并对改性后得到的产物的热学性能和力学性能进行了评估。通过本章的研究，可以得出以下结论：

（1）探明了 CBT 树脂浇注体的制备工艺，得出了材料的固化温度等参数，为本书后续工作做了铺垫。

（2）在 CBT 树脂的开环聚合反应中，0.6%的催化剂能够使得 CBT 树脂聚合完全，得到的产物具有最优的结晶度，材料具有较好的热学性能和力学性能，因此本书选取该值作为 CBT 聚合反应中催化剂的质量分数。

（3）通过在 CBT 树脂中添加纳米颗粒的填充物，材料的热学性能和力学性能得到改善，但添加短切碳纤维后 pCBT 材料的力学性能有所下降。由于质量分数为 2%的纳米二氧化硅改性得到的 pCBT 产物具有较好的性能，工艺性能较好，本书以二氧化硅为研究对象，用其来对纤维增强 pCBT 树脂基复合材料进行改性。

第4章 纳米改性对 GF/pCBT 复合材料在
不同环境下力学性能的影响

　　近年来，由于纤维增强复合材料特有的高比强度、比模量，以及较好的耐老化和可设计性等诸多特点，纤维增强复合材料被越来越多的应用于实际工程领域中。如前所述，与热固性复合材料相比，热塑性复合材料以其高韧性、可循环利用的特点受到了越来越多的关注。然而，某些使用情况下（高温环境等），由于材料长期使用的可靠性得不到保证，使用环境因素对热塑性复合材料在更为广泛的应用领域有了很大程度上的限制[115, 191]。传统工艺条件下，限制热塑性复合材料的工艺因素主要是热塑性树脂的高黏度，由于热塑性树脂的高黏度会直接影响到材料在加工制造过程中的浸润性，纤维不能被很好地浸渍，这样得到的复合材料的力学性能就存在缺陷。因此，热塑性复合材料的工艺性能差成为限制其广泛应用的一个重要因素[145]。通常来说，传统热塑性树脂的黏度在 50～2000Pa·s，而热固性树脂的黏度常常不超过 50Pa·s[192]。值得一提的是热塑性复合材料面临的这一困难随着 CBT 树脂的出现而得到解决[193, 194]。由于 CBT 单体在熔融状态下表现出来的低黏度特征（最低熔融黏度可达 17MPa·s），CBT 树脂可以应用于多种纤维增强树脂基复合材料的制备工艺中。这些工艺方法也包括了常常被用于热固性的 RTM 工艺、VARI 工艺等诸多工艺方法。

　　近年来，很多学者通过试验手段研究了 CBT 树脂基复合材料的制备工艺方法。国外 Bahloul 等[195]、Agirregomezkorta 等[196]和 Chow 等[197]分别利用 VARI 工艺、RTM 工艺和模压工艺制备了纤维增强 CBT 树脂基复合材料。他们都发现通过利用 CBT 树脂单体的低熔融黏度这一特点，在复合材料加工制备的工艺过程中树脂对纤维的浸润能力大大提升。此外，对于纳米改性 CBT 树脂性能的研究也吸引了很多学者的目光。Romhány 等[145]利用球磨工艺将多壁碳纳米管添加到 CBT 树脂中以用来制备纳米改性 CBT 树脂基复合材料；Bardash 等[192]通过机械搅拌和超声混合的方法也成功将多壁碳纳米管添加到 CBT 树脂中。在以上所有的参考文献中，研究者都发现由于 CBT 单体的低熔融黏度这一优良特点，纳米颗粒可以在熔融的 CBT 树脂中分散性良好。

4.1　纳米改性对 GF/pCBT 复合材料在不同使用温度下力学性能的影响

众所周知，纤维与基体的黏结性能在复合材料的宏观力学性能评估中扮演重要角色。然而，在高温环境作用下，已有文献证实界面强度会大大减弱[198-201]。这是因为在高温作用下，纤维与基体的界面常常会发生脱黏，载荷在纤维与基体之间不能有效传递，从而进一步导致材料力学性能下降。温度对于连续纤维增强传统的 PBT 树脂基复合材料的影响已经被许多学者研究[202, 203]。然而，就现有文献来看，很少有研究者涉及纤维增强 pCBT 复合材料在高温下的性能分析。另外，对于纳米改性复合材料的高温使用性能的研究更为少见。

因此，本节的主要工作是向读者介绍使用温度等对纳米改性前后玻璃纤维增强 pCBT 树脂基复合材料性能的影响。首先，采用真空辅助模压（vacuum assisted mold pressing，VAMP）工艺制备玻璃纤维增强 pCBT 树脂（GF/pCBT）复合材料层合板，同时，也利用 VAMP 工艺制备经过不同质量分数的纳米 SiO₂ 改性的 GF/pCBT 复合材料层合板（颗粒质量分数分别占树脂的 0.5%和 2%）。然后，利用三点弯曲试验测试所制备的复合材料在 6 种不同温度下的弯曲性能。6 种温度的选取主要是参考了 pCBT 树脂的玻璃化转变温度（T_g）、材料的使用温度和工艺温度的限制等三个方面。最后利用 SEM 观察了试样在破坏后的断口形貌。

4.1.1　材料及制备工艺

本章试验材料所用树脂基体为 CBT-100 型树脂，该树脂的分子量为 M_w=(220)n(n=2～7)g/mol，购买于美国 Cyclic 公司。锡类催化剂为单丁基氯化锡的氧化物，型号为 PC-4101，为国产催化剂，分子量为 245.29。该催化剂是一类高效催化剂，适合反应温度在 210～240℃的聚合或酯化反应。考虑玻璃纤维的高耐热性和廉价性等特点，试验材料所用的增强纤维为 E-玻璃纤维，单向玻璃纤维的面密度为 800g/m²。同时，所用的纳米 SiO₂ 颗粒的直径在 5～15nm，纳米型号为 DNS-3型。上述所有材料在加工之前没有经过任何处理。鉴于潮湿会对 CBT 树脂的开环聚合反应产生影响，因此，在使用之前需要将所有材料在 110℃的真空干燥箱中干燥 10h。针对纤维增强 CBT 树脂基复合材料的制备工艺，结合 CBT 树脂自身特有的特点，试验材料制备采用了两种不同的工艺方法：VAMP 工艺和真空袋辅助预浸料（vacuum assisted prepreg processing，VAPP）工艺。

1. 真空辅助模压工艺

本部分主要介绍 VAMP 工艺，通过 VAMP 工艺分别制备纯玻璃纤维及纳米 SiO_2 表面改性玻璃纤维增强的 pCBT 复合材料（GF/pCBT、SiO_2-GF/pCBT），通过该工艺所制备的复合材料的各成分质量分数列于表 4.1。

表 4.1　GF/pCBT 及其纳米 SiO_2 复合材料的中玻璃纤维和 SiO_2 占总质量的百分比

材料类型	纤维质量分数/%	pCBT 质量分数/%	SiO_2 质量分数/%
GF/PCBT	68	32	0
SiO_2-GF/PCBT	68	31.84	0.16
SiO_2-GF/PCBT	68	31.36	0.64

在 VAMP 工艺中，为了保证催化剂与 CBT 树脂充分接触反应，需将催化剂添加在异丙醇溶液中并在 70℃条件下利用磁力搅拌器磁力搅拌 20min。待催化剂白色粉末完全溶解于异丙醇溶剂后，将单向玻璃纤维布浸泡在该配制的混合液中。随后将盛放有该溶液连同玻璃纤维的托盘放入真空干燥箱中，并在 100℃条件下烘烤，直至异丙醇溶液完全挥发。这样，催化剂就被留在玻璃纤维表面，经过该方法处理后含有催化剂的玻璃纤维 SEM 图像如图 4.1（a）所示。从图中可以看出，通过以上蒸发溶剂法可以将催化剂颗粒有效地黏接在玻璃纤维表面。为了制备改性的玻璃纤维，需使纳米 SiO_2 有效地覆盖在纤维表面。因此，在以上配置的含有催化剂的混合溶液中加入不同质量的纳米 SiO_2 颗粒。为得到较好的颗粒分散性，对配置的混合液在 1000r/min 条件下用机械式搅拌装置机械搅拌 2h，随后利用超声波分散仪超声分散 1h。同样利用上述蒸发溶剂法将催化剂和 SiO_2 覆盖在玻璃纤维表面。经过以上方法处理后的玻璃纤维的 SEM 图像如图 4.1（b）所示。

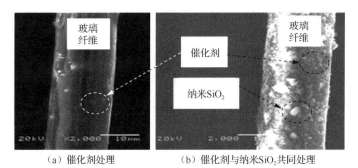

（a）催化剂处理　　　　　　　（b）催化剂与纳米 SiO_2 共同处理

图 4.1　经过不同表面处理的玻璃纤维 SEM 图像

制备玻璃纤维增强 pCBT 树脂基复合材料所用的 VAMP 工艺的装置示意图如

图 4.2 所示。试验中，将经过以上方法处理过后的玻璃纤维布放在图 4.2 所示的上下模具内，随后通过热压机将模具加热到 220℃。CBT 树脂采用油浴加热，加热温度为 180℃，当 CBT 树脂完全熔融后，对图 4.2 所示的装置抽真空，并迅速将熔融的 CBT 树脂放置到注树脂孔中。这样熔融的 CBT 树脂即可被抽吸到模具凹腔内部，进而灌注到纤维织物中与其充分接触。为了保证树脂与催化剂在随后的时间内充分反应，在注射完成后整个体系需在 220℃条件下保温 1h，然后将钢模温度降至 190℃后再保温 1h，自然冷却后脱模。利用上述工艺方法分别制备了 SiO₂ 质量分数分别为 0%、0.5%、2%的 12 层单向层合板。制备的层合板有效尺寸为 280mm×180mm×2.4mm。

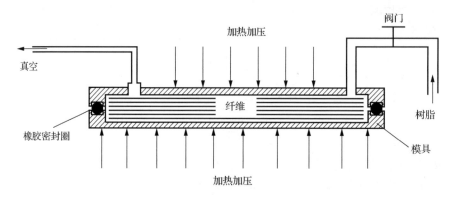

图 4.2　采用 VAMP 工艺制备 GF/pCBT 复合材料装置示意图

2. 真空袋辅助预浸料工艺

为与 VAMP 工艺作对比，下面对 CBT 树脂的 VAPP 工艺进行介绍，并利用该工艺制备编织玻璃纤维和编织碳纤维层间混杂增强的 pCBT 树脂基复合材料。为了制备复合材料层合板，将对纤维布做两种不同的预处理。首先，用预浸渍法制备含有 CBT 树脂的碳纤维布，具体工艺过程如下：将浸渍槽中的 CBT 树脂加热至 190℃直至其完全融化；再将预先制备的碳纤维布（40mm×40mm）缓慢匀速地通过浸渍槽以确保纤维布完全浸润；将浸渍后的纤维/CBT 预浸料在室温固化，备用。值得一提的是，在这个过程中，由于 CBT 树脂的低黏度，纤维布很容易被完全浸润。其次，制备含有催化剂的纤维布，为了保证催化剂和 CBT 树脂在反应过程中充分接触，同样采用蒸发溶剂法将催化剂均匀黏附到纤维布表面，具体过程为：将树脂质量分数 0.6%的催化剂粉末添加到 200ml 异丙醇溶液中加热至 70℃搅拌，直至浑浊溶液变澄清；将纤维布浸润到所制备的混合溶液中，浸泡 2h 后在100℃条件下烘干。这样混合液中的异丙醇溶液被完全蒸发去除，催化剂被附着在纤维布表面。根据所制备层合板的要求，本步骤中的纤维布可以是碳纤维编织布也可以是玻璃纤维编织布。本节的试验中将制备两种 25 层纤维增强 pCBT 树脂复合材料。对于 CF/pCBT 复合材料，在纤维布铺设过程中需将表面粘有催化剂的编织布与预浸料交替铺设，这样能保证 CBT 树脂与催化剂充分接触。同时，对于铺层形式为[C/G/C]$_{25}$ 的层间混杂复合材料，交替铺设玻璃纤维与碳纤维更能保证材料沿厚度方向力学性能的对称性。

采用真空袋辅助模压预浸料工艺制备纤维增强 pCBT 树脂基复合材料时，试验装置如图 4.3 所示。复合材料制备过程中，整个反应在 230℃的条件下进行，温度场由热压机提供，保持试样真空度所用的耐高温真空袋由聚酰亚胺膜（温度上限 300℃）及高温密封胶制备。需要注意的是，在整个工艺工程中真空袋需始终保持真空状态以排除真空袋中的气泡；同时，热压机应提供适当的压力以辅助排出体系内部的气泡并挤出纤维内部多余树脂。与 VAMP 工艺相似，所制备的复合材料的固化温度为阶梯形温度，具体为：230℃条件下固化 1h，降温至 190℃后再固化 1h，待整个系统自然冷却至室温后即可脱去真空袋。通过该工艺所制备的层合板厚度 4.5mm，有效尺寸 30mm×30mm，如图 4.3 所示。应该指出，通过该方法制得的复合材料的碳纤维体积分数可达 68%，混杂复合材料中碳纤维占 25%，玻璃纤维占 43%，混杂比 37∶63。利用 VAPP 工艺方法得到的复合材料层合板也将用于后文中的冲击试样。

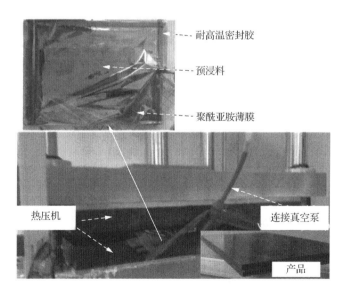

图 4.3　真空袋辅助模压预浸料工艺装置图

4.1.2　试验方法

1. 动态热机械分析测试

动态热机械分析（dynamic mechanical analysis，DMA）测量黏弹性材料的力学性能与时间、温度或频率的关系[204, 205]。试样受周期性（正弦）变化的机械应力的作用和控制，发生变形。用于进行这种测量的仪器称为动态热机械分析仪（动态力学分析仪）。

本节中所用的 CBT 树脂的熔点为 180℃，该数据可以在厂家提供的说明书中找到。为了研究 CBT 聚合后得到的 pCBT 基体的熔点和玻璃化转变温度 T_g 的大小，分别采用 DSC 和 DMA 技术对这两个参数进行测量。DSC 测试在 DSCQ-2000 设备上进行，试验中所用试样的质量在 7～10mg。试验全程在氮气保护下进行，以克服空气中的氧气等杂质气体对结果带来的干扰。

图 4.4 为 DSC 测试中得到的 pCBT 树脂的热流随着温度的变化曲线。通过图 4.4 得到的测试结果可以看出，树脂的热流在温度为 225℃时出现峰值，因此，pCBT 树脂的熔点温度是 225℃。利用 DMA 测试方法测量材料的玻璃化转变温度值。测试中采用的试样尺寸大小为 30mm×6mm×2mm 的立方体试样，试验机采用的是三点弯曲模式。该测试将在 DMA Q-800 型设备上进行，得到的 DMA 曲线如图 4.5 所示。从图中可以看出，当温度达到 77℃时曲线出现峰值，故 pCBT 树脂的 T_g 为 77℃。

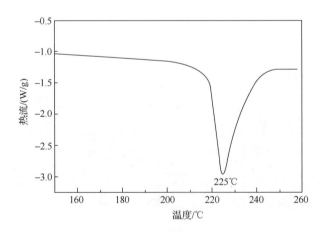

图 4.4　DSC 测试中得到的 pCBT 树脂的热流-温度曲线

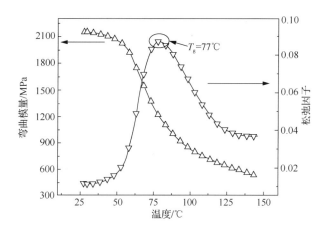

图 4.5　DMA 测试中得到的 pCBT 浇注体的弯曲模量及其松弛因子随着温度的变化曲线

2. 力学测试

为了表征所得到的 GF/pCBT 复合材料的基本力学性能，本章将分别对该材料沿纤维横向和纵向的拉伸、三点弯曲、短梁剪切和 Ⅱ 型层间裂纹断裂韧性开展五组测试试验。以上五组试验的试样是从所制备的层合板整体上利用金刚石切割机按照 ASTM 相关标准切割获得。表 4.2 中给出了不同测试方法中所用的试样的尺寸。本章中的所有力学测试都在 Zwick/Roell Zolo 型电子万能试验机上进行。其中，拉伸和弯曲试验测试速度设定为 2mm/min，而面内剪切性能测试速度设置为 0.5mm/min。由于材料的三点弯曲试验能够较好地反映材料的宏观力学性能的好坏程度，故 GF/pCBT 复合材料在不同温度下的使用性能通过材料的三点弯曲测试来获得。试验分别测试该材料在 25℃、70℃、80℃、150℃、180℃和 220℃六种不同温度条件下的弯曲性能。高温测试所用试样尺寸为 60mm×12.5mm×2.4mm，测试中所用的温度场通过电子温控试验箱获得，该温度箱的最高温度可达 300℃。应该注意的是，在测试进行之前，试样需要在设定好的温度条件下保持 5h，以用来去除材料自身内部的水分。试验中每组测试进行五组平行试样，试验中将采集材料在三点弯曲载荷作用下的载荷-位移曲线。根据该曲线，材料的弯曲模量可由下式计算获得：

$$E_f = \frac{S^3 m}{4bh^3} \tag{4.1}$$

式中，E_f 是弯曲模量；S 是试样跨度，试验中为 38mm；m 是载荷-位移曲线上的斜率；b 和 h 分别为试样的宽度和厚度。

表 4.2　试验中所用试样的尺寸

测试项目	试样尺寸
轴向拉伸测试	220mm×12.5mm×2.4mm
横向拉伸测试	200mm×25mm×2.4mm
弯曲测试	60mm×12.5mm×2.4mm
短梁剪切测试	20mm×3mm×2.4mm
Ⅱ型层间裂纹测试	110mm×25mm×2.4mm

4.1.3　GF/pCBT 复合材料在不同使用温度下的力学性能

1. GF/pCBT 复合材料的拉伸、弯曲性能

图 4.6 为室温条件下不同试验得到的 GF/pCBT 复合材料的载荷-位移曲线。表 4.3 中列出了根据曲线计算所得到的单向玻璃纤维增强 pCBT 树脂复合材料的基本力学参数。S 是由带预制裂纹的试样的弯曲试验得到。弹性模量 E_1 是由拉伸应力-应变曲线上的初始曲线斜率获得。轴向拉伸强度 X_{1t} 通过载荷除以试样的横截面积得到。从曲线上还可以看到载荷-位移曲线随着拉伸位移的增加先是线性增加，随后该曲线随着位移的增加在图 4.6（a）和图 4.6（b）中表现出了塑性变形阶段。弯曲和面内剪切测试得到的失效应力分别为 647MPa 和 11.68MPa，相对应的模量为 31.04GPa 和 1.79GPa。另外，在断裂韧性测试［图 4.6（c）］和轴向拉伸测试［图 4.6（d）］中没有观察到塑性变形曲线，曲线一直保持直线形状直到试样的拉伸载荷达到最大值。从图中计算得到的弹性模量分别为 28.73GPa 和 15.9GPa。轴向拉伸和横向拉伸试验得到的强度分别为 656.53MPa 和 22.7MPa。值得一提的是，由于 CBT 树脂的低熔融黏度，所得到的复合材料制品的纤维质量分数高达 67%。

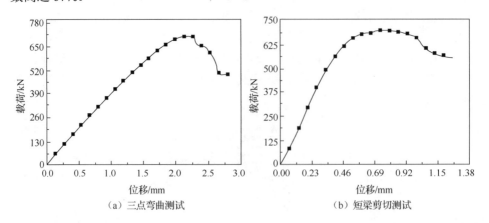

（a）三点弯曲测试　　　　　　　　　（b）短梁剪切测试

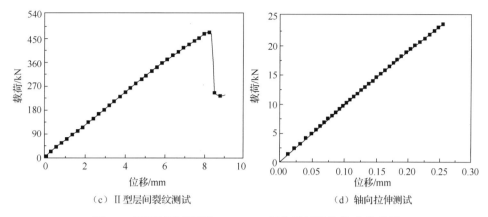

（c）Ⅱ型层间裂纹测试　　　　　　　　　（d）轴向拉伸测试

图 4.6　不同试验得到的 GF/pCBT 复合材料的载荷-位移曲线

表 4.3　试验计算得到的 pCBT/CF 层合板的力学参数

力学性质	数值
纤维质量分数 m_f/%	67
轴向模量 E_1/GPa	28.73
横向模量 E_2/GPa	15.9
面内剪切模量 G_{12}/GPa	1.79
泊松比 ν_{12}	0.25
轴向拉伸强度 X_{1t}/MPa	656.53
横向拉伸强度 X_{2t}/MPa	22.7
面内剪切强度 S/MPa	25

表 4.3 中列出了文献[206]中采用模压工艺获得的编织玻璃纤维增强 pCBT 树脂基复合材料的基本力学参数。与之相比，本章中得到的单向纤维增强复合材料层合板具有较高的拉伸和弯曲性能。与文献中采用的制造工艺相比，本书得到的复合材料的拉伸模量和拉伸强度分别从 20.6GPa 和 356MPa 增加到 28.73GPa 和 656.53MPa。同时，弯曲模量和弯曲强度从 24.5GPa 和 578MPa 增加到 31.04GPa 和 647MPa。这些力学性能的提升和本节采用的 VAMP 工艺中的真空施加有关。众所周知，复合材料在制造过程中，所施加的真空在很大程度上减少了其内部的气泡含量，进一步提高了最终所得材料的纤维体积分数。然而，从表 4.3 中也注意到，层间剪切强度却从 35MPa 下降到 25MPa。这与编织复合材料的特性有很大关系，由于编织纤维布由 0° 和 90° 两个方向的纤维编织而成，文献中压力的应用能够有效促进低黏度的 CBT 树脂向编织复合材料的内部扩散。因此，由于压力的作用大大促进了树脂浸润纤维的进程，因此采用真空袋辅助模压工艺得到的复合材料的纤维体积分数较真空袋辅助模压工艺较高。结果表明，由于压力的应用，复合材料层合板的层间强度提升。

2. 纳米改性后 GF/pCBT 复合材料在不同温度下的弯曲性能

如前所述,测试温度对 GF/pCBT 复合材料弯曲性能的影响通过衡量试样的三点弯曲测试性能得到。本章中测试温度分别为 25℃、70℃、80℃、150℃、180℃、和 220℃。需要指出的是,所采用的 6 种温度条件是依据前文利用 DMA 所测的 pCBT 树脂的 T_g 和汽车前盖的温度(从 150℃到 180℃)获得;所用的最大测试温度是 220℃,是依据本章所采用的工艺温度获得。

图 4.7 给出了 GF/pCBT 复合材料层合板的宏观应力-应变的曲线。从图中可以看出,总体上来说,随着测试温度的增加,GF/pCBT 复合材料的失效应力从室温条件下的 647MPa 下降到 220℃的 109.2MPa。与之相比,纳米改性后的纤维增强树脂基复合材料的弯曲强度从室温的 1082.48MPa 下降到 220℃测试条件下的 79.44MPa。表 4.4~表 4.6 列出了由应力-应变曲线计算得到的这两类不同的复合材料在不同测试温度下的弹性模量、弯曲强度和失效应变。从表中可以清晰地看到 GF/pCBT 和其纳米改性复合材料层合板的强度衰减率分别下降了高温条件测试下的 17%和 7%。还可以看出,纳米改性复合材料弯曲强度的下降率更大。这是由于在树脂中添加纳米颗粒以后,基体的玻璃化转变温度就会下降。这一假设可以通过图 4.8 中 DSC 测试的结果得到验证,从图中可以看出,通过在 pCBT 树脂基体中添加 2%的纳米颗粒,树脂的玻璃化转变温度从 77℃下降到 70℃。由于纳米颗粒与高分子链段的尺寸具有可比性,纳米颗粒能够影响树脂分子链的结晶。结果表明,通过在树脂中加入纳米颗粒,材料的结晶度就会下降。这一结论在文献[207]~文献[210]中的纯纳米改性 pCBT 树脂基纳米复合材料得到验证。这进一步导致了高温条件下材料力学性能的快速衰减。

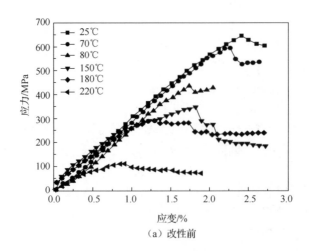

(a) 改性前

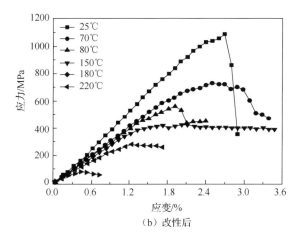

（b）改性后

图 4.7　GF/pCBT 复合材料层合板的宏观应力-应变曲线

表 4.4　纳米改性前后复合材料在不同温度下的模量变化

测试温度/℃	模量（质量分数为 0%的试样）/GPa	衰减率（未改性）/%	模量（质量分数为 2%的试样）/GPa	衰减率（纳米改性后）/%	增长率/%
25	31.04	100	36.32	100	17
70	26.38	85	29.27	81	10.9
80	21.38	69	24.98	69	17
150	18.37	59	22.82	63	24
180	16.2	52	17.44	48	7
220	13.2	42	11.89	33	−10

表 4.5　纳米改性前后复合材料在不同温度下的强度变化

测试温度/℃	弯曲强度 σ_m（质量分数为 0%的试样）/MPa	衰减率（未改性）/%	弯曲强度 σ_m（质量分数为 2%的试样）/MPa	衰减率（纳米改性后）/%	增长率/%
25	647	100	1082.48	100	67.3
70	608.6	94	732.48	68	20
80	441	68	562.17	52	27
150	349.57	54	416.88	39	19
180	226.44	35	271.59	25	20
220	109.2	17	79.44	7	−27

表 4.6　纳米改性前后复合材料在不同温度下的失效应变变化

测试温度/℃	ε_m（质量分数为 0%的试样）	衰减率（未改性）/%	ε_m（质量分数为 2%的试样）	衰减率（纳米改性后）/%	增长率/%
25	2.42	100	2.73	100	12.8
70	2.4	99	2.5	92	4.2
80	1.81	73	1.91	70	5.5
150	1.77	74	1.69	62	−4.5
180	1.27	52	1.21	44	−4.7
220	0.88	36	0.42	15	−52.3

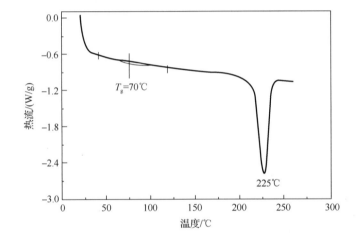

图 4.8　纳米 SiO_2 改性后 pCBT 树脂的热流-温度曲线

对于没有纳米改性的复合材料来说，测试温度在 T_g 以下时，弯曲模量、强度和失效应变在 70℃条件下分别下降了初始值的 15%、6%和 1%。然而，这些值在 180℃条件下下降到 150℃时的 59%、54%和 74%，随后又下降到 180℃时的 52%、35%和 52%。这表明 pCBT 树脂的玻璃化转变温度在复合材料力学性能评价中具有很重要的作用。根据参考文献[211]，热塑性复合材料在不同测试温度下的温度力学性能可以用 T_r-n 模型进行拟合，即

$$P = P_0\left(\frac{T_r - T}{T_r - T_0}\right)^n \tag{4.2}$$

式中，P 是材料在温度 T 作用下的强度和模量；P_0 是材料在室温的力学性能；T_r 是参考温度；n 为常数，通常情况下 n 为 0~1。本节利用 T_r-n 模型预测的弯曲强度和温度之间的关系在图 4.9 中给出，图中 T_r 和 n 分别为 516 和 0.8。由图 4.9 可知，当复合材料的弯曲强度下降到初始值一半（S=323MPa）的时候，此时测试温

度（T_s）为 155℃。该值可以作为参考温度，并且在实际工程领域中具有很重要的意义。

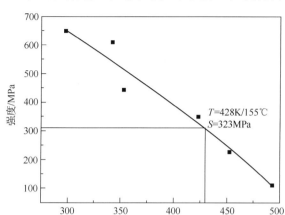

图 4.9 GF/pCBT 复合材料的强度-温度曲线

　　另外，与纯复合材料相比，室温条件下纳米复合材料的模量和强度分别增长 17%和 67.3%，在 180℃条件下增长 7%和 20%（表 4.4 和表 4.5）。同时，也可以从表 4.5 中通过线性拟合的方法计算得到，当弯曲模量下降到 323MPa 时，相对于纯复合材料来说，纳米复合材料的 $T_{s=0.5}$ 提升了 10℃左右。然而，如前所述，当温度到达 220℃时，纳米改性复合材料的力学性能要较纯复合材料差。这表明，当使用温度在 pCBT 树脂的熔点（220℃）附近时，在材料中加入纳米颗粒对材料力学性能的提升起不到积极作用。这是由于在 220℃时，树脂材料基本处于熔融状态，且材料具有较高的流动性，树脂基体不能够继续作为固定纤维的基体相来使用，这就导致纤维与树脂复合形成的材料不具有复合材料的优良性能。

　　图 4.10 为 25℃、80℃和 150℃温度条件下，含有纳米 SiO_2 颗粒质量分数分别为 0%、0.5%和 2%的 GF/pCBT 复合材料的典型弯曲应力-应变曲线图。从图中可以观察到，当纳米 SiO_2 颗粒的质量分数从 0%增加到 0.5%和 2%时，复合材料在室温条件下的弯曲强度从 647MPa 分别增加到 960.23MPa 和 1082.48MPa [图 4.10（a）]。这一试验结果与 Jiang 等[92]及 Hong 等[212]研究的没有纤维增强的 pCBT 树脂浇注体的弯曲力学性能相同。注意到在他们的工作中，在 pCBT 浇注体中添加质量分数为 1%和 2%的纳米 SiO_2 颗粒后，pCBT 浇注体的弯曲强度从 60.62MPa 增加到 88.98MPa 和 103.11MPa。当在高温条件下测试时，相似的趋势可以在图 4.10（b）和图 4.10（c）中得到。随着材料中纳米 SiO_2 颗粒的增加，80℃时，材料的失效应力从 441MPa 上升到 526.5MPa 和 562.17MPa；150℃时，强度从 349.57MPa 上升到 414.49MPa 和 416.88MPa。根据以上结果，就可以总结出通过在复合材料中加入纳米 SiO_2 颗粒对材料进行改性，材料的力学性能可以大幅

提升。结果表明，通过在玻璃纤维表面涂覆纳米 SiO_2 颗粒来提升材料力学性能的方法可行。尽管材料的强度随着温度的升高而下降，例如在测试温度达到 150℃时，纳米改性后的 GF/pCBT 复合材料仍具有较高的力学性能。

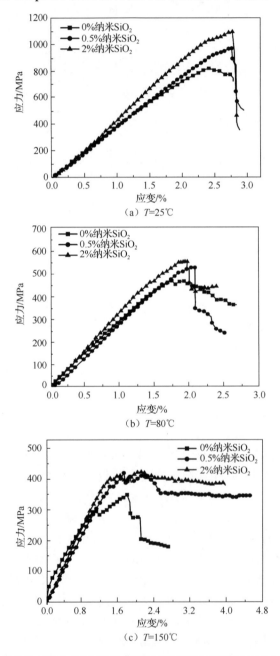

图 4.10　纳米改性后复合材料在不同的测试温度下得到的弯曲应力-应变曲线图

同时，从图 4.10 中也可以清晰地看出，不管在常温还是高温条件下，通过在纯复合材料中添加纳米 SiO_2 颗粒的方式也能在很大程度上提升 GF/pCBT 复合材料的韧性。可以按照测试温度分为两种情况来解释复合材料力学性能的提升。当测试温度低于 80℃时，上述三种复合材料在最大变形时破坏，表现出了较为明显的脆性材料特点 [图 4.10（a）和图 4.10（b）]。然而，从图 4.10（c）中也可以看出，上述情形在 150℃时完全不同。由于纳米颗粒提升了纤维增强树脂基复合材料的界面性能，应力可以在高温条件下通过基体和纤维的界面有效传递。结果表明，150℃条件下，纳米复合材料的应力-应变曲线首先表现出了线性增加，随后随着变形的增加，材料还能通过其大变形进一步承受外载荷，因此在图 4.10（c）的曲线上出现了一段平台。

因此，可以从图 4.11 所示的复合材料的强度-温度变化曲线中总结出纳米复合材料可以应用到较宽的温度范围内。添加纳米 SiO_2 颗粒后，材料力学性能的提升可以归因为纤维基体复合材料界面性能的提升。由于催化剂被粘到纤维表面，因此 CBT 树脂的开环聚合反应就从纤维表面开始。结果表明，附着在纤维表面的纳米 SiO_2 颗粒就被开环聚合的 CBT 树脂覆盖于纤维表面。这一过程可以根据图 4.12 给出的示意图进行说明。图 4.12 中，处于无定型状态的 pCBT 分子链段就将纳米 SiO_2 颗粒严密地覆盖于纤维与树脂之间。由于纳米颗粒有效地减少了纤维表面与树脂分子链之间的间隙，pCBT 高分子链的自由移动就受到了限制。应该注意，这个覆盖效果不管在常温还是在高温条件下都存在。由于复合材料界面性能的提升，材料的整体力学性能就得到了提升。所以，材料在测试过程中的最大脱黏应力就提升了，因此在弯曲试验中，纤维就较为困难地从树脂基体中被拔出[213]。

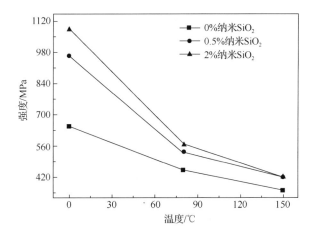

图 4.11　强度-温度变化曲线

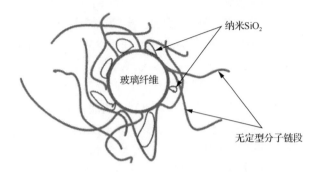

图 4.12　pCBT 分子链段、纳米 SiO$_2$ 及玻璃纤维之间的位置关系示意图

3. GF/pCBT 及其纳米复合材料的失效机理

如前所述，GF/pCBT 及其纳米复合材料的失效强度随着温度表现出了非常显著的衰减。图 4.13 为玻璃纤维增强 pCBT 树脂基复合材料在不同温度下测试后得到的弯曲破坏失效照片。

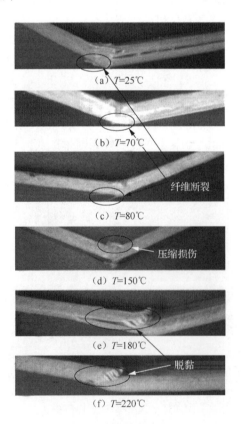

图 4.13　不同温度下三点弯曲破坏后的复合材料试样照片

　　从图中可以看出，宏观上来说，弯曲试验中，试样通过纤维下表面的受拉以及上表面的受压而破坏，同时还包括如图 4.13（a）～（c）所示的复合材料上表面的分层破坏等。上述破坏模式是在较低温度下表现出来的，此时的测试温度分别为 25℃、70℃和 80℃。然而当测试温度较高时，例如 150℃、180℃和 220℃时，复合材料试样上表面的压缩破坏和分层破坏为主要的失效模式，如图 4.13（d）～（f）所示。

　　图 4.14 为 SEM 观察到的复合材料在不同测试温度下失效的微观形貌。从这些 SEM 图片中可以看到，复合材料高温下的失效形貌照片表现出了两种失效模式：纤维拔出［图 4.14（a）～（c）］与纤维断裂［图 4.14（d）～（f）］。当测试温度较低时，随着纤维从基体中被拔出，断裂表面处存在较大的纤维分离松散区。这是由纤维与基体的热传导系数不一致引起的，由于纤维基体的热传导系数不同，两者在高温下的热膨胀就不匹配，不匹配的热变形就弱化了纤维与基体的界面强度。结果表明，基体就表现出了脆性破坏，并且纤维能够从基体中较为容易地拔出［图 4.14（a）～（c）］。

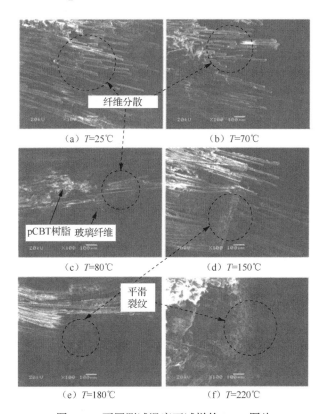

图 4.14　不同测试温度下试样的 SEM 图片

当测试温度高于 pCBT 树脂的 T_g 时，复合材料中的 pCBT 树脂基体处于高弹性状态，这进一步提升了复合材料的界面强度。这就使得纤维基体界面处的剪切应力能够从基体向纤维中有效地传递，这样纤维就在高温下表现出沿着整齐断口的断裂破坏，在 SEM 图片中形成了整齐的断口。值得一提的是，当在材料中加入纳米颗粒以后，整齐表面在 SEM 图片中的温度上升到了 150℃，并且在图 4.15（e）和图 4.15（f）中并没有观察到明显的断口形式，这再一次证明了纳米改性能够提升材料的界面强度。

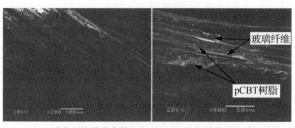

（a）25℃，纳米颗粒质量分数0.5%　（b）25℃，纳米颗粒质量分数2%

（c）80℃，纳米颗粒质量分数0.5%　（d）80℃，纳米颗粒质量分数2%

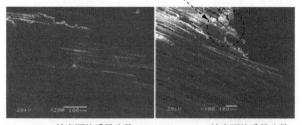

（e）150℃，纳米颗粒质量分数0.5%　（f）150℃，纳米颗粒质量分数2%

图 4.15　纳米改性后试样的 SEM 图片

4. 纳米改性提升复合材料界面黏接强度的验证

如前所述，纳米改性复合材料力学性能的提升主要归因于复合材料界面强度的提升。为了为该推理提供一个直接的试验证明，本节通过单纤维拔出试验测定了改性前后形状记忆合金与环氧树脂界面黏接强度。形状记忆合金（shape memory alloy，SMA）是一类具有一定初始形状并且在低温下经塑性变形固定成另一种形状后，通过加热到某一临界温度以上又可恢复成初始形状的合金[214, 215]。该合金具有能够记住其原始形状的功能，这被称为形状记忆效应，该效应使形状记忆合金成为一种特殊的新型功能材料。目前，许多学者对形状记忆合金增强树脂基复合材料进行了研究，发现含有 SMA 的复合材料既拥有优异的功能材料的特点又有较好的力学强度[216, 217]。事实上，也有文献证实通过 SMA 与树脂结合制备复合材料时存在界面强度差等问题[218]。因此，很有必要对 SMA 的界面黏接强度进行研究，并寻找一种能够提高界面黏接性能的途径。本节分别利用前面所提供的试验方法对 SMA 纤维表面进行处理。图 4.16 为 SMA 表面纳米 SiO₂ 颗粒改性前后 SMA/环氧树脂复合材料的单纤维拔出试验载荷-位移对比曲线，SMA 丝埋入深度为 L=2cm。

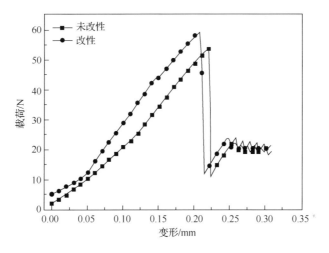

图 4.16　SMA 表面纳米 SiO₂ 修饰前后单纤维拔出试验的载荷-位移曲线

从图 4.16 中可知，与未改性材料相比，改性后 SMA/环氧树脂复合材料的 SMA 拔出极限载荷从 53.86N 增加至 59.6N，平均界面黏接强度由 4.30MPa 增加至 4.74MPa，改性后提升了 10.3%。相反最大拔出位移从 0.217mm 下降至 0.21mm，降低了近 3.22%。事实上，曲线的宏观趋势并无太大差别。由此可见，SMA 表面改性技术对提升该材料体系的整体性能具有一定作用。可以从两个方面来解释纤维表面改性对界面强度的提升效应。微观角度与纳米颗粒的分散性有关。众所周知，无论采用何种分散方法，都很难达到纳米粒子完全的单分散，在基体中一定会存在一些纳米粒子的聚集体，尺寸从几十纳米到几百纳米不等。国家纳米中心的 Zhang 等[219, 220]将纳米粒子改性的环氧树脂基体内部分为 3 个区域。如图 4.17（a）所示，其中 A 区域为纳米粒子及其聚集体以外的区域，在此区域只有环氧树脂分子，认为是均匀的环氧树脂基体；B 区域为纳米粒子及其聚集体表面吸附的树脂分子所形成的相对于树脂本体来讲较为致密的界面相；C 区域为纳米粒子聚集体内部区域，其中包括一些被包埋在纳米粒子聚集体内的环氧树脂分子。就纤维增强树脂基体复合材料而言，还需要在以上三个区域中加入 D 区域来表示纤维与基体之间形成的界面区域。当纤维表面不包含纳米颗粒时，D 区域主要由环氧基体在固化剂与促进剂作用下与光滑的纤维结合而成。此时，由于树脂与纤维物理化学性质的巨大差异，环形分子链扩展时遇到纤维表面就会被终止，形成的界面相对较弱。对于改性的 SMA 丝而言，其示意图如图 4.17（b）所示。由于纳米颗粒主要集中在纤维表面，B 和 C 区域就会在 D 区域附近形成，由此以来，增长的环氧树脂分子链就会穿过集中在纤维表面的纳米颗粒从而将其包覆在纤维表面。这样，颗粒可以有效填充环氧树脂聚合后在界面相形成的分子链间的微小空隙，提高了复合材料界面相的密实性，纤维在拔出时，填充的颗粒可以有效阻碍高分子链的运动，宏观上表现出拔出强度的提高。另外，由于纳米颗粒在不破坏 SMA 微观结构的前提下有效增加了其表面粗糙度，SMA 就需在更大的剪切载荷作用下才能从基体中拔出。

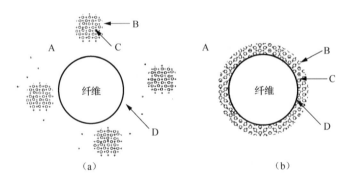

图 4.17　SiO_2 纳米粒子在 SMA/环氧树脂复合材料中分散情况示意图

　　本节首先利用真空辅助模压工艺制备了 E-玻璃纤维增强聚环形对苯二甲酸丁二醇酯及其纳米改性复合材料层合板，随后分析了测试温度对上述两种复合材料的弯曲性能的影响。随后利用纤维拔出试验验证了纤维改性前后材料界面强度的提升作用。通过以上试验研究，可以得到如下结论。

　　（1）与模压工艺相比，真空辅助模压工艺能够有效降低获得材料内部的气泡含量，因此，材料的纤维体积分数提高，GF/pCBT 复合材料具有较高的力学性能。

　　（2）由于纳米颗粒能够降低高分子复合材料基体的玻璃化转变温度，与纯复合材料相比，纳米改性复合材料在高温测试下表现出了较快的力学性能下降趋势。

　　（3）由于 CBT 树脂的开环聚合反应的特点，附着在纤维表面的纳米颗粒能够被树脂高分子链有效地覆盖在纤维表面，因此，纤维与基体的截面黏接强度提高，纳米改性复合材料表现出较好的整体力学性能。

（4）通过在 GF/pCBT 复合材料层合板中加入纳米颗粒，材料的韧性大幅提升，这种提升不仅表现在常温测试温度下，同时也表现在较高的测试温度条件下。

（5）通过在 SMA 纤维表面涂覆纳米二氧化硅颗粒，可以提升材料地拔出强度，这在单纤维拔出试验中得到验证。

4.2　GF/pCBT 复合材料在湿热环境下的力学性能

与纤维增强热固性复合材料相比，纤维增强 pCBT 树脂基热塑性复合材料具有诸多优异的性能。这些性能包括材料较高的韧性以及良好的可循环利用能力。通常情形下，传统热塑性复合材料主要的缺点是他们在加工过程中表现出来的较高的熔融黏度（一般情况下为 50～20000Pa·s），这一缺点会导致纤维增强复合材料在加工制作时纤维难以被树脂浸润，从而使工艺性能变差，产品的整体力学性能下降等缺陷。环形对苯二甲酸丁二醇酯因为其良好的工艺优点引起了大量的研究。CBT 树脂虽是一种热塑性树脂，然而却有很低的熔融黏度。在融化状态下，CBT 树脂的黏度仅仅为 17mPa·s，这一优点使得该树脂在应用时表现出了很好的可循环使用潜力。同时，以 CBT 树脂为基体材料的纤维增强热塑性复合材料具有很好的可加工性能[192, 221]。然而，和其他实际工程应用中的先进复合材料一样，以 CBT 树脂为基体的纤维增强复合材料在应用中也会遇到严厉、苛刻的使用环境。恶劣的使用环境常常会限制该类材料的更广泛应用。除去 4.1 节讨论的高温环境会影响复合材料的使用性能外，也有文献证实，高分子基复合材料在长时间的水环境或长时间在湿热环境中暴露时，材料的力学性能也将会受到很大程度的衰减，材料可靠性和结构完整性将受到严峻的挑战[222, 223]。因此，为了进一步拓宽 CBT 树脂基复合材料的应用领域范围，对 CBT 树脂基复合材料在湿热环境下的宏观力学响应的研究就显得很有价值，也很有必要。

为了得到 GF/pCBT 复合材料的湿热老化行为，提升材料的耐久性，本章将纳米 SiO_2 颗粒通过物理气相沉积（physical vapor deposition，PVD）法包覆在玻璃纤维表面。随后，将 GF/pCBT 及其纳米改性后的复合材料层合板分别在 25℃与 60℃的蒸馏水中进行长时间的浸泡老化。然后研究分析老化前后试样的力学性能变化。研究发现 pCBT 树脂浇注体和其复合材料在湿热老化环境下的力学性能大幅衰减；而纳米 SiO_2 改性的复合材料具有较高的力学强度衰减率，也具有较好的使用寿命。同时，本节将采用扫描电子显微镜技术对老化在材料内部引起的损伤进行了观察，结果发现纳米改性后的复合材料纤维表面在破坏后具有较多的附着树脂。另外，本节结合 pCBT 树脂浇注体、玻璃纤维增强 pCBT 及纳米改性玻璃纤维增强 pCBT 三类材料在湿热老化环境下暴露的强度衰减率，计算了材料的强度衰减率（strength decline rate，SDR）随着老化时间的变化函数关系。并结合前节内容中得到的单独测试温度对复合材料的老化行为，对材料在不同测试温度下的 SDR 也做了计算。随后进一步利用纤维拔出试验对材料的界面性能做出了测试。研究发现所有试样的 SDR-时间曲线在湿热老化环境中符合线性关系，而由于树脂玻璃化转变温度的影响，SDR-温度曲线表现出了双线性行为关系。利用纳米颗粒覆盖玻璃纤维表面进行改性的复合材料的 SDR 在老化环境中具有较大的值。这是因为纳米颗粒对高分子链的阻碍作用，从力学角度来说，利用单纤维拔出试验测试得到纳米改性的复合材料的界面性能较未改性复合材料的界面极限强度要高出很多。应该注意的是这一提升作用在常温和湿热老化情形下都存在。

4.2.1　复合材料湿热老化问题概述

与热固性复合材料相比，热塑性复合材料具有包含高韧性、高可循环回收等诸多的优点。不幸的是，热塑性树脂的高熔融黏度（50～2000Pa·s）常常会阻碍其在加工制造过程中树脂对纤维的浸润性能。如前所述，最近 CBT 树脂以其优良的低熔融黏度的特点在热塑性复合材料的基体应用方面吸引了众多学者的研究兴趣。然而，与诸多复合材料相似，纤维增强 CBT 树脂基复合材料在实际工程应用中也面临着老化腐蚀等问题。也有文献已经证实了高分子基复合材料在长期的水浸泡、湿热环境暴露等使用条件下通常会导致材料使用性能和长期使用可靠性的大幅衰减。因此，很有必要开展对 CBT 树脂基复合材料在老化环境下力学性能的研究。湿热环境下，高分子基复合材料的力学和化学性能衰减机理通常可以分为两个方面：一方面是物理老化引起的材料可逆变化，比如水对高分子的溶胀作用和塑化作用等，化学老化会引起的不可逆变化，通常包括水分对高分子材料的水解作用等[224-226]。事实上，这两种老化机理都会受到使用环境中的水分含量以及暴露温度等因素的直接影响。在这一方面，具体来说，高温高湿环境通常会加速高分子基复合材料的老化进程[227-229]。另一方面，包含纤维、基体和纤维基体界面相在内的复合材料所有组分的力学性能都会被潮湿环境所严重影响。因此，湿热环境对复合材料界面强度的衰减作用是导致其整体力学性能下降的重要因素。这主要是由于潮湿和温度在基体和纤维之间引起的膨胀应力不一致，这样就会由于两者变形不匹配而在两者结合的界面处产生剪切应力。已有很多例子证实潮湿能够通过扩散和毛细作用渗透到材料的内部，这样在材料内部的水分就会带来复合材料力学性能尤其是界面黏接性能的严重衰减[230-233]。在对纤维增强复合材料湿热老化性能的研究上，已有很多文献[234-236]采用不同的方法来改善复合材料的界面性能，以用来提升材料的抗水侵蚀能力。然而对于新型 CBT 树脂基复合材料来说，虽然有很多研究者利用各种方法来改性 CBT 树脂基体的性能，旨在提高该基体的力学和热学性能等[237-239]，然而，对纤维增强 CBT 树脂基复合材料耐湿热老化行为的研究还较少。实际上，由于缺乏长期使用数据，环境衰减效果对连续纤维增强 CBT 树脂基复合材料宏观力学行为的影响到目前为止还不清楚。本节拟利用复合材料的蒸馏水浸泡试验和湿热老化试验来研究纤维表面纳米改性处理对该类热塑性复合材料力学性能、使用寿命的影响。为了实现这一目的，本章进行了对于包括 pCBT 树脂浇注体、纤维纳米改性前后增强的 pCBT 树脂基复合材料的浸泡试验、湿热老化试验。同时利用 SEM 手段观察了纤维改性增强复合材料老化后的界面性能，并进一步利用单纤维拔出试验进一步验证了该方法的可行性。

4.2.2　浸泡试验方法与湿热老化试验方法

本节所用材料与前面内容中所用材料完全相同，用于制备纤维增强 pCBT 树脂基复合材料的工艺为 VAMP 工艺。图 4.18 给出了利用该工艺制备的复合材料的横观断口切片形貌，通过该图可以看出，复合材料中没有气泡存在，并且纤维在基体中的分布较为均匀，纤维与基体结合较好。为了研究复合材料的水浸泡性能，浸泡试验分别在温度为 25℃和 60℃两个试验箱中进行。应该指出在试验前，所有的试样需要利用真空干燥箱在 60℃的条件下干燥 12h 以用来蒸发掉材料中原有的水分，消除其对后续试验的影响。对于试样的浸泡试验进行了长达 3 个多月，直到材料的质量不再变化为止。用于衡量材料质量变化的电子天平精度为 0.1mg，测试过程中每隔两天将试样从水中取出，随后用吸水纸将其表面水分吸收去除，然后对试样进行质量测量，并记录其质量大小。

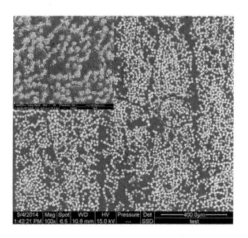

图 4.18　利用 VAMP 工艺制备的纤维增强 pCBT 树脂基复合材料的微观形貌图

表 4.7 中列出了用于浸泡试验的试样尺寸。为了研究湿热老化对于复合材料

宏观力学行为的影响，在湿热老化箱中进行了材料的湿热老化暴露。表 4.8 给出了湿热老化环境对应的编码及它们相对应的湿度温度值的大小。湿热老化箱中所有的试样在表 4.8 中相对应的条件下暴露了长达 4 个星期，并且在老化过程中每周从试验箱中取出至少 5 个试样来进行力学性能测试，该力学性能主要为材料的压缩性能和三点弯曲性能。试验所用恒温恒湿老化箱由重庆银河设备仪器厂提供，如图 4.19 所示。

表 4.7　不同试验中用到的试样尺寸

测试方法	试样种类	尺寸
浸泡试验	pCBT	10mm×10mm×2.8mm
	GF/pCBT	15mm×10mm×2.8mm
压缩试验	pCBT	25mm×10mm×10mm
弯曲试验	GF/pCBT/纳米 SiO_2	60mm×12.5mm×2.8mm
	GF/pCBT	60mm×12.5mm×2.8mm

表 4.8　不同的湿热老化环境及其对应的编码

条件编号	相对湿度/%	温度/℃
C-i	60	90
C-ii	90	90
C-iii	90	70
C-iv	90	60
C-v	90	50

图 4.19　试验所用恒温恒湿装置

4.2.3 老化前后复合材料力学性能测试

为了评价在不同老化条件下暴露后的复合材料的力学性能的变化，本节测试了老化前后复合材料的三点弯曲性能及树脂浇注体经过老化后的压缩性能。试样从制备得到的整体板上用切割机切割得到，试样尺寸按照标准 ASTM（D7264/D7264M—2007，D695—2002）进行。所有测试在 Instron-4505 型电子万能试验机上进行，试验测试加载速度设定为 2mm/min。每组测试进行了 5 个平行试样，弯曲试验中的压头直径为 10mm，复合材料试样的跨距为 38mm，树脂浇注体跨距为 55mm。由于在老化环境下，复合材料的纤维/基体界面相的性能在材料总体力学行为中扮演重要角色，为了直观地衡量材料的界面黏接性能，本节利用电子显微镜（Hitachi S-4300）观察了老化后的试样通过三点弯曲试验测试破坏后的树脂与纤维的黏接形貌。

1. 材料的吸水特性

图 4.20 给出了 pCBT 树脂基体、改性前后玻璃纤维增强树脂基复合材料在 25℃和 60℃的水中浸泡时的吸湿行为曲线。从图中可以看出在本书考虑的时间范围之内所有材料所吸收的水分达到其饱和状态，材料吸湿曲线在最后时间段内保持平衡。材料内部的水质量增加率 M 可以按照下式计算得到：

$$M = \frac{w_t - w_0}{w_0} \times 100 \tag{4.3}$$

式中，w_t 为试样浸泡时间 t 的质量增加率；w_0 为试样初始的质量。高分子材料中的小分子链的渗透率还依赖于液体的吸附作用和溶解度这两个参数[234]。吸附系数 S 为

$$S = \frac{M_m}{w_0} \tag{4.4}$$

对于复合材料来说，材料的溶解性 P 为

$$P = D \cdot S \tag{4.5}$$

从以上公式中可以发现，材料的溶解性 P 是扩散系数和吸附系数的乘积。因此，P 可以看成是扩散系数和吸附系数的综合作用结果。这样，从图 4.20 中给出的吸湿曲线可以看到所有材料的吸湿特性都符合 Fickian 模型，即 M_t 随着 $t^{1/2}$ 的变

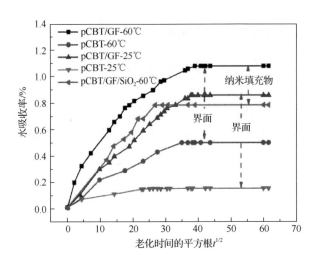

图 4.20　基体树脂和复合材料在 25℃和 60℃的水中的吸湿行为曲线

化在最初时间段内线性变化，随着时间的增加，该值达到材料的饱和值。表 4.9
给出了由式（4.3）～式（4.5）计算所得的不同材料在不同的温度下的水浸泡时材
料对水分的吸收参数，包括 M_m、D、S 和 P 等。从表中可以看出，整体上来说，材
料的吸湿参数随着浸泡温度的增加而增加。这一结论与热固性复合材料在高温使
用条件下的变化趋势相同[226, 240]。另外，也可以从表 4.9 中发现相对于纯树脂基体
来说，在相同温度下，复合材料吸收更多的水分，且其吸湿率也较大。这两个参
数的增加主要归因于纤维/基体界面在复合材料中的存在。由于玻璃纤维所吸收的
水分可以忽略，所以树脂和复合材料吸湿曲线的差异主要归因于复合材料中界面
相对水分的吸收作用。这一假设已经被 Gautier 等[241]得到验证，他们认为由于复
合材料的结构与纯树脂的显著差别，复合材料中界面相的存在会贡献很大一部分
的水吸收作用。

表 4.9　不同试样在不同温度下的水吸收参数

试样类型	测试条件	M_m/%	D/(×10⁻³mm²/s)	S/(×10⁻³g/g)	P/(×10⁻⁶mm²/s)
pCBT	25℃	0.147	1.43	1.46	2.08
	60℃	0.491	1.53	4.94	7.56
GF/pCBT	25℃	0.856	1.894	9.54	18.07
	60℃	1.076	2.568	12.7	32.61
GF/pCBT 纳米 SiO₂	60℃	0.778	1.55	7.764	12.03

作为对比，改性后的纤维增强复合材料的 M_m 和 D 值的大小在 60℃条件下与未改性材料相比分别减小了 0.298%和 1.018×10^{-3}。纳米复合材料低的饱和湿度和低的水分吸收率的一种可能的解释是纳米颗粒对纤维的"覆盖"效应。随着 CBT 单体在催化剂作用下"链引发"反应的开始，无定型的 CBT 分子链之间的空隙就形成了。这样，由于水分子能够填充这些分子链间的空隙，水分子就能够沿着纤维方向向复合材料内部快速扩展。然而，因为 CBT 分子链的"链引发"反应是由纤维表面的催化剂引发开始的，这样纳米颗粒就被开环聚合的 CBT 分子链有效的"覆盖"在了玻璃纤维表面。因此，纳米颗粒就能有效地占据了原来存在于界面相内的空隙，而这些空隙本来应该由材料吸收的水分子占据。因此，本来能够团聚在界面相自由体积中的"自由水"的含量就会被大大减少。结果，由于纳米颗粒占据了原本自由水的位置，纳米改性复合材料的抗水浸润的能力就得到了大大提升。对于材料吸水的吸湿动力学，纤维表面的纳米颗粒能够有效减缓材料的水吸收率。这是因为由于界面相中纳米颗粒的存在，水分子在材料内部所走的路径就会增加。具体来说由于纤维与基体之间的无定型区域被纳米颗粒填充，水分子需要绕过刚硬的纳米颗粒以后才能继续扩散到材料的内部。水分向材料内部扩散的速率就大大减小，宏观上表现为复合材料抗湿热老化性能的提升。

2. 水吸收对材料力学性能的影响

图 4.21 为 pCBT 树脂浇注体和改性前后复合材料在不同温度的水中浸泡 70d 后得到的典型的弯曲应力-应变曲线图。

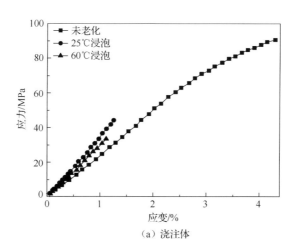

（a）浇注体

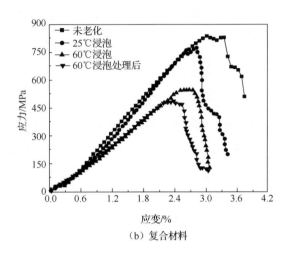

图 4.21　三点弯曲试验中得到的应力-应变曲线图

表 4.10 总结了上述三种不同材料在不同的老化条件下得到的模量、强度和失效应变值，同时在表中也给出了 5 组测试试样得到的标准差。从表 4.10 中可以看出，浇注体的弯曲强度随着浸泡温度的增加而减少。与未老化的试样不同，浸泡浇注体的应力曲线随着应变的增加而线性增加，并且没有塑性变形区域出现。这些力学特点显示了 pCBT 浇注体在蒸馏水浸泡条件下的显著变脆的特点。实际上，在表 4.10 中可以看出，在两种不同温度条件下的浸泡过程中，浇注体的强度从初始的 90.94MPa 下降到 44.97MPa 和 32.74MPa，而应变从 4.33%下降到 1.28%和 1.08%。然而，就弯曲模量来说，浸泡的试样却表现出了增强效应，这与浇注体内固化应力的释放有关。复合材料的力学性能随着温度的衰减也表现出了相似的下降趋势（图 4.21 和表 4.11）。值得一提的是与未改性的试样相比，浸泡 70d 后的纳米改性复合材料具有较高的 SDR。具体来说，纳米复合材料的强度从 808MPa 下降到 600MPa，而未改性复合材料的强度从 831MPa 下降到 511.3MPa。这是如前所述的纳米复合材料中具有较少的水分扩散所致。

表 4.10　材料在不同的条件下的力学性质

测试条件	试样类型							
	pCBT			GF/pCBT			GF/pCBT/SiO$_2$	
	未老化	25℃	60℃	未老化	25℃	60℃	未老化	60℃
E/GPa	2.85±0.21	3.55±0.35	3.04±0.28	31.04±2.1	25.5±1.78	18.21±0.83	32.32±1.32	25.84±3.77
σ_{m}/MPa	90.94±2.31	44.97±1.78	32.74±1.21	831±31.9	843.8±48.2	511.3±18.54	808±34.2	600±50.76
ε_{m}/%	4.33±0.65	1.28±0.21	1.08±0.15	2.42±0.32	3.45±0.07	2.97±0.15	3.01±0.12	2.44±0.11

3. 湿热老化对 pCBT 浇注体的影响

图 4.22 是在不同条件下暴露后材料的压缩应力-应变曲线。从图中可以看出，随着应变的增加，应力在开始阶段也线性增加，随后随着应变的增加表现出了塑性变形区域。对于经过老化和未经过老化的试样来说，材料的失效模式主要表现为脆性压缩破坏。

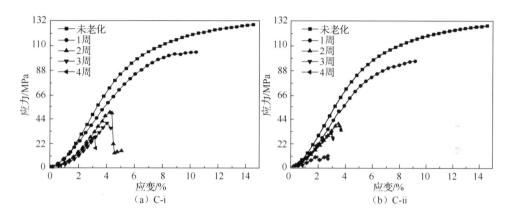

图 4.22 在不同条件下暴露后材料的压缩应力-应变曲线

与在 C-v 条件下暴露的试样相比，在老化条件为 C-i 和 C-ii 的情形下，浇注体的强度随着老化时间的增加而快速减小 [图 4.23 (a)]。在条件 C-i 下暴露 4 周后，材料的强度衰减到初始值的 30%，然而在 C-ii 条件下老化的试样的 SPR 却下降到 10%。与之相反，SPR 在 C-v 条件下老化 4 周后为 67.82%。这一对比结果证明了对于高分子基复合材料来说，高温高湿可以加速其老化进程[225, 227, 233]。pCBT 树脂的模量在以上三种老化情形下分别为 1.1GPa、1.05GPa 和 2.41GPa，而其未老化的材料模量为 2.13GPa，并且模量-时间曲线表现出了完全不同的趋势 [图 4.23 (b)]。这是由于在较温和的老化情形下，pCBT 树脂内部发生了后固化效应（C-v）。从这一结果来说，可以总结出高湿和高温度都可以加速高分子的老化进程。然而，相对于湿度来说，高的老化温度对复合材料强度衰减显得更为严重，并且水分子向 pCBT 基体中的扩散主要受到温度的主导。这是因为在老化过程中，高的温度能够加速分子的热运动，并且能够刺激水分子向高分子内部快速扩散。这样，为了减少试验时间，本章接下来的试验主要考察了高分子在相同的湿度和不同的老化温度下的力学行为。

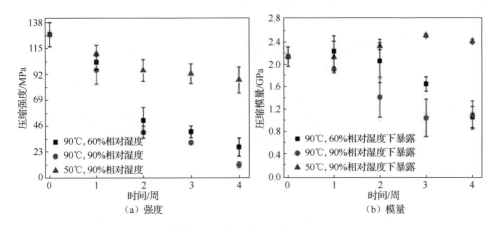

图 4.23　压缩测试中得到的 pCBT 基体的宏观力学行为

4. 湿热老化对未改性 GF/pCBT 复合材料性能的影响

图 4.24（a）～（d）给出了未改性的 GF/pCBT 复合材料在不同的老化条件下得到的宏观三点弯曲的应力-应变曲线图。大体上，所有的曲线都表现出了线性关系。随着湿热老化条件的恶化，复合材料的脆性更大。在图 4.24（a）中，老化时间对 GF/pCBT 复合材料整体力学性能的影响不明显。实际上，在考虑的老化时间之内，材料的失效应力在初始值（830.5MPa）附近波动。可以发现即使在 C-v 条件下暴露了 5 周，材料的强度衰减率也仅仅低了 10%。这表明较为温和的衰减环境对材料整体力学行为的影响较小。另外，随着老化时间和老化温度的提升，材料在载荷达到其失效强度后立即失效。可以发现强度衰减首先在 C-iii 条件下老化 1 周后开始变得明显 [图 4.24（c）]。C-ii 老化条件下，复合材料的 SDR 仅为 26.5%，并且在该条件下暴露 1 周后，材料的脆性失效出现。如前所述，高的使用温度能够产生高的热应力。这个热应力能够刺激材料内部裂纹沿着纤维方向在纤维/基体界面相中产生和传播。另外，与 pCBT 浇注体相似，湿度可以通过存在于复合材料中的空隙被保存[232, 233]。同时，高温也可以减小界面相中高分子的交联度，这样潮湿能够通过界面相扩散到较为松散的高分子材料内部[236]。这就可能损伤树脂高分子链，同时表现出其力学性能的明显衰减。

图 4.25 给出了力学测试中得到的强度衰减率的比较图。从图 4.25（a）中的对比图可以看出，在 C-v 条件下，复合材料整体力学性能呈现出先上升后下降的趋势。这主要是因为与前所述的树脂基体中的应力释放有关。在这一点上，主要由于纤维与基体的热传导系数不同，树脂固化过程中就会产生固化应力，这主要与树脂的固化收缩有关。然而，该固化应力可以通过在较为温和的湿热老化条件下（C-v）被潮湿的溶胀作用释放，这进一步提升了材料的力学强度。

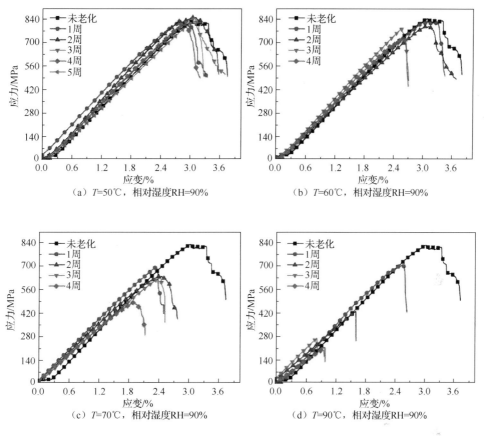

（a）T=50℃，相对湿度RH=90%　　　（b）T=60℃，相对湿度RH=90%

（c）T=70℃，相对湿度RH=90%　　　（d）T=90℃，相对湿度RH=90%

图 4.24　复合材料在不同老化条件下的完全响应

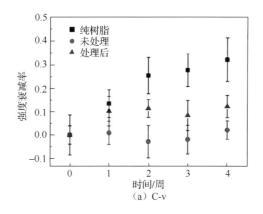

（a）C-v

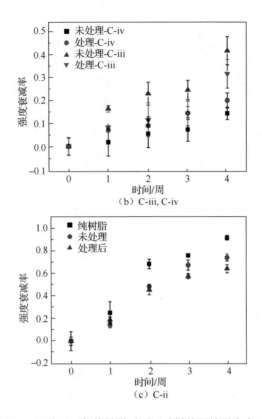

图 4.25　经过不同条件暴露后不同试样的压缩强度衰减率

5. 湿热老化对纳米改性纤维增强 pCBT 树脂复合材料的影响

如前所述，纤维与基体复合材料界面的衰减是影响复合材料整体力学行为的关键因素之一。通常，基体内高分子链的水解及溶胀作用是致使界面相衰减的主要因素[226, 241]。文献[236]已经证实了水分子能够沿着界面相向材料内部快速扩散。图 4.26 给出了在弯曲条件下纳米改性复合材料的弯曲响应。从图中可以看出，改性后的复合材料与未改性复合材料具有相同的宏观载荷-位移变化趋势。当暴露湿度为 90%时，基体和改性前后复合材料强度的变化趋势相同（图 4.25）。然而，纳米颗粒在提升材料的老化性能上起到很大的作用（图 4.25）。这一点上，在图 4.25（a）中，改性后复合材料的力学性能比未改性材料的力学性能衰减速度快。并且强度衰减率服从如下的趋势：纯基体>改性材料>未改性复合材料。这一趋势在图 4.25（b）和图 4.25（c）中变为：纯基体>未改性复合材料>改性材料。对于这一现象的一种解释是材料界面性能随着老化时间的衰减作用[223, 226, 236, 241]。众所周知，潮湿可以通过对高分子树脂的溶胀和水解作用在材料界面处产生应力，这样微裂纹就有可能在界面处产生，并且随后随着老化时间的增加而快速扩展。然而，纳米颗粒在界面处的存在能够阻碍 pCBT 高分子的溶胀作用。结果，pCBT 高分子链就不能在湿热环境下轻易地被拉伸断裂，微裂纹在界面处的形成就被延后了。

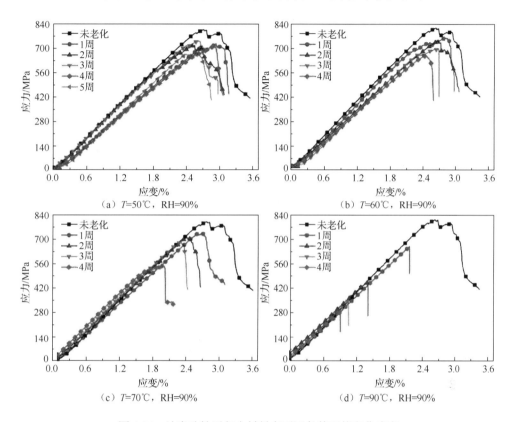

图 4.26　纳米改性后复合材料在不同条件下的弯曲响应

另外，纳米颗粒也能够阻碍裂纹在纤维基体界面相处的传播。在裂纹沿着纤维方向传播的过程中，裂纹尖端就可能遇到纤维表面存在的纳米颗粒，这样裂纹尖端就必须改变其传播路径。这样，复合材料的破坏过程中就能够吸收更多的断裂能。另外一方面，纳米改性复合材料力学性能的提升与纳米颗粒的团聚有关，由于纤维表面有团聚的纳米颗粒存在，这些团聚的颗粒在遇到裂纹尖端时就能够破裂，这样由于团聚的纳米颗粒克服了微粒之间存在的范德瓦耳斯力，这就形成了较大的断裂表面，进而吸收了大量的断裂能[237]。图 4.27 中给出了对于断裂试样的 SEM 图片，可以看出纳米改性复合材料的破坏纤维表面附着很多树脂，而在未改性的复合材料表面却观察到了较为光滑的断口。这一观察结果进一步验证了纳米改性对提升复合材料抗湿热老化作用具有积极效果。

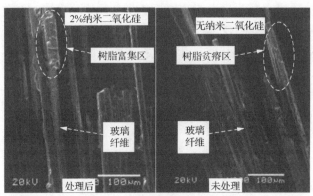

（a）3周

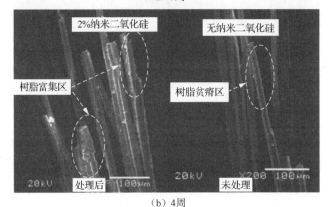

（b）4周

图 4.27　在 C-ii 条件下暴露不同时间后的材料形貌

4.2.4　纳米改性对复合材料在不同温度与湿热环境下的等效关系的影响

复合材料的使用寿命是影响其结构完整性及可靠性的主要因素[131, 242-247]。复合材料在湿热环境下长时间的浸泡、暴露通常会引起材料整体性能的大幅衰减。从而给船舶、飞行器等产品带来不可估量的损失[248-252]。就复合材料使用寿命方面，国内外很多学者对其在不同环境下的老化行为做了研究[179, 253-255]。复合材料在不同湿热条件下老化的强度衰减率 SDR 为

$$\text{SDR} = \frac{S_0 - S_t}{S_0} \tag{4.6}$$

式中，S_0 为试样的初始强度；S_t 为试样在湿热老化情形下老化时间为 t 的强度。本节中给出了 SDR 随着老化时间的变化关系式。同时利用 DSC、纤维拔出试验等测试方法来辅助研究复合材料的力学性能。

1. pCBT 树脂基体在湿热老化情况下的寿命预测

图 4.28 为没有纤维增强的 pCBT 树脂基体的 SDR 在不同的湿热老化条件下随着湿热暴露时间的变化关系趋势。可以看出，树脂基体压缩的 SDR 随着老化时间的增加而呈现出线性变化趋势。相同暴露温度情形下的湿度对 SDR-T 曲线的影响较小。具体来说，在老化温度为 90℃、相对湿度分别为 90% 和 60% 的两种老化条件下，拟合曲线的差异很小。然而，相同湿度、不同的老化温度对曲线的影响很大。材料的老化曲线在相对湿度为 90%、温度分别为 50℃ 和 90℃ 的两种情况下具有较大的差异。对比可以总结出，复合材料的老化温度较老化湿度来说对于其使用寿命的衰减具有更为重要的影响，这一点与对力学性能的影响保持一致。

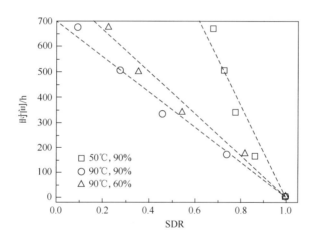

图 4.28　不同环境下 pCBT 基体随着老化时间的 SDR 曲线

对于热塑性高分子复合材料在高温高湿条件下的寿命预测方面，已有一个模型可以利用[256]。该模型方程主要包含了绝对温度和水蒸气分压对材料老化寿命的影响，该公式可以用来推算复合材料在实际工程领域中的使用寿命，即

$$\log t = A + B / T - C \log P_{H_2O} \tag{4.7}$$

式中，t 代表材料在绝对温度 T 下的半寿命周期；A、B 和 C 是利用回归方程分析得到的常数；P_{H_2O} 是外推得到的水蒸气分压。

相对湿度 R 可由下式决定：

$$R = P_{H_2O}/P_{SAT} \qquad (4.8)$$

式中，P_{SAT} 是在特定温度下的饱和蒸汽压力。实际上，当温度范围在 0～100℃时，P_{SAT} 和温度的变化服从阿伦尼乌斯方程，如图 4.29 所示。可以从图中得出，由阿伦尼乌斯方程得到的线性拟合曲线与试验数值拟合得很好，拟合结果如下：

$$\log P_{SAT} = 10.655 - 2.121/T \qquad (4.9)$$

这样，将式（4.7）代入以上关系式，最终得到如下公式：

$$\log t = (A - 10.655C) + (B + 2.121C)/T - C\log P_{H_2O} \qquad (4.10)$$

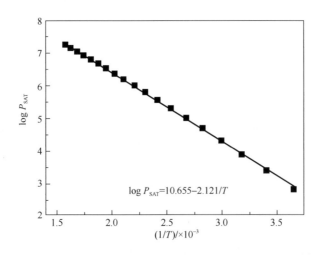

图 4.29　$\log P_{SAT}$ 随着 $1/T$ 拟合得到的线性曲线

　　表 4.11 列出当材料强度衰减到初始值的一半时所需要的老化时间。可以从所得到的老化数据看出，树脂材料的寿命从 50℃、90% 条件下的 902.6h 下降到 90℃、90% 条件下的 350.3h。对于 pCBT 树脂来说，将表 4.11 中的数据与 $R=90\%$ 这一值代入到式（4.7），重新整理后，由式（4.9）得到的最终参数如下：

$$\log t = 3.395 + 0.4045/T - 0.411\log R \qquad (4.11)$$

表 4.11　当 SDR=0.5 时，老化时间随测试温度的变化

老化条件	T/温度		
	pCBT 基体	GF/pCBT	纳米 GF/pCBT
高温测试	—	412K	385K
50℃，90%	902.6h	7450.5h	3482.9h
60℃，90%	—	3111.7h	1895.9h
70℃，90%	—	787.3h	1335.5h
90℃，90%	350.3h	417.1h	534.1h
90℃，60%	413.8h	—	—

最终，式（4.11）就可以用于预测 pCBT 树脂在湿热老化条件下长时间的使用寿命。图 4.30 给出了在不同的相对湿度下的 $\log t$ 与 $1/T$ 的关系式。可以观察到，不同的老化湿度只影响材料的寿命曲线的截距，而不会影响材料的斜率，所以曲线是一系列的平行曲线。

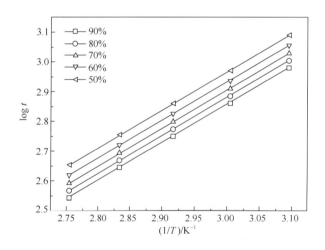

图 4.30　在不同相对湿度下 $\log t$ 与 $1/T$ 的关系曲线

图 4.31 给出了 SDR 随湿热老化时间和测试温度的变化关系曲线图。为了确定材料在单独的高温条件下的力学性能衰减情况，在前节内容中得到的 SDR 与测试温度的关系也在图中给出。从图中可以看出，SDR 随着老化时间的增加而下降。同时，在图中也可以看出 SDR 随着老化时间的增加而线性变化。

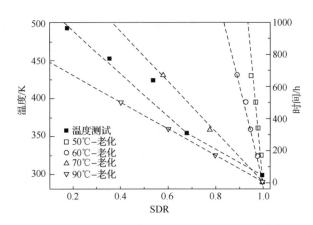

图 4.31　复合材料的 SDR 随着湿热老化时间和测试温度的变化关系

从表 4.11 中得到的 GF/pCBT 复合材料层合板的测试数据也可以看出当复合材料的 SDR 减小到 0.5 时，材料在 50℃、90%条件下的老化时间为 7450.5h。而此值在老化温度上升到 90℃时，在相同的老化湿度下材料的半寿命期减少到 417.1h。对于单独的高测试温度来说，SDR 和高测试温度之间的关系表现出来了双线性行为，曲线首先线性慢速衰减到一定值后，随后快速线性衰减。应该注意到，高温测试条件与长时间的湿热老化对于力学性能的衰减效果相同。具体来说，当测试温度在 412K 时，复合材料的 SDR 同样衰减到初始值的一半，这一趋势在表 4.12 中所列的不同的湿热老化情形下也可以获得。通过对比可见，时温等效关系就很清晰。因此，该理论就可以应用于 GF/pCBT 复合材料的加速试验中，图 4.31 中给出的寿命图谱也可以用来衡量 GF/pCBT 复合材料的长期的湿热老化条件下的使用寿命。同时也可以预测在单独的高温条件下得到的材料性能。

另一方面，根据表 4.11 中所给的 GF/pCBT 复合材料的计算数据，利用公式（4.11）拟合所得的寿命曲线在图 4.32 中给出。从图中可以看出，阿伦尼乌斯方程中的常数分别为 3.668 和 7.64。同时，也可以观察到曲线具有较大的拟合误差，这是因为树脂基复合材料的老化机理与纯树脂材料的老化机理不同，仍然利用基于基体所得到的拟合公式来计算复合材料的寿命就不准确，本章将会给出修改后的拟合曲线。

2. 湿热老化与纯测试温度条件下纳米改性复合材料寿命的预测

图 4.33 给出了纳米改性复合材料的 SDR 随着湿热老化时间和测试温度的变化趋势图。与未改性复合材料的曲线相似，所有的老化数据符合线性关系。纳米改性复合材料的力学性能也随着老化时间的增加而下降。随着相对湿度和温度的提升，SDR 快速下降。即便在 50℃、90%条件下老化了 5 周，复合材料的 SDR

仅仅衰减了 0.9，SDR 的减少仅为 10%，这再一次证实较为温和的湿热老化条件
对复合材料的宏观力学行为性能的影响不大。然而，当湿热老化条件为 90℃、90%
时，纳米改性复合材料的 SDR 在老化暴露 5 周后快速地衰减到初始值的 0.43 倍。
对于单纯的高温老化，改性后复合材料的老化也表现出了双线性行为。这主要是由
于 pCBT 树脂的玻璃化转变温度的影响。与不含纳米颗粒的复合材料相同，图 4.33
中又一次给出了材料的时温等效原则。由高温条件下得到的复合材料的力学性能
的衰减曲线能够应用于衡量复合材料在湿热老化条件下复合材料的寿命。

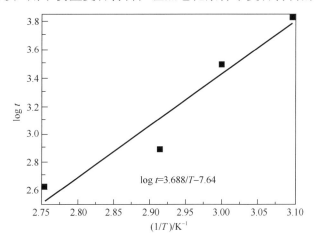

图 4.32　SDR=0.5 时，GF/pCBT 在老化条件下的拟合结果

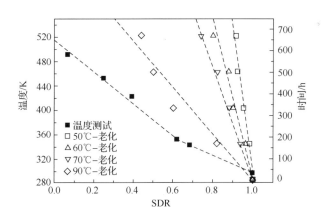

图 4.33　纳米改性复合材料的 SDR 随着湿热老化时间及测试温度的变化趋势图

由于湿热老化与高温老化在复合材料力学性能影响上具有相同的效果，纳米
改性对复合材料性能的影响将通过测试复合材料在高温下的老化性能获得。图 4.34
给出了含有不同纳米颗粒含量的复合材料的 SDR 随着测试温度的变化。

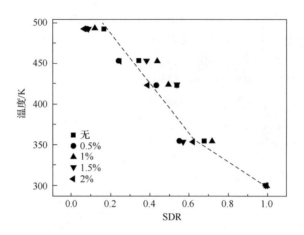

图 4.34　纳米改性复合材料的 SDR 随着不同纳米含量的变化曲线

　　从图中可以看到对于改性前后复合材料的性能衰减符合双线性形状。当测试温度从 350K 增加到 500K 时，曲线表现出较大的梯度。如前所述，曲线的拐点的存在主要是由于树脂玻璃化转变温度的影响。树脂玻璃化转变温度为 350K，如图 4.35 得到的 DMA 曲线所示。在玻璃化转变温度以下，测试温度对 SDR 具有较小的影响；而当温度在玻璃化转变温度以上时，处于黏弹性的树脂基体使得复合材料的力学性能快速衰减。

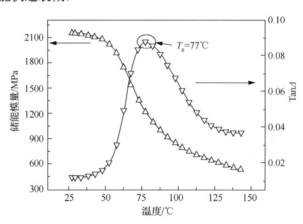

图 4.35　DMA 测试中得到的 pCBT 浇注体的弯曲模量及松弛因子随着温度的变化

4.2.5　湿热环境对纳米改性前后复合材料使用寿命的影响

1. 纤维对基体老化性能的影响

　　如前所述，复合材料的 T_g 能够在很大程度上影响 $\log t$ - $1/T$ 曲线。由于热老化温度 90℃在 pCBT 树脂基体的玻璃化转变温度之上，所以由于阿伦尼乌斯方程是一种线性方程，就不能够继续适用于拟合所得的数据。

图 4.36 为复合材料和基体的拟合曲线对比图，图中 T_g 对复合材料曲线的影响可以明显捕捉到。并且老化温度 90℃情况下的快速衰减同样被捕获了。另外，从纯基体和纤维增强复合材料的对比可以看出，纤维增强复合材料的 log t 随着 $1/T$ 的增长率具有较大的梯度。也就是说，纤维增强的基体能够有效减少水分向复合材料内部的扩散，从而提升了基体材料的耐湿热老化性能。这是因为纤维在湿热老化温度下具有较好的抗湿热老化能力，就本书研究的纤维增强高分子复合材料来说，复合材料的 SDR 由以下三部分组成得到：

$$SDR = SDR_m \cdot f_m + SDR_f \cdot (1 - f_m) - \Delta Inf \tag{4.12}$$

式中，SDR_m 与 SDR_f 分别为树脂和基体的强度衰减率；f_m 是材料的树脂的质量分数；ΔInf 是复合材料的界面在湿热老化条件下的衰减。

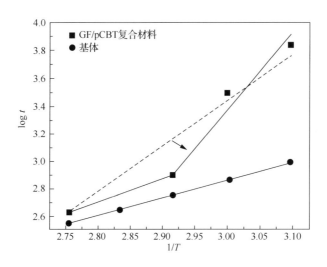

图 4.36　复合材料和基体拟合曲线对比图

众所周知，连续纤维增强复合材料由纤维、基体，以及纤维和基体的界面相组成。带有纤维的基体就能够在材料内部形成界面相。因此，高温高湿老化对于复合材料界面性能的影响就应该受到关注。文献[257]展现了界面性能对复合材料湿热的老化具有很大的影响，因此复合材料与纯树脂的老化机理不同。实际上，水分子沿着界面相的扩散远远比纯树脂基体吸收的水分多。因此，在湿热条件下，界面脱黏等不可逆的变化就会发生，随后就会导致复合材料具有较高的 SDR。因此，不仅仅是纯纤维和纯基体强度衰减的简单平均，复合材料的 SDR 还需要考虑界面的影响。因此，根据式（4.12）可知，由于玻璃纤维的抗老化性能优异，复合材料和纯基体材料的 log t-1/T 的差异主要归因为界面相的存在情况。另外，高温下的湿度能够促进水分向纯树脂材料内部扩散进而加速复合材料的老化进程。同时，由于高温能够加速高分子的链段运动，所以水分也能较为容易地从界面相向材料内部扩散。同时，高温也能够加速基体的溶胀和塑化作用，因此由于纤维与基体的膨胀系数不一致，界面相中的自由体积就增加了。随后湿度就能够通过界面相中的空隙快速地向材料的内部扩散，这就会导致复合材料整体力学性能的进一步下降。

2. 纳米颗粒对复合材料湿热老化性能的影响

如前所述，纤维/基体界面在复合材料整体力学行为中具有很重要的作用，本节将讨论纳米颗粒对复合材料改性的影响。通常情况下，塑性和溶胀作用是高分子复合材料的两种老化机理，这两种老化机理能够弱化复合材料的界面相。结果，水分子就能够快速沿着界面相迅速扩展。图 4.37 给出了老化纳米颗粒改性前后测得的 pCBT 树脂的 DSC 结果，图中给出了 DSC 的加热和冷却过程。

可以发现在首次加热过程中，老化后树脂与未老化树脂的 DSC 具有不同的趋势。具体来说，未老化树脂的熔点表现出了双峰行为，而老化的树脂只有一个熔融峰。相反，在二次加热过程中［图 4.37（c）］，所有的曲线具有相同的趋势。对于未老化的试样来说，分子的交联度很高，因此交联的高分子链的外部树脂先融化，随后 pCBT 分子链的内部树脂开始融化，因此，DSC 曲线上表现出了双峰行为。对于老化的试样来说，由于基体中发生了溶胀和塑化作用，高度交联的 pCBT 分子链就被水分溶胀开，这就导致了 DSC 曲线上的单峰行为。在二次加热过程中，由于在第一次加热过程中分子链已经被高温重新熔融排列，未老化试样的 DSC 曲线就表现出了相同的趋势。这一假设可于图 4.37（b）所示的 DSC 曲线得以证实。图中，老化前后材料的结晶峰相同。由于玻璃纤维表面较为光滑，树脂基体的溶胀和塑化作用在界面相附近较为容易发生，由于高分子链的另一端与纤维表面相连接，所以它的相对移动较为容易。这样，界面相的溶胀和塑化作用导致了水分快速沿着纤维方向向材料内部扩散。与未老化复合材料相比，含有 2%纳米颗粒增强的纤维增强 pCBT 复合材料在 90℃、90%条件下的 SDR 下降较为缓慢。这就表明材料内部的纳米颗粒在材料耐湿热老化性能的提升上具有较好的效果。纳米颗粒覆盖纤维增强复合材料力学性能的提升可以归因于两种机理：①根据热动力学，纳米颗粒的添加能够阻碍 pCBT 分子链在界面相处的溶胀。因为高度交联的纳米颗粒能够阻碍分子链的运动，所以在高分子复合材料的老化过程中就消耗了更多的分子动能。②分子链间隙的纳米 SiO₂ 能够阻碍水分向材料内部的扩散，因为水分必须绕过纳米颗粒然后才能通到材料的内部。另外，与高分子内部自由体积有关，纳米颗粒能够占据高分子内部的自由体积，因此复合材料内部的水分就减少了。在老化测试中，宏观分子链就被高分子内部的纳米颗粒保护起来，如图 4.38 所示。

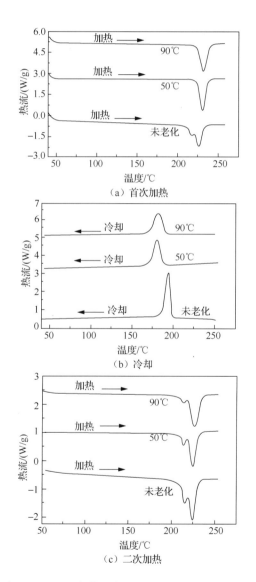

（a）首次加热

（b）冷却

（c）二次加热

图 4.37　在 90℃，90% 条件下老化 90 天后 pCBT 基体的 DSC 曲线

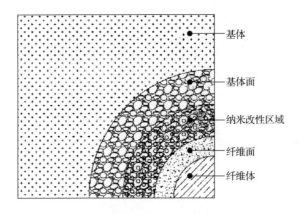

图 4.38　纳米改性复合材料的横截面示意图

3. 纳米颗粒对复合材料界面相的影响

从试验结果可以看到，纳米改性纤维增强复合材料具有较好的力学性能，纳米颗粒改性纤维增强 pCBT 复合材料较低的 SDR 主要是由于纳米颗粒能够提升纤维/基体的界面性能。众所周知，复合材料失效的主要模式之一就是其界面性能的衰减，当界面剪切应力大于复合材料的界面极限强度后，材料的脱黏就会发生。为了直接评估复合材料的界面性能，本书利用单纤维拔出试验直接测试了复合材料的界面性能。2%的纳米颗粒改性前后单纤维拔出试验的典型载荷-位移曲线在图 4.39 中给出。从图中也可以看出，未经过改性的复合材料的界面载荷-位移曲线符合 Zhou 等[136]的研究结果。而纳米改性后的复合材料的界面载荷-位移曲线具有完全不同的趋势。改性后复合材料的极限脱黏强度远大于未改性复合材料。并且曲线表现出了一个较小的平台。同时，由于改性后纤维与基体具有较大的摩擦系数，纤维在拔出后的摩擦力远大于改性的纤维增强树脂复合材料。

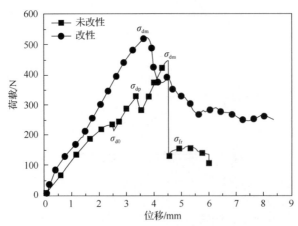

图 4.39　纤维拔出试验中得到的载荷-位移曲线图

本节的水吸收研究表明，通过在纤维表面覆盖纳米颗粒可以提升材料的抗吸水能力，这样材料在水环境下的力学性能就得以提升。潮湿在较低的温度下对 pCBT 树脂基复合材料的整体力学性能影响较小，然而在高温条件下，水分可以沿着纤维基体的界面相区域快速向材料内部扩展，这样就能够加速材料力学性能在湿热老化环境下的衰减进程。纳米颗粒对纤维表面的处理能够提升材料抗老化性能，并且能够阻碍复合材料内部裂纹的形成。通过 SEM 观察可以看到，纳米改性复合材料在老化后，纤维表面具有较多的树脂附着，然而未改性复合材料在破坏后具有较少的树脂附着，这进一步证明了本书采用方法的有效性。对于纳米改性前后复合材料在湿热老化环境下使用寿命的评估，还可以得出以下结论：

（1）通过阿伦尼乌斯方程的拟合，与纯树脂相比，纤维增强树脂基复合材料具有较好的抗老化能力。这是由于玻璃纤维具有很好的抗老化能力，这就进一步导致了复合材料抗老化能力的提升。

（2）复合材料在高温测试与湿热老化环境下具有相似的长期老化性能曲线，两者的等效关系可以通过图 4.33 得到。

（3）玻璃化转变温度在复合材料的寿命预测上扮演重要角色，这样可以利用高温加速试验来研究复合材料在湿热老化环境下的性能趋势。

（4）纳米改性玻璃纤维复合材料能够提升材料的界面强度，这一增强效果进一步提升了材料在湿热和高温环境下的耐湿热老化能力。宏观上来说，纤维表面的纳米颗粒能够有效阻碍 pCBT 分子链的分子热运动，并且能够有效阻碍测试过程中裂纹在材料内部的传播，因此利用纳米覆盖纤维表面的方法能够提升复合材料在湿热老化环境下的使用寿命。

4.3　纳米改性对 GF/pCBT 复合材料在低温环境下的力学性能影响

纤维增强树脂基复合材料（fiber reinforced plastic composites，FRPs）广泛应用于汽车、航空航天、船舶工程等行业[258, 259]。这些应用要求 FPRs 产品在复杂的环境下能够保持稳定的性能。在大多数情况下，复合材料的使用温度范围为-50～50℃，而在某些情况下，高低温循环环境还伴随着水或冰。与热固性复合材料相比，热塑性复合材料具有良好的力学性能、加工性能和可重复使用性等优点，在实际工程中得到越来越多的应用[260, 261]。然而，在设计热塑性 FRPs 时，必须关注其耐环境性。

考虑到温度对 FRPs 的影响，聚合物基体的变形行为与黏弹性和黏塑性模式是耦合的。FRPs 的力学性能周围环境温度严重[262]。已经有许多相关工作研究不同温度条件下的 FRPs 力学响应。按照温度范围区分，已有工作一般可分为两类：

液氮条件下极低温-196℃和-100～0℃的低温。许多研究人员将 FRPs 浸入液氮中，研究其静态和动态性能[263-270]。然而，对 FRPs 力学性能的低温影响研究较少。在已有的工作中，大量的研究是关于加入 FRPs 的纳米颗粒，并且已经证明这种方法可以提高复合材料的界面强度[271-274]。然而，关于纳米颗粒对热塑性复合材料低温暴露后力学性能的研究却很少。

　　本章研究了温度对热塑性复合材料弯曲性能的影响。分别将热塑性树脂基复合材料和纳米二氧化硅涂覆纤维增强的热塑性树脂复合材料在低温（-80℃）和循环温度（-40～50℃）条件下暴露，比较了环境试验后复合材料的抗弯性能。通过宏观和微观观察，分析了试样的损伤模式，研究了纳米二氧化硅对复合材料损伤机理的影响。

4.3.1　纳米改性对 GF/pCBT 复合材料在低温环境下的力学性能试验

1. 材料与工艺

　　为了在玻璃纤维表面沉积纳米二氧化硅颗粒，我们首先在异丙醇的水溶液中添加了纳米二氧化硅颗粒。颗粒质量占所用树脂质量的 2%。首先用磁力搅拌器以 1000r/min 的转速将混合物搅拌 3h，然后用超声波搅拌器将其分散 1h，室温（25℃）下将玻璃纤维浸入溶液中 3h。该系统在 140℃下干燥，以完全蒸发掉异丙醇，并在纤维表面留下纳米二氧化硅颗粒。图 4.40 显示了利用该方法处理纤维的 SEM 结果。可见，纳米二氧化硅颗粒被有效地包覆在纤维表面。采用真空辅助树脂传递模塑成型（vacuum assisted resin transfer molding，VARTM）技术制备了 FRPs。采用由上模和下模组成的钢板进行加工。当装置的温度达到 230℃时，熔融的 CBT 树脂开始注入，整个系统在 230℃下加热 1h。然后，温度降低到 190℃并保持 1h。冷却后，复合材料脱模。复合材料的铺层方式为[0]12，纤维体积分数为 67%。

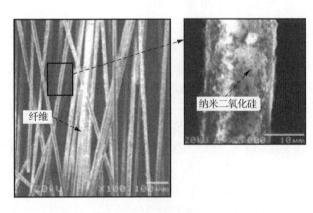

图 4.40　包覆纳米二氧化硅颗粒的纤维束的微观形态

2. GF/pCBT 复合材料的基本力学性能

为了评价制备的复合材料层压板的基本力学性能，分别按照标准 ASTM-D3039 和 ASTM-D3518 进行了包括 0°/90° 拉伸和平面内剪切试验在内的力学试验。为了测试复合材料的层间性能，根据标准 ASTM-D5528 和 ASTM-D7905 进行了 I 型和 II 型断裂韧性试验。在 Zwick-Z010 型伺服电机试验机上进行了室温下的力学性能试验。十字压头加载速度为 2 mm/min。从试验测试中计算出的 FRP 材料参数如表 4.12 所示。

图 4.41 是制备的复合材料沿纤维方向的横截面。图中还提供了纤维和基体之间的结合区域细节。如图 4.41 所示，纤维沿同一方向排列，复合材料中未发现气泡。

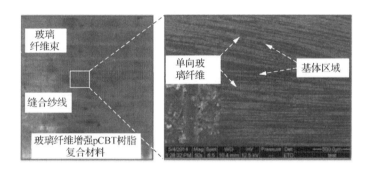

图 4.41   VARTM 制备获得的 FRPs 以及纤维和基体之间结合区域

3. 温度条件及测试方法

利用三种环境条件对试样进行了试验。一组试样在-80℃下暴露长达 5 周。温度循环试验中，温度范围为-40~50℃。在试验过程中，试样在-40℃下保持 1h，50℃保持 3h。处理时间分别为 100h、200h 和 400h。为了测试水在循环温度条件下对复合材料力学性能的影响，将另一组试样在水中浸入。随后按标准 ASTM-D7264 和 ASDM-D7264M 进行三点弯曲试验，弯曲试样尺寸为 80mm×12.5mm×2.4mm，在 Zwick-Z010 伺服电动试验机上进行位移控制下的室温测试。加载压头直径为 6mm，支架之间的跨度为 38mm。将十字压头速度设为 2mm/min。弯曲弹性模量 E_b 和强度 σ_b 根据获得的载荷-位移曲线通过以下公式算出：

$$E_b = \frac{l^3 \Delta F}{4bh^3 \Delta d} \tag{4.13}$$

$$\sigma_b = \frac{3F_b l}{2bh^2} \qquad\qquad (4.14)$$

式中，b 为试样宽度；h 为试样厚度；l 为跨度长度；F_b 为失效负载。$\Delta F / \Delta d$ 为力偏转（F-d）曲线的初始直线部分的斜率。

表 4.12　试验测试的 GF/pCBT 复合材料层合板的材料参数

力学性能	值
纤维体积分数 f_v /%	67
纵向拉伸模量 E_1/GPa	28.73
横向拉伸模量 E_2/GPa	15.9
平面内剪切模量 G_{12}/GPa	1.789
主泊松比 ν_{12}	0.25
纵向拉伸强度 X_{1t}/MPa	656.53
横向拉伸强度 X_{2t}/MPa	22.7
平面内抗剪强度 S/MPa	25
I 型断裂韧性/(kJ/m^2)	1.5
II 型断裂韧性/(kJ/m^2)	1.23

4. 试样微观形貌观测

为了评价复合材料在力学试验中损伤后的微观损伤形态，采用 SEM（Hitachi S-4300）观察了断裂区的微观结构。

4.3.2　低温环境下的力学性能试验结果

1. 低温下 GF/pCBT 复合材料的弯曲性能

图 4.42 给出了 GF/pCBT 复合材料在-80℃暴露不同时间的弯曲应变-应力曲线。如图 4.42 所示，随着应变的增加，应力呈线性增加。当应力达到材料强度时，所有的试样都被完全破坏。由式（4.13）和图 4.42（a）计算得到的纯 GF/pCBT 复合材料的弹性模量为 28.23GPa，并且随着老化时间的增加，弹性模量保持不变。初始试样的破坏应变为 4.35%。在-80℃暴露 1 周和 5 周后，应变分别下降到 4.21%和 3.92%。从图 4.42（b）可以看出，加入 GF/pCBT 的纳米二氧化硅的模量首先从 29.34GPa（1 周）下降到 27.58GPa（3 周），然后在老化 5 周后上升到 29.34GPa。暴露 5 周后，失效应变从 4.5%降至 3.88%。由式（4.14）计算的强度对比结果如图 4.43 所示。

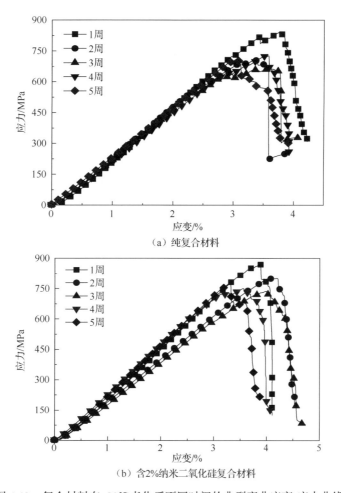

（a）纯复合材料

（b）含2%纳米二氧化硅复合材料

图 4.42　复合材料在-80℃老化后不同时间的典型弯曲应变-应力曲线

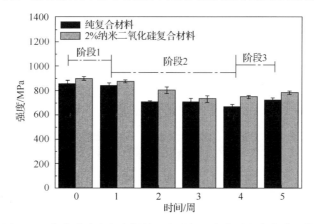

图 4.43　弯曲试验中复合材料强度随低温老化时间变化的比较

纯复合材料暴露 5 周后强度由 860.32GPa 下降到 726.7GPa。相比之下，纳米二氧化硅复合材料的强度从 898.42GPa 下降到 783.25GPa。结果表明，在 GF/pCBT 复合材料中加入纳米二氧化硅可以提高材料在室温和低温下的力学性能。

2. 高-低温循环对 GF/pCBT 复合材料弯曲性能的影响

图 4.44 是 GF/pCBT 复合材料在高-低温循环条件下老化后的典型弯曲应变-应力曲线。在图 4.44（a）中，纯复合材料的曲线首先增加到最大值，然后急剧下降。在图 4.44（b）中，应力-应变曲线具有相同的趋势。两种材料在循环温度下老化后的弹性模量均为 29.23 GPa。

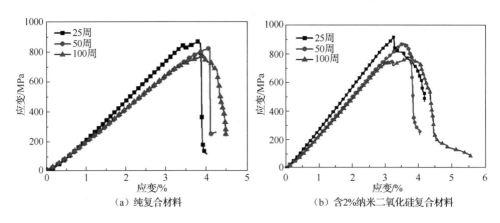

（a）纯复合材料　　　　　　　　　（b）含2%纳米二氧化硅复合材料

图 4.44　GF/pCBT 复合材料在高-低温循环条件下老化后的典型弯曲应变-应力曲线

表 4.13 和表 4.14 列出了两种复合材料的破坏应变和试样强度。纯复合材料在高低温条件下时效 25 次循环后的强度为 859.8MPa，破坏应变为 4%。当循环次数达到 100 周时，两个值分别为 778.6Mpa 和 4.23%。采用纳米二氧化硅的 GF/pCBT 复合材料，经过 25 次循环后，强度为 896.5Mpa，破坏应变为 4.05%。循环次数为 100 周时，两个参数分别为 779.3Mpa 和 5.56%。强度表减比 SRR 可确定如下：

$$\text{SRR} = \frac{S_0 - S_t}{S_0} \times 100\% \qquad (4.15)$$

式中，S_0 为初始弯曲强度；S_t 为时效时间 t 后的强度。

表 4.14 给出了 25 次循环、50 次循环、100 次循环的两种复合材料 SRR 的增加情况。如表 4.15 所示，纯复合材料的 SRR 仅为 0.06%，而随着循环时间的增加，SRR 增加到 9.09%。对于含纳米二氧化硅的 GF/pCBT 复合材料，强度衰减比从 25 周的 0.21%增加到 100 周的 13.26%。结果表明，纳米二氧化硅复合材料对 SRR 没有正影响。当循环 25 周和 50 周时，其强度高于纯复合材料。

表 4.13　试样经历 25 周、50 周、100 周不同环境试验后的破坏应变

试样	状态	破坏应变/%		
		25 周	50 周	100 周
纯复合材料	无水	4.00±0.15	4.47±0.03	4.23±0.21
	有水	4.74±0.08	3.81±0.31	3.52±0.23
2%纳米二氧化硅	无水	4.05±0.21	4.19±0.09	5.56±0.18
	有水	4.85±0.14	4.22±0.16	3.37±0.23

表 4.14　25 周、50 周、100 周经历不同环境试验后的试样强度

试样	状态	25 周		50 周		100 周	
		强度/MPa	SRR/%	强度/MPa	SRR/%	强度/MPa	SRR/%
纯复合材料	无水/I	859.8±12.32	0.06	822.8±8.59	4.36	778.6±6.89	9.09
	有水/II	658.5±8.21	23.45	645.6±3.25	24.95	611.7±5.79	28.89
含 2%纳米二氧化硅	无水/III	896.5±10.36	0.21	871.2±5.83	3.03	779.3±8.45	13.26
	有水/IV	733.6±6.27	18.34	683.5±2.35	23.92	513.7±3.25	42.82

3. 水环境下温度循环对复合材料弯曲性能的影响

图 4.45 显示了两种复合材料在不同水循环温度下老化后的典型微观弯曲应力-应变曲线。纯 GF/pCBT 复合材料经 25 周后，应力先随应变线性增大，然后出现塑性变形。然而，当循环次数增加到 50 周和 100 周时，曲线急剧下降。在图 4.45（b）中，当纳米二氧化硅复合材料经历 25 周和 50 周循环时，会出现一个小的塑性变形平台，并且脆化破坏模式出现在 100 周时。与图 4.42 和图 4.44 相比，图 4.45 中的所有弯曲曲线都显示出连续的破坏特征[275]。这一现象表明，GF/pCBT 复合材料在低温试验前后的损伤机理是不同的。此外，根据式（4.13）计算的破坏应变和强度如表 4.13 和表 4.14 所示。由表 4.13 可知，经过 25 周和 100 周后，纯复合材料的破坏应变分别为 4.74% 和 3.52%。而对于含纳米二氧化硅的GF/pCBT，这两个值分别为 4.85% 和 3.37%。纯复合材料的强度分别为 658.5Mpa 和611.7Mpa，而纳米二氧化硅复合材料在 25 周和 100 周后的强度分别为 733.6Mpa 和 513.7Mpa。纳米二氧化硅复合材料经过 25 周和 50 周后，其 SRR 均小于纯复合材料，分别为 18.34% 和 23.92%。然而，经过 100 周后，纳米二氧化硅复合材料的 SRR（42.82%）往往大于纯复合材料（28.89%）。

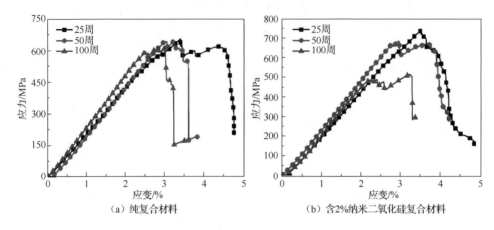

图 4.45   复合材料在不同水循环温度下老化后的典型弯曲应变-应力曲线

4.3.3   纳米改性对 GF/pCBT 复合材料在低温环境下的力学性能影响分析

1. 环境条件对 GF/pCBT 复合材料力学性能影响分析

从试验结果来看，低温条件对 GF/pCBT 复合材料有显著影响。纤维与基体的热膨胀失配会破坏基体、纤维及其界面[276]。结果表明，聚合物基体和界面层的微裂纹是典型的损伤模式。在图 4.43 中，GF/pCBT 的强度变化可分为三个阶段：第一阶段为初始强度区，第二阶段为强度维持区，第三阶段为强度恢复区。在-80℃下暴露一周的影响似乎很小（第一阶段）。然而，暴露 2 周后，强度显著下降（第二阶段）。众所周知，在制造过程中，聚合物基体的固化收缩会在纤维与基体之间产生剪切应力。在低温下，GF/pCBT 复合材料的固化诱导应力开始释放。同时，低温可以加速基体和/或界面区微裂纹的产生。这些累积的微裂纹使老化 2 周后的材料强度急剧下降。经过第三阶段 5 周的老化，纯复合材料的强度甚至呈现出恢复的趋势。就加入 GF/pCBT 的纳米二氧化硅而言，在图 4.43 中可以观察到相同的趋势。然而，在所有考虑的持续时间内，强度都大于纯复合材料。界面剪切强度的增加是增强机理的主要原因。

根据循环温度条件，由表 4.15 计算出的 SRR 和 SRR 差异如图 4.46 所示，有两个因素可能影响复合材料的力学性能：水和纳米二氧化硅颗粒。在水环境中，水分子在温度循环作用下扩散到材料中。膨胀和/或塑化将发生，这将进一步导致复合材料的力学性能退化。纳米二氧化硅复合材料的 SRR 比纯复合材料小 50 周。这种现象是由于纳米二氧化硅可以防止水扩散到复合材料中。由于玻璃纤维对水的吸收很小，水分子可以通过聚合物基体和界面两种途径扩散到 GF/pCBT 中。对于纯复合材料，循环温度降低了界面交联密度，水很容易通过界面渗透到基体中。

然而，对于纳米二氧化硅增强复合材料，水分子必须绕过纳米二氧化硅颗粒，然后才能渗入聚合物中。

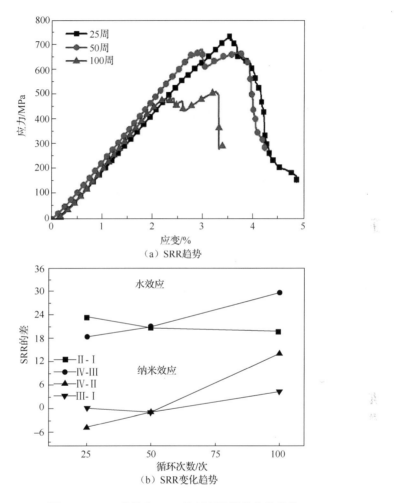

（a）SRR趋势

（b）SRR变化趋势

图 4.46　SRR 趋势和 SRR 随循环次数的变化趋势

2. 低温条件下 GF/pCBT 复合材料的损伤机理

图 4.47 是 FRPs 受弯时的典型应力分布简图。在试验中，沿梁厚度方向的应力分布取决于施加的力矩 M，如图 4.47（c）所示。Sun 等[277]描述了各向同性材料中性线下的拉伸应变 ε 和拉伸应力 σ 如下：

$$\varepsilon = \frac{(\rho + x)\mathrm{d}\theta - \rho\mathrm{d}\theta}{\rho\mathrm{d}\theta} = \frac{x}{\rho} \tag{4.16}$$

$$\sigma = E \cdot \varepsilon = E \cdot \frac{x}{\rho} \qquad (4.17)$$

式中，E 是弹性模量；x 是到中性线的距离；ρ 是中性轴的曲率半径。

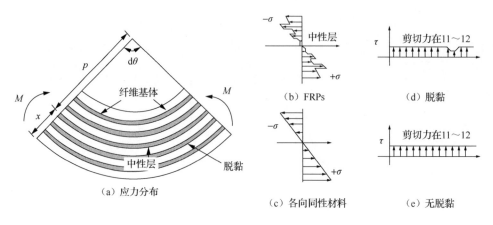

图 4.47　FRPs 受弯时的应力分布简图

对于图 4.47（b）中的 FRP，由于纤维的模量和强度大于基体的模量和强度，因此纤维承担了大部分的外部载荷。应力并不像各向同性材料那样呈线性变化。单向纤维增强基体复合材料的典型损伤模式有纤维拉伸断裂、剪切损伤等，如图 4.48所示。纤维的拔出和脱黏是影响复合材料力学性能的基本损伤形式。如图 4.47（e）所示，无脱黏裂纹试样的剪应力沿纤维方向均匀分布。然而，一旦出现脱黏区域，界面剪切应力在脱黏区域减小（图 4.47c）。因此，随着裂纹的增加，GF/pCBT的宏观力学性能急剧下降。由于纳米二氧化硅颗粒可以增强降解环境中的界面强度，因此图 4.47（d）中的剪切应力降低，这进一步提升了 GF/pCBT 的力学性能。

受损 GF/pCBT 样本的典型横截面形态如图 4.49 所示。图中，试样为未经环境试验的初始复合材料。如图 4.48 所示，弯曲试验中复合材料的损伤模式为混合形式。损伤区域一般可分为三个部分：接触面上的压缩损伤区域、底面上的纤维拉伸断裂区域和试样内部的裂纹区域。图 4.50 比较了低温 1 周和 5 周后的接触面和底面。本章还研究了纳米二氧化硅改性 GF/pCBT 复合材料的损伤形貌。显然，暴露 1 周后底面纤维断裂出现，5 周后底面可见明显的深裂。这些特性表明，GF/pCBT 复合材料在低温条件下已经变得易碎。然而，对于纳米二氧化硅复合材料，即使在 5 周后，拉伸表面也没有发现裂纹。这再次证实了纳米二氧化硅复合材料在低温条件下可以提高材料的韧性。

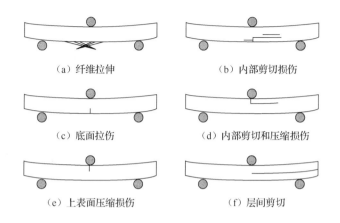

（a）纤维拉伸　　　　　　　　　（b）内部剪切损伤

（c）底面拉伤　　　　　　　　　（d）内部剪切和压缩损伤

（e）上表面压缩损伤　　　　　　（f）层间剪切

图 4.48　单向纤维增强复合材料弯曲试验中的典型损伤模式

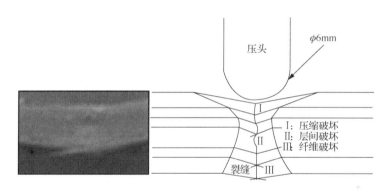

图 4.49　弯曲试验中试样的典型受损横截面

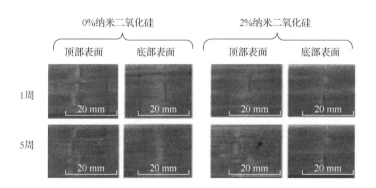

图 4.50　低温下不同时间损伤后的微观损伤模式

图 4.51 给出了初始试样和在-80℃老化 5 周后试样的扫描电子显微镜形貌。对于未失效的 GF/pCBT 复合材料，纯复合材料的损伤模式主要由纤维断裂构成，

断裂形态为扁平状。加入纳米二氧化硅后,损伤断裂区变粗,并观察到部分纤维分离区。经过 5 周的老化,纯复合材料中断裂纤维的断裂区域变得更平坦,并发现一些树脂颗粒。对于纳米二氧化硅复合 GF/pCBT 复合材料,5 周后发现基体开裂,纤维被树脂紧紧包裹。

图 4.51　室温和低温下受损试样的扫描电子显微镜照片

3. GF/pCBT 复合材料在有水和无水温度循环条件下的损伤机理

图 4.52 显示了弯曲试验中两种研究复合材料的宏观损伤模式。试验条件分别为 100h(25 周)和 200h(50 周)的有水和无水低温热循环。对于纯 GF/pCBT 复合材料,接触面损伤面积随老化时间的延长而增大。这表明两层纤维之间的分层损伤在 5 周后发生。在水环境下,表面损伤面积继续扩大。在水中老化 200h 后,发现一些纤维断裂区域。如前所述,这主要是由于水温循环环境中的水会使 pCBT 聚合物基体膨胀。因此,载荷不能有效地从基体转移到纤维,进而导致纤维断裂。对于纳米二氧化硅 GF/pCBT 复合材料,随着老化时间的延长,接触面损伤面积增大。与纯复合材料不同,接触表面的压缩损伤比分层更为明显。就底面而言,纳米二氧化硅 GF/pCBT 复合材料的损伤面积一般大于纯复合材料,这表明纳米二氧化硅复合材料可以吸收不同表面的能量。

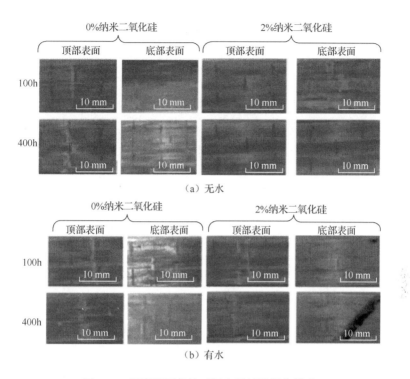

图 4.52　温度循环条件下复合材料的损伤模式

图 4.53 是测试后两种复合材料的微观结构。环境条件为有水和无水循环温度 200h，图中观察到许多微裂纹和断裂纤维，证实老化后界面性能较差。此外，由于界面性能的降低，大束纤维从树脂中被拉出。在水环境下，纤维表面的树脂含量非常少。对于掺入纳米二氧化硅的 GF/pCBT 复合材料，纤维的拔出区较小。由于断裂的纤维表面有大量的树脂，因此黏合强度仍然很好。如前所述，强黏接性能有助于阻止裂纹尖端和水分子沿纤维方向向复合材料中扩散。

低温持续时间影响了 GF/pCBT 和纳米二氧化硅复合 GF/pCBT 复合材料的力学强度，其强度分为三个阶段。加入纳米二氧化硅的 GF/pCBT 复合材料在低温条件下的 SRR 较低。水和纳米二氧化硅颗粒在高低温条件下是影响 GF/pCBT 复合材料 SRR 的两个关键因素。纳米二氧化硅颗粒对水分子的扩散过程有影响，在有水和无水的高低温循环条件下，其 SRR 较低。所有老化条件都会显著降低 GF/pCBT 的力学性能，不同条件下暴露试样的宏观和微观损伤模式也各不相同。

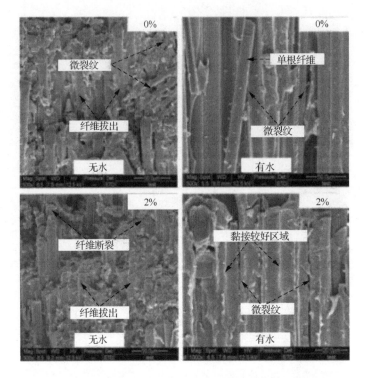

图 4.53　200h 循环温度条件下受损试样的扫描电子显微镜照片

第 5 章　纳米改性对 SMA/环氧树脂复合材料界面黏接强度的影响

近年来，智能结构与先进复合材料以其优异的力学性能、良好的可设计性及突出的智能特征等优点在实际工程领域中得到了广泛的应用[278-280]。其中，SMA 是一类具有一定初始形状并且在低温下经塑性变形固定成另一种形状后，通过加热到某一临界温度以上又可恢复成初始形状的合金[214, 215]。该合金具有能够记住其原始形状的功能，这被称为形状记忆效应，该效应使 SMA 成为一种特殊的新型功能材料。目前，许多学者对 SMA 增强树脂基复合材料进行了研究，发现含有 SMA 的复合材料既拥有优异的功能材料特点，又有较好的力学强度[216, 217]。然而，也有文献证实通过 SMA 与树脂结合制备复合材料时存在界面强度差等问题[281]。因此，很有必要对 SMA 的界面黏接强度进行研究，并寻找一种能够提高界面黏接性能的途径。

5.1　纳米 SiO_2 改性对 SMA/环氧树脂复合材料界面黏接强度的影响

纤维增强树脂基复合材料的界面黏接强度在传递应力载荷时起到关键性作用，材料界面黏接强度的大小直接决定了复合材料整体性能的好坏。当复合材料承受的界面剪切应力超过材料的临界脱黏强度时，界面脱黏就会立即发生，进而导致材料整体失效。实际工程中，可用于直接评价复合材料界面黏接强度的微观方法有很多，例如纤维拔出试验、纤维压入试验及分裂试验等。与后两种方法相比，纤维拔出试验得到了更为广泛的应用。就 SMA 增强树脂基复合材料来说，由于 SMA 表面较为光滑，材料兼容性较差，使 SMA 增强树脂基复合材料的界面黏接强度经常较弱。Fathollah 等[214]、Lei 等[255]、Zhou 等[282]都在试验中观察到了这一现象。为了提高纤维或基体的黏接性能，研究者通常采用各种不同的方法对材料进行改性，这些方法大体上可以分为对基体或纤维的化学改性和物理改性两大类。化学改性通常包含对材料的偶联剂及酸碱腐蚀处理等手段，而最为常用的物理改性是对纤维的热处理。尽管这些方法能够提升材料的宏观力学性能，但是在处理过程中对纤维微观结构带来的损害通常会造成纤维本身强度的下降。王玉龙等[96]研究了在环氧基体中加入不同直径、种类和含量的纳米 SiO₂ 对 SMA 增强环氧树脂基复合材料剪切强度的影响，发现利用纳米颗粒改性环氧树脂基体能够有效提高 SMA 纤维增强复合材料的界面黏接强度，然而该方法面临纳米颗粒在基体中分散工艺复杂的问题。Sreekumar 等[95]对天然剑麻纤维分别进行了热处理、酸及碱液浸泡等处理，发现处理后的纤维增强聚酯复合材料的拉伸强度和弯曲强度提高，然而由于这些处理对纤维本身造成的损伤，材料的冲击强度降低了。尽管对纤维表面的纳米涂层工艺相对简单且不会破坏纤维的完整性，但是就现有文献来看，很少有文献涉及通过对 SMA 表面包覆纳米颗粒来提高 SMA/环氧树脂复合材料的界面力学性能。

本章通过单纤维拔出试验对 SMA 增强环氧树脂基复合材料的界面性能进行研究。分析试验中不同纤维埋入深度对拔出载荷-位移的影响，利用 ABAQUS 有限元方法分析拔出过程中应力分布随时间的变化趋势。针对 SMA/环氧树脂复合材料界面黏接强度较弱的缺陷，提出对其表面进行纳米改性来增强界面黏接强度的方法，并利用单纤维拔出试验对该方法进行验证。

5.1.1　试验材料及方法

1. 试验材料

所用的环氧树脂型号为 E-51，由天津市凯力达化工贸易有限公司提供，固化剂和促进剂分别为过氧化甲乙酮和二甲基苯胺。树脂、固化剂和促进剂的质量比为 100：1：0.1。Ni-Ti SMA 丝由深圳市睿华钛金属科技有限公司提供，纤维直径为 1mm。用来改性 SMA 的纳米颗粒为纳米 SiO₂，直径在 10～15nm。为利用蒸发溶液法将纳米颗粒镀覆在 SMA 表面，试验中还需用到异丙醇溶液。

2. 试样的制备方法

图 5.1 为 SMA/环氧树脂复合材料单纤维拔出试样的制备装置。

图 5.1　SMA/环氧树脂复合材料单纤维拔出试样的制备装置

首先，将带有直径为 2cm 的圆柱形孔的硅胶模具放置在用于固定 SMA 丝的钢制夹具上。其次，将 SMA 下端穿过硅胶模具，通过钢模上下两端的夹紧螺栓紧固；为了保证试验的可靠性，SMA 丝应尽可能与硅胶模具上孔洞的轴线重合。然后，将按照比例配制好的环氧树脂浇注进硅胶模具上的圆柱孔中。最后，将试样在室温下固化 4h，脱模。为了研究埋入深度对界面极限黏接强度的影响，利用该方法制备了 3 组试样，埋入深度分别为 1.0cm、1.5cm 和 2.0cm。

利用蒸发溶剂法制备纳米 SiO_2 改性的 SMA 丝。首先，将占溶液体积分数为 2%的纳米 SiO_2 颗粒放置在异丙醇溶液中，机械搅拌分散 3h，搅拌速度设置为 1000r/min。然后，将 SMA 丝放入盛有纳米 SiO_2 溶液的溶剂中，利用真空干燥箱在 100℃下将该溶液中的异丙醇溶液完全蒸发。这样，纳米 SiO_2 颗粒就被有效地涂覆在 SMA 表面上了。改性后的 SMA 增强环氧树脂试样的制备同样由图 5.1 中的装置完成。此外，为了确定有限元仿真中树脂基体的基本力学性能，制备了用于拉伸试验的环氧树脂浇注体试样，试样同样在硅胶模具中固化，有效尺寸为 10mm×10mm×120mm。

3. 力学性能测试

力学性能测试在 Instron-4505 型电子万能试验机上完成。进行 SMA 丝拔出试验时，试验机一端夹持 SMA 丝，与基体相连的另一端通过夹持装置下端的螺纹约束。这样，SMA 在试验中即可有效地从环氧基体中拔出。拉拔试验速度设定为 2mm/min，每组测试所用试样为 5 个。环氧树脂浇注体的拉伸试验按照国家标准 GB/T 3354−2014[283]进行，试样夹持标距为 80cm。为了提高试验的可靠性，每组拉伸试验至少测试 5 个试样，取平均值衡量材料的力学性能。

5.1.2　试验结果与讨论

1. SMA 埋入深度对界面性能的影响

图 5.2 为不同埋入深度的 SMA 丝从环氧树脂基体中拔出的载荷-位移曲线。整体上看，各试样的拔出曲线均符合 Zhou 等[257]对单纤维拔出时的应力-位移曲线的描述。根据曲线形式，应力-应变关系可以分为 4 个阶段（以 $L = 1.5cm$ 试样为例）：I 阶段为线性部分至起始脱黏阶段；II 阶段为部分脱黏至最大脱黏阶段；III 阶段为最大脱黏至完全脱黏阶段；IV 阶段为界面摩擦阶段。

根据试样几何形状，可近似求解界面黏接强度[257]：

$$\sigma_{cr} = \frac{F_{cr}}{2\pi rL} \tag{5.1}$$

式中，σ_{cr} 为界面黏接强度；F_{cr} 为最大拔出力；r 为 SMA 丝半径；L 为 SMA 丝埋入深度。

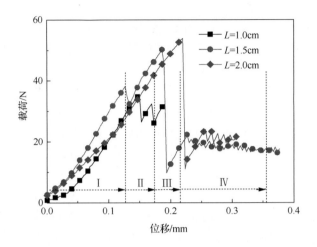

图 5.2　不同埋入深度的 SMA 丝从环氧树脂基体中拔出的载荷-位移曲线

图 5.3 为 SMA 丝在环氧树脂基体中的最大拔出力和 SMA/环氧树脂复合材料的界面黏接强度随埋入深度的变化趋势。

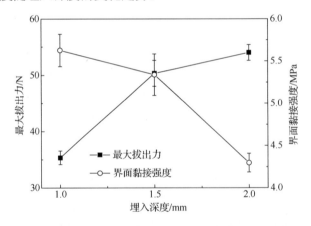

图 5.3　SMA 丝在环氧树脂基体中的最大拔出力和 SMA/环氧树脂复合材料的
界面黏接强度随埋入深度的变化趋势

可以看出，当 SMA 在环氧基体中的埋入深度为 1.0cm 时，材料的最大拔出载荷相对于另外两种试样要小很多。随着埋入深度从 1.0cm 增加到 1.5cm 和 2.0cm，最大拔出载荷显著增加，然而平均界面黏接强度却逐渐下降，这主要是由于随着埋入深度的增加，金属与树脂基材料相容性差所引起的弱界面黏接影响越来越显著，轴向整体承载无疑会增加，但平均黏接强度却会降低。

图 5.4 为 SMA 丝在环氧树脂基体中的最大拔出位移和位移/埋入深度比随埋入深度的变化趋势。

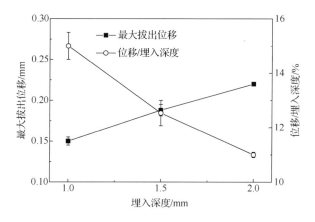

图 5.4　SMA 丝在环氧树脂基体中的最大拔出位移和
位移/埋入深度比随埋入深度的变化趋势

可以看出，拔出位移和界面黏接强度表现出相同的趋势，随着埋入深度的增加，尽管最大拔出位移有所增加，但最大位移/埋入深度比却明显降低。通过以上分析可以发现，随着纤维埋入深度的增加，SMA 丝弱界面黏接效果对界面黏接强度的影响会逐渐显现，因此 SMA 丝复合材料设计时需要考虑这一影响。

2. 单纤维拔出试验的有限元仿真

为了得到单纤维拔出试验中 SMA 丝与环氧基体的应力分布情况，采用 ABAQUS/Explicit 有限元方法对拉拔过程进行了仿真。由拉伸试验获得的环氧树脂浇注体的载荷-位移曲线如图 5.5 所示。有限元仿真方法中用到的试验测得环氧

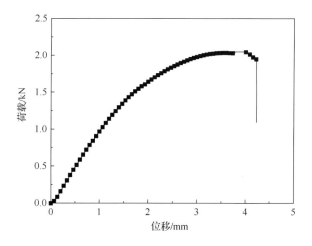

图 5.5　环氧树脂浇注体的载荷-位移曲线

树脂和 SMA 丝的材料参数[281]如表 5.1 所示。仿真试验中用到的 SMA 丝从环氧树脂基体内拔出的有限元模型如图 5.6 所示，模型中纤维的埋入深度为 2.0cm。为了提高计算效率和计算精度，对基体中部与纤维接触的单元进行了加密，模型中所有的单元类型为 C3D8R。为了与试验保持一致，仿真中完全约束基体下表面并对纤维施加沿轴向的位移边界。

表 5.1　试验测得环氧树脂和 SMA 丝的材料参数

参数	环氧树脂	SMA 丝
密度/（kg/m³）	1.75	6.45
弹性模量/GPa	1.219	30
泊松比	0.2	0.32

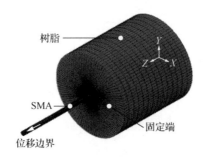

图 5.6　SMA 丝从环氧树脂基体内拔出的有限元模型

　　纤维增强树脂基复合材料的界面强度在材料整体力学性能评价中扮演重要角色，在有限元方法中，不同组分之间界面行为的设置是复合材料仿真的难题之一。本章将基于表面内聚力行为（cohesive behavior）的单元添加在 SMA 与环氧基体之间模拟界面的分层扩展。基于表面内聚力行为单元的本质是在不同材料之间加入与内聚力单元方法相似的牵引分离本构模型。

　　同常用的裂纹分析方法（内聚力单元方法及虚拟裂纹技术等）相比，该方法的优势在于不用像内聚力方法那样在界面处插入具有一定厚度的内聚力单元，从而有效避免了内聚力单元存在的单元极度扭曲现象，提高了计算的收敛性。基于表面内聚力行为的损伤模型如图 5.7 所示，认为当接触位移达到 δ_n^f 时界面分层失效。SMA 丝拔出有限元仿真中用到的基于表面内聚力行为损伤模型的参数如表 5.2 所示。

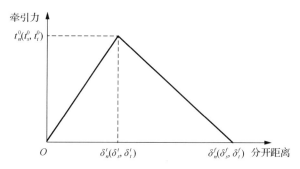

t_n^0, t_s^0, t_t^0—位移峰值；$\delta_n^i, \delta_s^i, \delta_t^i$—初始接触位移；$\delta_n^f, \delta_s^f, \delta_t^f$—失效脱黏位移

图 5.7　基于表面内聚力行为的损伤模型

表 5.2　基于表面内聚力行为损伤模型的参数

参数	不同方向单位体积力 /（N/m³）			不同方向间距/×10⁻⁶mm			不同方向单位长度力/（N/m）		
	K_n	K_s	K_t	δ_n^{max}	δ_s^{max}	δ_t^{max}	G_n^c	G_s^c	G_t^c
值	500	310	310	1.5	11.0	11.0	0.42	0.42	0.42

图 5.8 为单纤维拔出过程中，SMA 丝从环氧树脂基体中拔出的试验与仿真载荷-位移曲线。可以看出，尽管 SMA/环氧树脂复合材料的仿真载荷-位移曲线在细节上与试验曲线有一定的差异，但仿真曲线在整体趋势上与试验结果保持一致。两曲线都呈现出先快速增加后骤然降低的宏观变化趋势。

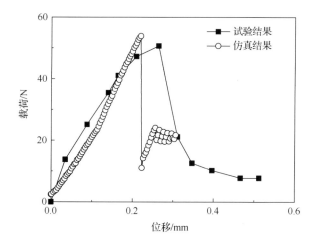

图 5.8　SMA 丝从环氧树脂基体中拔出的试验与仿真载荷-位移曲线

　　利用仿真方法可得 SMA/环氧树脂复合材料中 SMA 丝拔出过程的应力分布随载荷时间的变化，SMA/环氧树脂复合材料中 SMA 丝的应力分布随时间的演变过程如图 5.9 所示，图中 t 为时间。可见，分布在纤维中的应力整体上明显大于在环氧基体中的应力。当作用时间在 0～0.3s 时，随着位移的增加，SMA 丝承受的外部载荷主要是拉拔试验中的主受力部件。同时，由于纤维与基体在这一时间段黏接完好，圆柱形基体尾部截面的变形也逐渐增加。当作用时间为 0.3s 时，界面开始脱黏，基体变形回弹；当作用时间为 0.4s 时，作用于纤维上的应力达到最大，完全脱黏发生；当作用时间为 0.425s 时，作用在纤维中的应力下降。可以发现，仿真得到的应力随时间的变化趋势与试验获得的拉拔曲线的变化趋势对应，即当界面剪力达到极限黏接强度时，界面瞬间失效。

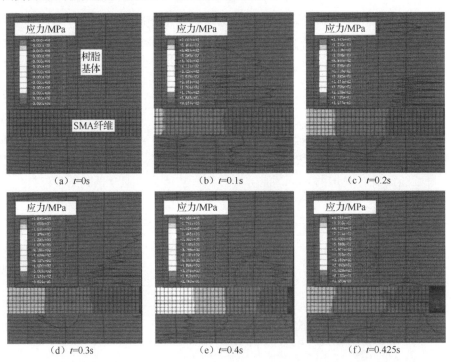

（a）t=0s　　　　　　　（b）t=0.1s　　　　　　（c）t=0.2s

（d）t=0.3s　　　　　　（e）t=0.4s　　　　　　（f）t=0.425s

图 5.9　SMA/环氧树脂复合材料中 SMA 丝的应力分布随时间的演变过程

　　SMA/环氧树脂复合材料中基体内的应力分布随时间的演变过程如图 5.10 所示。可以看出，在纤维完全脱黏之前，基体内的应力逐渐增加；当作用时间为 0.4s 时，应力达到最大，主要集中在基体与纤维接触的界面处；当作用时间为 0.425s 时，纤维与基体完全脱黏，由于纤维与树脂之间存在摩擦力作用，最大应力下降，而由于摩擦力沿纤维均有分布，应力在基体中的分布范围变得广泛。

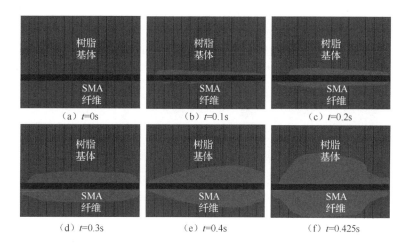

(a) t=0s   (b) t=0.1s   (c) t=0.2s

(d) t=0.3s   (e) t=0.4s   (f) t=0.425s

图 5.10   SMA/环氧树脂复合材料中基体内的应力分布随时间的演变过程

3. SMA 丝表面纳米 SiO_2 改性对界面强度的影响

图 5.11 为 SMA 丝埋入深度为 2.0cm 时，表面纳米 SiO_2 改性前后的 SMA 丝从环氧树脂基体中拔出的载荷-位移曲线。可以看出，与未改性材料相比，改性后 SMA/环氧树脂复合材料的 SMA 丝拔出极限载荷从 53.86 N 增加至 59.60 N，平均界面黏接强度由 4.30 MPa 增加至 4.74 MPa，改性后提升了 10.3%。相反最大拔出位移从 0.217 mm 下降至 0.210 mm，降低了近 3.22%。事实上，曲线的宏观趋势

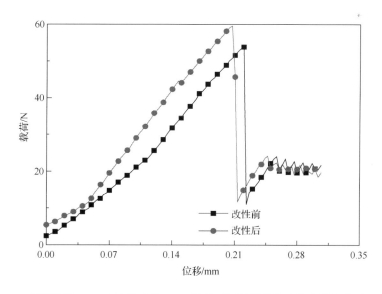

图 5.11   表面纳米 SiO_2 改性前后的 SMA 丝从环氧树脂基体中拔出的载荷-位移曲线

并无太大差别。由此可见，SMA 表面改性技术对提升该材料体系的整体性能具有一定作用。可以从两个方面来解释纤维表面改性对界面强度的提升效应。从微观角度来看，这一现象与纳米颗粒的分散性有关。众所周知，无论采用何种分散方法，都很难达到纳米粒子完全的单分散，在基体中一定会存在一些纳米粒子的聚集体，尺寸从几十纳米到几百纳米不等。

国家纳米科学中心的 Zhang 等[219, 220]将纳米粒子改性的后复合材料的环氧树脂基体内部区分为 3 个区域。基体改性的 SMA/环氧树脂复合材料如图 5.12（a）所示，其中 A 区域为纳米粒子及其聚集体以外的区域，在此区域内只有环氧树脂分子，可认为是均匀的环氧树脂基体；B 区域为纳米粒子及其聚集体表面吸附的树脂分子形成的相对于树脂本体来讲较为致密的界面相；而 C 区域为纳米粒子聚集体内部区域，包括一些被包埋在纳米粒子聚集体内的环氧树脂分子。就纤维增强树脂基体复合材料而言，还需要在以上 3 个区域中加入 D 区域来表示纤维与基体之间形成的界面区域。当纤维表面不包含纳米颗粒时，D 区域的成分主要由环氧基体在固化剂与促进剂作用下与光滑的纤维结合而成。此时，由于树脂与纤维物理化学性质的差异巨大，环形分子链扩展时遇到纤维表面就会终止，形成的界面相对较弱。纤维改性的 SMA/环氧树脂复合材料如图 5.12（b）所示。由于纳米颗粒主要集中在纤维表面，会在 D 区域附近形成 B 区域和 C 区域，由此以来，增长的环氧树脂分子链就会穿过集中在纤维表面的纳米颗粒，从而将其包覆在纤维表面。这样，颗粒就可以有效填充环氧树脂聚合后在界面相形成的分子链间的微小空隙，提高复合材料界面相的密实性。在纤维拔出时，一方面，填充的颗粒可以有效阻碍高分子链的运动，宏观上表现为拔出强度的提高；另一方面，由于纳米颗粒在不破坏 SMA 丝微观结构的前提下有效增加了其表面粗糙度，就需在更大的剪切载荷作用下才能将 SMA 丝从基体中拔出。

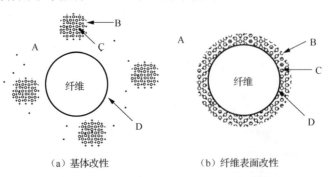

　　　　（a）基体改性　　　　　　　　　（b）纤维表面改性

图 5.12　SiO$_2$ 纳米粒子在 SMA/环氧树脂复合材料中分散情况

从力学角度来看，改性后界面强度的提升主要与裂纹在界面处的传播过程有关。在外载荷作用下，从 SMA 与基体结合的界面处开始形成微裂纹，微裂纹的累积是导致最终脱黏的主要因素。然而，界面改性后，由于颗粒簇之间的相互黏接性能差，一部分微裂纹尖端会在遇到团聚的纳米颗粒时致使团聚的纳米颗粒破裂，这样该部分微裂纹的能量就因为克服纳米粒子之间的范德瓦耳斯力而被消耗，从而增加宏观的纤维拔出能。此外，另一部分微裂纹遇到团聚较为紧密的纳米簇时，其尖端必须先绕过纳米簇，然后从另一条相对较弱的路径传播。这样一来，裂纹传播的路径增加，材料在破坏时吸收的外部能量就会增加，最终也会导致界面黏接强度的提升。

5.2　利用酸腐蚀和纳米颗粒改性提升界面黏接强度

由于奥氏体和马氏体晶体结构之间无扩散相变，SMA 具有独特的形状记忆效应和伪弹性[284, 285]。这些特点使 SMA 成为最具潜力的智能材料。SMA 增强复合材料智能结构是一类新材料，在航空航天工业中得到了广泛的应用。通常将 SMA 丝嵌入其他基体材料中以设计 SMA 复合材料。然而，与 FRPs 相同，SMA 复合材料的力学性能也取决于界面载荷传递性能。一般来说，局部应力、基体残余应力和外加载荷模式都会影响界面性能[286, 287]。SMA 复合材料界面结合性能差会导致剪切应力传递效率低，从而对整体强度产生不利影响[288]。因此，提高 SMA 与基体的界面强度是获得具有最佳力学性能的 SMA 复合材料的关键。

界面强度测试方法有很多，如纳米压痕法、纤维挤入法和拔出法等。与其他方法相比，单纤维拔出法测量纤维/基体界面的抗剪强度非常方便[289]。使用时，将一根纤维嵌入基体块中，并在自由纤维端施加载荷，将其拉出基体。对于 SMA 复合材料，文献[255]以及文献[290]～文献[292]通过拉拔试验和数值方法研究了界面应力分布和黏接性能。基于这些文献，研究人员发现，SMA 复合材料的使用往往受到 SMA 丝与基体之间弱界面的限制。另外，自 1951 年初观察到形状记忆效应以来，为了提高 SMA 丝与基体材料的相互作用性能，人们采用了多种改性方法。对 SMA 复合材料的单纤维、基体和界面区域进行了物理化学改性。增加界面黏附力的最简单物理改性是通过喷砂增加 SMA 丝表面粗糙度[281, 293]。另外一种物理方法是在基体材料中添加微/宏观颗粒，以改变结合强度[274, 294-296]。常用的化学方法是用硅烷偶联剂将 SMA 与基体结合[297]。其他化学方法如碱化、异氰酸酯处理和接枝共聚也被用来提高增强相与聚合物主体之间的相互作用性能[298-301]。

与其他方法相比，纤维表面涂层技术是一种重要的物理改性方法。许多纤维表面涂层处理被用来改善复合材料的性能。结果表明，这些方法可以提高复合材料的界面强度。然而，有关酸处理后纳米颗粒对 SMA 复合材料力学性能影响的研究成果非常有限。本研究的目的是研究镍钛 SMA 与环氧树脂基体之间的界面结合性能。作为一种尝试，我们在酸处理前后对 SMA 表面进行了包覆纳米二氧化硅粒子的改性。通过扫描电子显微镜观察、单纤维拉伸试验和接触角分析，研究了复合材料的界面黏接性能。制备了 SMA 和玻璃纤维布增强环氧树脂（SMA/WGF/环氧）复合材料层合板。为了验证复合材料的界面增强效应，对复合材料进行了三点弯曲试验，分析了试验中试样的损伤机理。

5.2.1　试验材料及方法

1. 试验材料

选择环氧树脂作为基体。该树脂可在室温下由硬化剂和加速剂的作用下固化。硬化剂为过氧化甲基乙基酮，促进剂为二甲基苯胺。硅胶模具用于制备单纤维拉拔和树脂浇注试样。直径 2mm 的镍钛 SMA（55.8%镍，43.2%钛）丝购自南京鼎晨科技有限公司。中科纳迪（苏州）科技有限公司提供了直径为 5～15nm 的疏水性纳米二氧化硅（DNS-3）颗粒。试验采用硝酸（HNO_3）与硫酸（H_2SO_4）混合溶液，浓度范围为 45%～55%。复合材料层合板中，增强纤维为表面质量密度为 500g/m² 的平纹玻璃布。将树脂与促进剂、硬化剂按 100：1：0.5 的质量比混合。采用旋转流变仪记录了树脂固化过程。弹性模量 G′、黏滞系数 G″ 与固化时间函数关系，如图 5.13 所示，环氧树脂固化过程可分为四个阶段，作为固化时间的函数。经过长时间的稳定后，树脂开始固化，其两个模量和黏度呈急剧增加的趋势，直至完全固化。由于树脂体系的初始固化时间较长，适合于 RTM 工艺制备纤维增强复合材料。

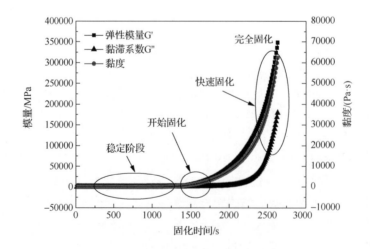

图 5.13　在旋转流变仪中测试环氧树脂黏度

2. 表面改性

将 SMA 丝切割成 300mm 长，然后在超纯水中超声波清洗 20min。为了研究 SMA 表面改性对 SMA 丝与基体界面力学性能的影响，我们将 SMA 丝浸入酸溶液中 10h 作为预处理。在下一个试验中，每 2h 至少选择 5 根丝，采用物理气相沉积（physical vapor deposition，PVD）技术在 SMA 表面沉积纳米二氧化硅颗粒。关于 PVD 法的试验细节，可以在参考文献[302]中找到。本书 PVD 法所用到的纤维是酸处理前后的 SMA 丝。

3. 制造加工和力学试验

通过单纤维拉伸试验，评价了改性 SMA 丝与环氧树脂的界面性能。为了将 SMA 丝嵌入环氧树脂中，制备了圆柱形孔（深度和直径分别为 2mm）的硅胶模具。树脂固化后，中心有 SMA 丝的试样可以脱模。树脂在室温下的固化时间为 24h。在拉拔试验前，对 SMA 丝和环氧树脂浇注件的基本力学性能进行了测试。在拉伸试验中，SMA 丝的定标长度为 40mm，未经处理的 SMA 丝为初始材料。采用浇注工艺制备环氧树脂浇注料。按照上述比例混合环氧树脂、硬化剂和加速剂。然后将混合物倒入金属模具中，在室温下固化 24h。拉伸试验中的树脂浇注尺寸为 90mm（L）×13mm（W）×7mm（T），弯曲试验中的尺寸为 60mm（L）×13mm（W）×3mm（T）。两次试验的定标长度均为 50mm，十字头速度为 2mm/s。所有力学试验均在 Zwick-Z010 伺服电动试验机上在室温下完成。在单纤维拔出试验中，十字头速度为 1mm/min，载荷边界条件为，载荷作用在一个 SMA 端，环氧树脂固定。每一个试验点测试五个样本。

对于图 5.14 的典型单纤维拔出试验，Payandeh 等[303]考虑了 SMA 马氏体相变，并将剪切强度 $\tau_{\max}$ 定义为

$$\tau_{\max} = (\gamma / 2) / \left[M \sinh(2\gamma s) + N \cosh(2\gamma s) \right] \sigma_p \qquad (5.2)$$

式中，

$$\gamma = \sqrt{\frac{1}{Q(1+v_m)}\left(\frac{S_f}{S_m} + \frac{E_f}{E_m}\right)}$$

$$Q = -0.25 + b^2 \frac{2b^2 \ln(b/a) - b^2 + a^2}{2(b^2 - a^2)}$$

$$M = -\frac{S_f E_f}{S_f E_f + S_m E_m}$$

$$N = \operatorname{csch}(2\gamma s) - M\tanh(2\gamma s)$$

$$\sigma_p = F / \pi a^2$$

其中，$S_f = \pi a^2$ 和 $S_m = \pi(b^2 - a^2)$ 分别为纤维和基体横截面积，$s=1/2a$ 为纤维长径比。E_f 和 E_m 分别是纤维和基体的模量。v_m 是基体泊松比，M、N、Q、γ 是描述纤维与基体材料相互关系的参数。

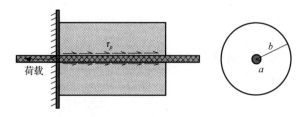

图 5.14　测试复合材料界面性能的典型单纤维拉伸试样

制造 SMA/WGF/环氧混合复合材料层压板的过程是真空辅助树脂传递模塑成型（VARTM）。试验细节可以在我们之前的论文中找到[304]。图 5.15 是获得的复合材料层压板的加工照片和示意图。层压板的铺层模式为[WGF6/SMA/WGF6]，纤维体积分数为 61%。层压板的尺寸为 180mm（L）×100mm（W）×6mm（T），SMA 线位于中间。采用三种改性 SMA 丝制作复合材料面板。弯曲试验的试样尺寸为 60mm（L）×12.5mm（W）×6mm（T）。以下三个公式用于计算混合层压板的弯曲性能：

$$\sigma_f = \frac{3PL}{2bd^2} \tag{5.3}$$

$$\varepsilon_f = \frac{6Dd}{L^2} \times 100\% \tag{5.4}$$

$$E_f = \frac{L^3 m}{4bd^3} \tag{5.5}$$

式中，σ_f、ε_f 和 E_f 分别为弯曲应力、应变和模量；P 是施加的载荷；L 是支撑跨度；m 为载荷-位移曲线初始阶段的斜率；b 和 d 分别为试验梁的宽度和深度。

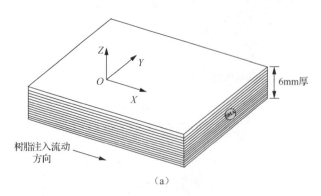

（a）

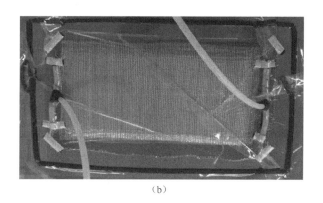

(b)

图 5.15 SMA 复合材料的几何参数和制造方法示意图

4. 接触角观察

为了评价 SMA 丝改性前后的微观形貌，利用扫描电子显微镜（Hitachi S-4300）观察了纤维与基体的界面区域。为了评价 SMA 丝对树脂的润湿性能，对改性前后环氧树脂与 SMA 丝的接触角进行了测量。试验设备如图 5.16 所示。注入器可以滴下液态树脂液滴，CCD 图像传感器可以捕捉液态树脂与固态 SMA 丝之间的接触图像。

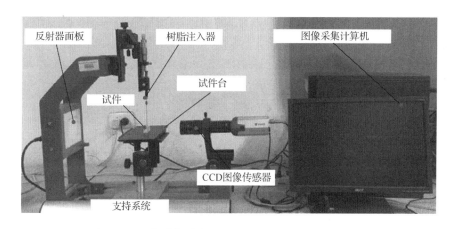

图 5.16 图像采集系统测试 SMA 与环氧树脂的接触角

5.2.2 试验结果和讨论

1. 纤维与环氧树脂接触性能分析

未改性/改性 SMA 丝的代表性 SEM 图像如图 5.17 所示。图 5.17（a）～（d）

分别为未经改性的 SMA 表面图像、涂有纳米二氧化硅颗粒的 SMA 表面图像、经过酸处理的 SMA 表面图像、经过酸处理且涂有纳米二氧化硅颗粒的 SMA 表面图像。如图所示，未改性纤维表面比纳米二氧化硅颗粒涂层 SMA 光滑 [图 5.17（b）]。在图 5.17（c）中可以清楚地观察到酸诱导的压痕，并且纳米二氧化硅颗粒涂层后表面变得更粗糙 [图 5.17（d）]。在复合材料中作为增强相时，这些特征会影响材料的微观力学性能。应注意，试验中的酸处理时间和纳米二氧化硅颗粒含量是可能影响图 5.17 中表面粗糙度的两个因素。在此，我们以 8h 的酸处理和 2% 的纳米颗粒为代表。

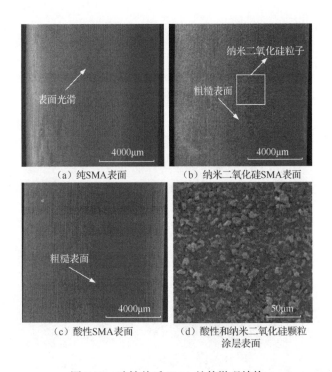

图 5.17　改性前后 SMA 丝的微观结构

图 5.18 显示了 7 种不同 SMA 与液态环氧树脂的接触角测试结果。在图中，平均接触角由以下公式确定：$\cos\overline{\theta} = 0.5(\cos\theta_{adv} + \cos\theta_{rec})$。图中，SMA 丝经酸处理 0~10h，纳米二氧化硅颗粒质量分数为树脂质量的 2%。根据参考文献[305]，我们使用前进角（θ_{adv}）和后退角（θ_{rec}）的平均余弦来估算平均接触角的余弦。

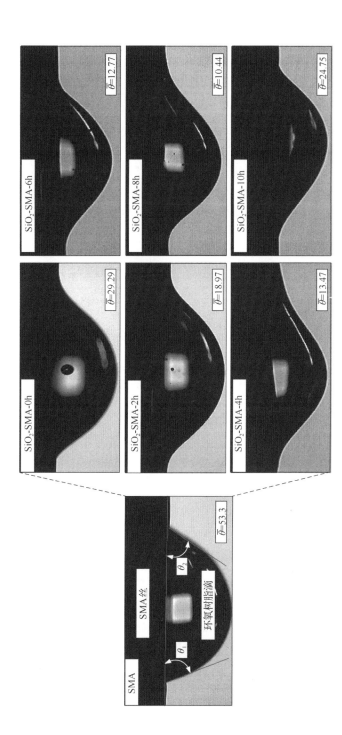

图 5.18　7 种不同 SMA 与液态环氧树脂的接触角测试结果

在图 5.19 中，我们比较了接触角趋势作为样本编号的变化，并通过图中的公式计算了平均角相对于初始试样的减小百分率。如图所示，浸酸 8h 后，表面之间的夹角呈下降趋势，再涂上纳米二氧化硅颗粒经 10h 酸处理后，表面之间的夹角呈上升趋势。具体来说，相对于初始值，它分别减少了 80.41% 和 53.56%。酸处理和纳米颗粒涂层导致的接触角减小可以用 1936 年建立的 Wenzel 模型来解释[306]。Wenzel 认为真实的表面在纳米状态下不是刚性、均匀且平坦的。因此，当液滴穿透粗糙表面或凹槽时，Wenzel 方程如下：

$$\cos\theta_r = r\cos\theta \tag{5.6}$$

式中，θ 为初始接触角，为未改性 SMA 表面与环氧树脂的接触角；r 为实际表面积与投影面积之比（$r \geqslant 1$）；θ_r 为改性 SMA 表面与树脂的表观接触角。

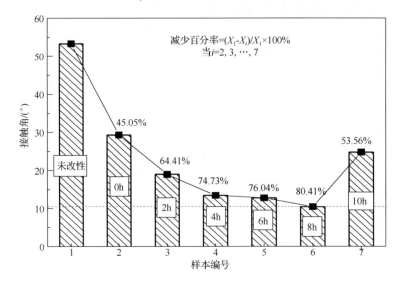

图 5.19　平均接触角与样本编号

因为图 5.18 试验中所有 θ 都小于 90º，而 r 总是大于 1。因此，θ_r 总是小于 θ。对于本节所研究的材料，接触角随表面粗糙度的增大而减小。经酸处理或纳米二氧化硅包覆的 SMA 可以提高表面粗糙度。在图 5.19 中，接触角的变化趋势表明，经过 8h 酸且涂覆纳米二氧化硅粒子后，接触角的最佳值为 10.44º。这一现象可以解释为：酸处理形成的表面沟槽和表面的纳米二氧化硅颗粒之间可能存在着颗粒大小和数量之间的平衡关系。SMA 丝在酸液中浸泡 8h 后，纳米二氧化硅颗粒能充分填充纤维槽，进一步提高粗糙度。但是，当浸泡时间小于 8h 时，形成的凹槽数量较少，纳米二氧化硅颗粒不能有效地黏附。在 8h 以上，槽和颗粒的尺寸不在同一量级，表面粗糙度呈下降趋势。SEM 图像可以提供上述机制的补充信息。图 5.20 显示了纳米二氧化硅颗粒在 SMA 表面分布的 SEM 图像。在图中，用质量分数为 2%的纳米二氧化硅颗粒对 SMA 进行改性，并分别进行酸处理 6h、8h 和 10h。可见，经 8h 酸处理后的 SMA 表面纳米二氧化硅颗粒多于其他情况。

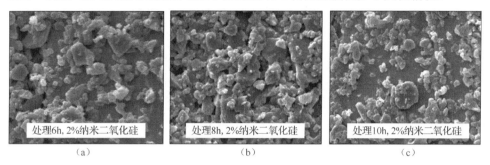

图 5.20　纳米二氧化硅颗粒在 SMA 表面的分布

图 5.21 中的 SEM 图像显示了固化环氧树脂与 SMA 丝之间固-固界面接触性能的微观结构。图 5.21（a）中的 SMA 丝是未经修饰的初始材料，而图 5.21（b）中的 SMA 丝浸入酸中 8h，并涂有质量分数为 2%纳米二氧化硅颗粒。显然，在图中，二维接触区域呈明显的线性形状。在图 5.21（b）中观察到粗糙的界面，接触线相对扭曲。这种微观结构上的差异主要是由于纤维表面的压痕内部存在纳米二氧化硅颗粒。由于酸处理可以在镍钛合金表面形成微缺口，采用 PVD 法包覆的纳米颗粒在微观上与缺口互锁。一部分纳米颗粒进入凹槽内，另一部分保持在纤维外面作为凸起，并且这改善了纤维表面粗糙度。随着粗糙度和接触线的增大，三维情况下两个表面之间的接触面积增大。因此，增加的接触面积将消耗更多的裂纹尖端能量，这是因为裂纹尖端必须沿着界面区域行进更长的路径才能继续扩展。

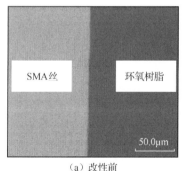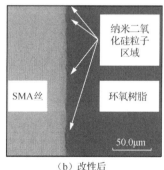

（a）改性前　　　　　　　　　（b）改性后

图 5.21　改性前后 SMA 丝与环氧树脂界面区的微观结构

2. 酸处理对 SMA/环氧复合材料界面强度的影响

单纤维拉拔试验是一种直接测量增强相与基体材料黏接强度的方法。当使用时，将一根单根纤维嵌入聚合物基体中，并在基体固定的情况下将负载施加在纤维端部。拔出试验中可能出现纤维拔出和断裂现象[289]。一般来说，这两种损伤模式取决于施加的载荷以及单根纤维与基体的黏合强度。因此，在拉拔试验之前，我们分别测试了 SMA 复合材料中不同组分的基本力学性能。

图 5.22 给出了包括 SMA 丝和固化环氧树脂铸型在内的拉伸和弯曲性能。由此可见，SMA 丝的拉伸载荷-位移曲线呈线性关系。环氧树脂铸型的拉伸和弯曲

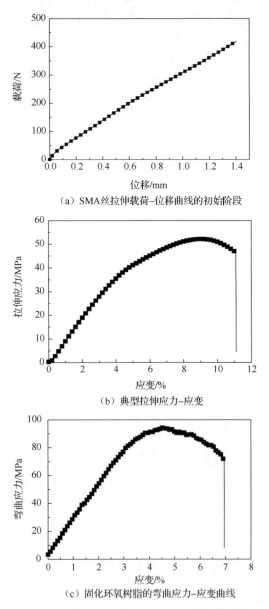

（a）SMA丝拉伸载荷-位移曲线的初始阶段

（b）典型拉伸应力-应变

（c）固化环氧树脂的弯曲应力-应变曲线

图 5.22　SMA/WGF/环氧复合材料中所用材料的基本力学性能

应力也随着应变的增大而增大，当应力增大到最大值后，在特定应变值处出现急剧下降。这进一步在应力-应变曲线上留下了一个小平台，显示了所采用的固化环氧树脂的韧性。

表 5.3 列出了式（5.3）～式（5.5）计算的复合材料中所含材料的力学参数。从表中可以看出，SMA 丝的拉伸强度、破坏应变和模量分别为 1392MPa、13.64% 和 10.2GPa。环氧树脂铸型的三个参数分别为 52.14MPa、8.98%和 0.58 GPa。弯曲强度和应变分别为 94.58MPa 和 4.49%，模量为 2.67 GPa。强度和模量比固化树脂高很多，破坏应变之间的差异也很大。因此，在外力作用下，界面脱黏损伤很容易发生，因为应力必须从基体转变为纤维。

表 5.3　力学测试得到的 SMA 复合材料组分材料力学参数

材料	试验方法	强度/MPa	破坏应变/%	模量/GPa
SMA 丝	拉伸	1392.45±25.37	13.64±1.17	10.2±1.03
环氧树脂	拉伸	52.14±3.67	8.98±0.65	0.58±0.08
	弯曲	94.58±5.28	4.49±0.82	2.67±0.32

图 5.23 显示了单根 SMA 丝拔出试验中的代表性载荷-位移曲线。将 SMA 丝浸入酸中 0～10h，并涂上质量分数为 2%的纳米二氧化硅颗粒（另有一组纯 SMA 丝作为对比）。在拉拔试验中，随着合金丝的逐渐拉拔，载荷随着位移的增大而增大，直至完全脱黏。完全脱黏点在图中用星号标记。完全脱黏后，所有曲线均呈现急剧下降的趋势。这一特性表明，SMA 丝不再附着在基体上，此时只能通过摩擦力来承受外部载荷。

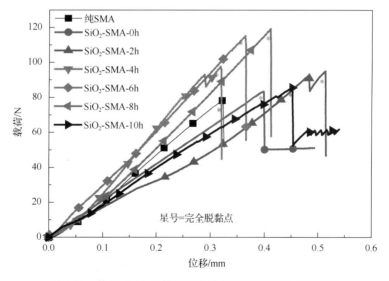

图 5.23　单根 SMA 丝拔出试验中的代表性载荷-位移曲线

图 5.24 比较了根据式（5.2）计算试样的抗剪强度。表 5.4 列出了根据图 5.23 计算的完全脱黏载荷（失效载荷，L_m）和失效位移（D_m）。在表中，我们计算了与初始样本相比修改样本的参数增加百分比。比较表明，酸液处理 8h，纳米二氧化硅包覆的 SMA 丝具有最高的界面强度。脱黏强度提高 52.21%，破坏位移提高 28.12%；这一发现与接触角分析的结果是一致的。

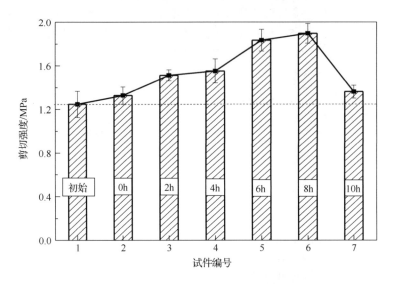

图 5.24　不同改性方法对 SMA/环氧复合材料界面强度的影响

表 5.4　破坏载荷 L_m、位移 D_m 及其增加百分比

项目	初始	0h	2h	4h	6h	8h	10h
L_m/N	78.29±7.53	83.37±5.02	95.03±3.14	97.53±6.91	115.21±6.28	119.17±5.65	85.55±3.76
D_m/mm	0.32±0.03	0.39±0.02	0.51±0.02	0.32±0.04	0.36±0.05	0.41±0.01	0.45±0.03
L_m 增加百分比/%	—	6.48	21.38	24.57	47.15	52.21	9.27
D_m 增加百分比/%	—	21.87	59.37	0	12.5	28.12	40.62

注：增加百分比计算为 $(X_t-X_0)/X_0 \times 100\%$，$X$ 分别为 L_m 和 D_m；X_t 为 t 时的值，X_0 为初始值

在单纤维拔出试验中，出现初始微裂纹有两种情况。微裂纹可能首先形成在纤维与基体的界面区域；微裂纹也可能起源于应力集中度最高的基体，然后裂纹很可能到达界面并沿着纤维延伸。在这两种情况下，裂纹扩展路径可以简单地分为两个方向：沿合金丝长度和逐渐脱黏到径向聚合物基体。理论上，Zhandarov 等[307]已经开发了一个模型，将当前作用力 F 描述为裂纹长度的函数，即

$$F = \frac{\pi d}{\beta}\left\{\tau_d \tanh\left[\beta(l_e - a)\right] - \tau_T \tanh[\beta(l_e - a)]\tanh[\frac{\beta(l_e - a)}{2}] + \beta a \tau_f\right\} \quad (5.7)$$

在函数中，τ_T、τ_f 和 β 分别是由于热收缩引起的残余应力、已经脱胶区域的摩擦应力和修正的剪切参数。

径向拉伸应力 W_a 可表示为

$$W_a = \sigma_{ult}\lambda \qquad (5.8)$$

式中，λ 是分离所需接触面的有效法向位移。

从式（5.7）和式（5.8）可以看出，纤维基体体系的正应力和径向应力主要取决于界面的裂纹长度和结合状态。对于二维情况，我们采用图 5.25 中的三相圆柱模型来解释纳米二氧化硅颗粒涂层和酸处理的增强效果。在模型中，我们将拉拔试样的横截面分为三个阶段，包括 SMA 丝、环氧树脂基体和界面区域。当纤维从基体中拉出时，有三种失效模式：界面黏接失效、界面附近基体黏接失效和界面附近纤维黏接失效[308]。

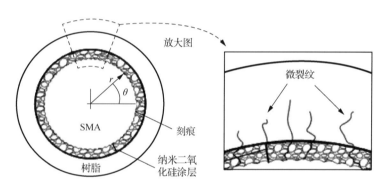

图 5.25　含改性 SMA/环氧复合材料界面区的三相圆柱模型

由于微裂纹是由酸处理形成的并且表面涂有纳米二氧化硅，所以固化后的环氧大分子在力学性能测试中可免受拉伸破坏。环氧聚合物部分可以覆盖粗糙纤维表面的纳米二氧化硅颗粒。这些粒子减少了聚合物基体和 SMA 表面之间的可用自由体积。界面区的纳米二氧化硅颗粒与刻痕互锁，阻碍了高分子的运动，从而使材料中的初始裂纹难以形成。此外，当初始微裂纹在剪应力作用下形成时，纳米二氧化硅颗粒会阻碍裂纹的扩展。这是因为裂纹尖端可能会遇到纳米填料，然后必须改变它们的路径，如图 5.25 所示。因此，改性复合材料在失效过程中会消耗更多的拉拔能量。对于内部没有纳米二氧化硅的缺口，环氧聚合物可以填充到缺口中，进一步提高剪切结合强度。不考虑在基体或键合区形成的初始微裂纹，这种机制是活跃的。这些微裂纹沿着纤维方向传播，其传播路径也显著增加。同时与纳米颗粒的分散有关。众所周知，由于纳米材料具有极高的表面积与体积比，因此很容易发生聚集。如果裂纹尖端与聚集的颗粒相遇并通过它们，则不同颗粒之间的范德瓦耳斯力将消耗大量的能量。这些微观机制增强了临界界面剪切力，在试验中宏观上表现为较大的拉拔载荷。

3. 酸处理对 SMA/WGF/环氧复合材料界面强度的影响

图 5.26 显示了 SMA 丝增强的 WGF/环氧混合复合材料层压板的弯曲应力-应变曲线。我们在一个图形中绘制至少三条测试曲线，以清楚地了解测试结果。如图 5.26 所示，所有应力都随着弯曲应变的增加而增加，然后略有减小，直至试样损坏。我们通过式（5.3）～式（5.5）计算了所研究材料的弯曲强度和应变。从图 5.27 中可以明显看出，纳米二氧化硅包覆 SMA 复合材料层合板的弯曲强度提高了 19.9%，而破坏应变没有变化。酸改性和纳米二氧化硅改性复合材料的强度和破坏应变分别提高了 48.2%和 31.0%。

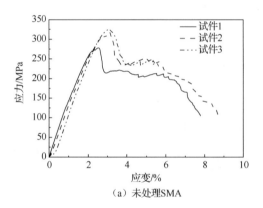

（a）未处理 SMA

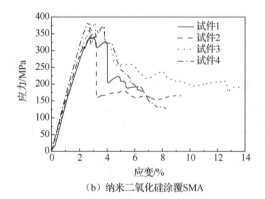

（b）纳米二氧化硅涂覆 SMA

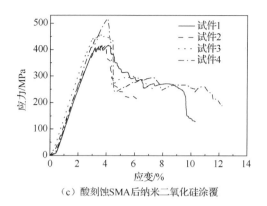

（c）酸刻蚀SMA后纳米二氧化硅涂覆

图 5.26　SMA/WGF/环氧复合材料经不同方法改性后的弯曲应力-应变曲线

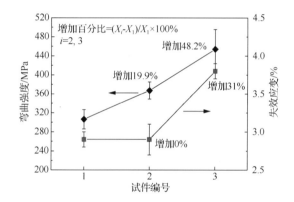

图 5.27　SMA/WGF/环氧复合材料弯曲试验的破坏应力-应变对比曲线

　　复合材料的典型损伤形态如图 5.28 所示。复合材料初始层合板的主要损伤模式有 II 型分层、上接触面压缩损伤和下接触面拉伸损伤。对于纳米二氧化硅颗粒包覆的 SMA 增强复合材料，接触区出现剪切损伤。此外，分层发生在试样的末端。然而，只有压缩和拉伸损伤出现在酸和纳米二氧化硅颗粒改性样品中。

　　如上所述，我们认为机械性能的提高主要归因于界面剪切强度的提高。众所周知，当界面剪应力随载荷的增大而增大时，界面脱黏立即开始，脱黏将导致整体力学性能急剧下降。我们在图 5.29 中通过 SEM 技术观察了受损样品的纤维/基体接触区域。经验证，未经处理的 SMA 样品中发现了较大的界面脱黏区域，并且在图 5.29（b）的纳米二氧化硅颗粒涂层 SMA 样品中也出现了界面脱黏现象。然而，图 5.29（c）中酸和纳米涂覆 SMA 和 WGF/环氧树脂之间的界面结合非常强。这主要是由于环氧树脂分子链及其改性 SMA。

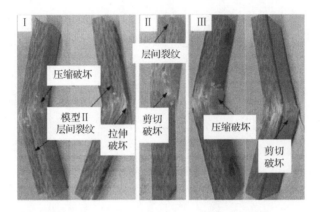

图 5.28　弯曲试验中不同方法改性复合材料宏观损伤形态的比较

（a）未经处理的SMA　　（b）纳米二氧化硅颗粒涂层SMA

（c）酸处理后纳米涂覆SMA

图 5.29　弯曲试验损伤后不同方法改性复合材料的扫描电子显微镜形貌

第6章 GF/pCBT 复合材料的液体成型 工艺及连接方法研究

传统热塑性复合材料无法液体成型、难以制备成高纤维体积分数的高强度复合材料，这一直是限制其在中大型主承力构件中应用的重要因素。新型高性能热塑性 pCBT 复合材料为大型热塑性复合材料承重结构的研制提供了可能，相比于传统的热塑性材料，pCBT 具有超低的熔融黏度、易浸润、可液体成型的特性，通过采用原位聚合技术，把从前仅适用于热固性复合材料制备的液体成型工艺应用到热塑性复合材料的制备中，可以生产出高纤维体积分数、高强度的复合材料，并可以对复合材料进行二次熔融、连接成型。pCBT 的这种加工技术优势和可再熔融连接成型的特征为汽车、航空、船舶等各行业所关注，目前研究开发高性能的工程热塑性复合材料液体成型技术和连接方法已成为重要发展方向。

在汽车工业和材料工业中，液体成型工艺具有克服大中型规模纤维增强塑料生产困难的潜力，为不同的生产规模提供了一条低成本、高效率的工艺路线[309]。在航空工业中，液体成型工艺已经成功应用于高品质航空承力构件的生产，例如 Dowty 航空公司生产的螺旋桨叶片[310]。传统的液体成型工艺属于闭模成型，原理是将纤维预成型体放入模腔内，用液态热固性树脂浸渍，树脂固化后脱模成产品[311]。本章研究的液体成型工艺，用熔融的热塑性 pCBT 树脂对纤维进行浸渍，在浸渍过程中发生树脂的开环原位聚合反应，完全聚合后脱模修整，获得热塑性复合材料产品。与其他的连续纤维增强热塑性复合材料制造技术相比，液体成型工艺具有成本低、投资小、无有害气体排放、可生产的构件范围广，以及可对纤维按结构要求定向铺层设计等诸多优势。

RTM 和 VARIM 是最常见的先进液体成型工艺。这类工艺的共同特点是将一种或多种液态树脂在压力作用下注入闭合模腔中，成型所需压力可通过在模腔内形成真空、重力，或者利用常见的排液泵或压力容器等来提供[312, 313]。本章将对纤维增强 pCBT 复合材料原位聚合成型技术和催化剂投放工艺技术进行研究，从而实现 pCBT 复合材料的液体成型，并对成型后的复合材料层合板熔融连接方法进行研究，为连续纤维增强 pCBT 聚合物基复合材料的工业化和规模化生产提供技术方案。

6.1　GF/pCBT 复合材料的液体成型工艺

6.1.1　试验材料

采用液体成型工艺制备 GF/pCBT 复合材料的试验材料如图 6.1 所示，主要为以下几种材料：

（1）单体及催化剂。环状对苯二甲酸丁二醇酯（CBT-100），美国 Cyclics 公司，使用前烘干处理。锡类催化剂（PC-4101），广州远塑化工科技发展有限公司。

（2）增强体。玻璃纤维布，宜兴市复兴玻璃纤维有限公司，使用前烘干处理。

图 6.1　液体成型工艺制备 GF/PCBT 复合材料的试验材料

6.1.2　热塑性复合材料 RTM 成型设备设计

采用 RTM 工艺制备 GF/pCBT 复合材料研究的初始阶段，还没有适用于热塑性复合材料 RTM 成型工艺的设备。这是由于目前用于热固性复合材料的 RTM 设备加工温度较低、树脂储存罐结构不同等因素，因此本节对一种新型的生产热塑性 CBT 聚合物基复合材料的试验设备进行设计，主要包括模具和注射装置的设计，由北京科拉斯复合材料有限公司进行协助生产。

1. 模具的设计

设计可调节厚度的 RTM 模具用于 CBT 聚合物基复合材料层合板的制备。模具的阴模和阳模均由金属钢质材料制成，预留出加热棒放置孔，可插入电阻棒对模具进行升温加热。在阳模上开树脂注入口，在阴模上开抽真空口，模腔的长和宽分别为 300mm 和 200mm，厚度可在 2～5mm 的范围内调节，模具的设计如图 6.2 所示。纤维增强材料放在阳模和阴模之间，闭合模具，熔融的液态 CBT 通过树脂注入口注入已经抽真空的模腔内，在重力和压力的作用下，对纤维增强体进行充分的浸渍。

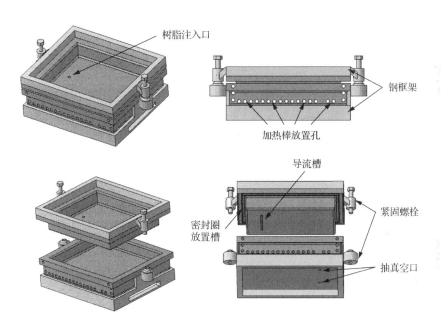

图 6.2　RTM 模具的设计

使用外径 10mm，壁厚 1mm 的紫铜管作为连接模具和注入装置的管路。为防止高温树脂熔体溢出，抽真空管也使用此种金属管路，并且在抽真空管路和真空泵之间连接一个树脂收集器，来保护真空泵不被溢出的树脂侵入。在每次使用模具制备 GF/pCBT 复合材料之前，要在模具内侧涂好脱模剂，以便于对复合材料制品脱模。

2. 注射装置的设计

制备 GF/pCBT 复合材料的注射装置设计必须满足以下要求。首先，为了使

CBT 和其高分子聚合物呈熔融状态，树脂要在真空条件下或者氮气保护的情况下加热到 230℃。其次，在注入之前，催化剂要加入树脂中。为了能引发充分的开环聚合反应，催化剂和 CBT 树脂要混合均匀。为了防止在高温下 CBT 发生氧化反应，在树脂加热之前，要把树脂罐和模具的模腔抽成真空。

注射装置由注射罐和操控中心两部分组成，下面进行具体的介绍。

1）注射压力罐

注射压力罐主要用于 CBT 树脂的加热熔融、CBT 与催化剂的均匀混合和液态树脂的注入，如图 6.3 所示，由以下构件组成：1 为罐盖；2 为树脂熔融罐；3 为起重履带；4 为搅拌电机；5 为树脂注出口；6 为真空压力表；7 为耐高温球阀；8 为催化剂加入口；9 为管路加热器；10 为观察窗；11 为紧固螺栓；12 为温度传感器；13 为搅拌螺旋桨；14 为称重装置。

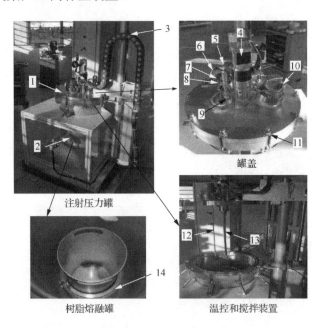

图 6.3　RTM 注射压力罐

2）操控中心

操控中心主要用于控制机器的开关、控制 CBT 熔融树脂注入的开始与停止、连接外设电脑以便观察注入过程参数、导出待分析的各个参数数据等，如图 6.4 所示，由以下构件组成：1 为主电源开关；2 为紧急制动；3 为指示灯；4 为连接电脑九针插头；5 为机器开启键；6 为机器停止键；7 为操控触屏；8 为树脂注入开关；9 为观察窗灯开关。

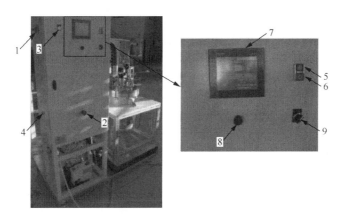

图 6.4　RTM 操控中心

　　操控触屏可以显示四个操作界面，用来对树脂注入过程中的各个参数进行具体设置，如图 6.5 所示。图 6.5（a）操作界面可以控制注射压力，由于 CBT 树脂的熔融黏度非常小，注射压力一般控制在 $0.2\sim0.6$bar(1bar$=10^{5}$Pa)，通过注射压力的设置，从而来调节树脂熔融体在注射管路中的流动速度；还可以在树脂注入之前和注入过程中，对树脂罐中树脂净质量进行自动称量，从而根据剩余树脂的质量计量并显示出已注入树脂质量。图 6.5（b）操作界面为温控界面，用以控制树脂罐、注射管路和注射管口的温度，并且对树脂罐中的树脂温度进行实时测量与显示，同时还设置了树脂注入保护温度，当树脂温度低于设置的保护温度时，按下注射开关，树脂开始会停止注射。树脂注入保护温度是为了防止温度过低而导致树脂难以完全熔化，如果在此时注射，固态树脂会对管路产生阻塞，造成 RTM 仪器的损坏，因此树脂注入保护温度的设置是必不可少的。同时操控触屏还设有树脂罐的抽真空界面和树脂搅拌和质量保护界面，会实时显示出树脂罐中的真空度，并且可以设置抽真空工作时间。在树脂搅拌和重量保护操作界面可以控制树

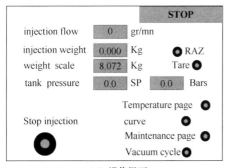

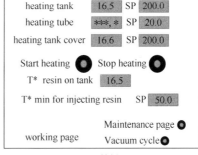

（a）操作界面　　　　　　　　　　　　（b）温控界面

图 6.5　RTM 操控界面

脂罐中搅拌螺旋桨的转动与停止，需在树脂熔融之后开启，否则固体树脂会对螺旋桨的转动产生阻碍，可能导致电机烧坏。搅拌的目的有两个，一是使 CBT 树脂熔体受热更均匀，二是加入催化剂后，使树脂和催化剂能够充分混合；还可以设置一个固定的树脂质量，当树脂罐中的树脂净重小于此值时，注射会自动停止。

6.1.3　RTM 工艺原位聚合制备 GF/pCBT 复合材料

1. 准备工作

CBT 树脂使用前在 105℃真空干燥箱中烘干 12h 除去水分，防止 CBT 在加工过程中受高温后聚合物发生水解反应。干燥温度也可以选取 110℃，烘干 10h，但是一定不要超过 120℃，否则 CBT 树脂易粘连，烘干过的 CBT-100 在空气中的暴露时间一般不要超过 30min，如果一次性烘干的 CBT 树脂过多，要把树脂封装在密封袋中，并放在低温、避光、干燥处保存。

裁剪用于制备复合材料构件合适大小的纤维布，纤维布在使用前需在 130℃真空干燥箱中干燥 3～5h。

2. RTM 制备 GF/pCBT 复合材料步骤

CBT 的聚合反应是一个等温过程，不释放热量，这是 CBT 的一个重要优势，为 CBT 复合材料的闭模生产提供了可行性。采用上节中所述的热塑性复合材料 RTM 成型设备生产热塑性复合材料的具体步骤如下：

（1）在模具内侧涂高温脱模剂或粘贴高温脱模布（若涂高温脱模剂，要待其晾干后再重复此步骤 3～4 次）。

（2）在阴模上铺设裁剪好合适尺寸的纤维布，合模并用螺栓锁紧模具，将模具放置在热压机上。

（3）在模具上连接树脂注入管路和抽真空管路。

（4）将 CBT 树脂加入树脂罐中，对树脂罐抽真空，再注入氮气保护。

（5）对模具抽真空。

（6）将树脂、注入管路、注入接口和模具均加热至 CBT 树脂的最佳聚合温度。

（7）向树脂罐中加入催化剂，开启搅拌螺旋桨，使树脂和催化剂混合均匀。

（8）对树脂罐加压，使树脂开始注入。

（9）注入完毕后，使 CBT 在模具中聚合 20min，再降温至 CBT 的最佳结晶温度，保持 10min，使其充分结晶。

（10）自然冷却后脱模、修整（由于 pCBT 的熔点为 225℃，脱模过程可以在结晶后直接进行，这也是 CBT 树脂的一大优势；但是在实验室的设备条件下，高温脱模不容易实施，因此在模具自然冷却后再对复合材料构件脱模）。

RTM 工艺制备热塑性 CBT 复合材料的工艺流程如图 6.6 所示[114]。其中，t_{stir} 为搅拌时间，t_{fill} 为注入时间，t_{pol} 为聚合时间。V_1，V_i，V_n 代表逐渐递增的注入压力。从图中可以看出，CBT 树脂从催化剂加入后，就开始发生聚合反应，至树脂熔体注入模具后，仍然在浸渍纤维的过程中，发生原位聚合，逐渐转化为 pCBT。

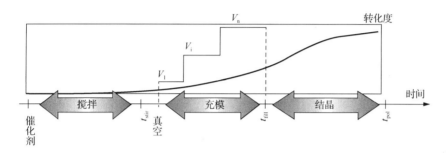

图 6.6　RTM 工艺制备热塑性 CBT 复合材料工艺流程

3. 工艺参数的选取方案

1）增强纤维

连续纤维增强材料可选取玻璃纤维布、碳纤维布和玄武岩纤维布等，本书选取面密度为 300g/m² 的单向玻璃纤维布，设计不同的铺层层数和铺层角度，来研究 GF/pCBT 复合材料的力学性能。

2）树脂罐、注入管路、注入口、模具温度

根据文献[124]，CBT 的聚合温度选取范围在 210～240℃。本书第 2 章中已经通过 DSC 分析和力学性能分析给出了在新型催化剂 PC-4101 作用下，CBT 的最佳聚合温度为 230℃，并且在 230℃下 CBT 树脂也可以熔融成黏度极低的熔体。因此，树脂罐、注入管路、注入口的温度均选取 230℃，模具的初始温度也选取 230℃，待 CBT 完全聚合后，模具温度降低到 pCBT 的最佳结晶温度 190℃，使其充分结晶。

3）催化剂加入后搅拌时间

催化剂加入后搅拌时间通常在 15～20s。若搅拌时间过短，催化剂和树脂难以混合均匀；若搅拌时间过长，CBT 在树脂罐中过多的聚合转化成高分子链状 pCBT，由于 pCBT 树脂的黏度很大，使树脂罐中的树脂混合物熔体的黏度也大大的提升，高黏度的树脂难以对纤维进行完全的浸润。如图 6.7 所示，当搅拌时间为 35s 时，制备的 GF/pCBT 复合材料层合板中部靠近导出口处出现较大面积的不完全浸渍区域；当搅拌时间为 25s 时，层合板中部略靠近导出口处出现小面积干斑。

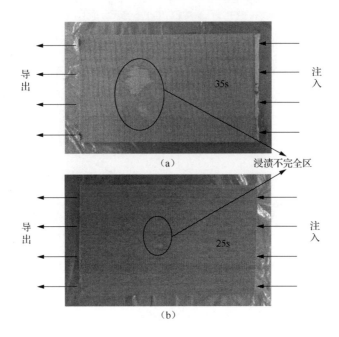

图 6.7　搅拌时间对 GF/pCBT 复合材料浸渍的影响

4）注入压力

对树脂施加的注入压力通常在 0.2~0.6bar，随着 CBT 聚合反应的进行，转化成的 pCBT 树脂不断增加，树脂熔体黏度升高，所以对树脂施加的压力也要逐渐的增大，才能保证树脂可以顺畅地注入[314]。但是，树脂罐中的树脂熔体在刚开始注入时黏度较小，而且模具中是抽真空的，模具对罐中的树脂有一个负压，所以在树脂罐中施加的压力不宜过大[315, 316]。若施加过大的压力，则会制备出如图 6.8 所示的 GF/pCBT 复合材料层合板，层合板表层的单向纤维会被大流速的树脂熔体冲弯。

图 6.8　过大的注入压力对 GF/pCBT 复合材料层合板的影响

本节设计了用于制备热塑性复合材料的 RTM 设备，此设备在传统 RTM 设备基础上进行了改造，使用 RTM 工艺生产热塑性复合材料成为可能，但是此种工艺也存在着一些不足之处。首先,此工艺在生产 CBT 聚合物基复合材料时,即使生产小试样,也需要消耗大量的 CBT 树脂,不适合在实验室中制备用于研究的小复合材料试样。其次,RTM 设备在工作过程中,需要消耗大量的能源,增加了复合材料的生产成本。最后,催化剂加入树脂罐后,过长的搅拌时间会增大树脂熔体黏度,而较短的搅拌时间,树脂和催化剂难以完全的混合,这样可能导致生产出的 GF/pCBT 复合材料层合板存在性能较薄弱的区域,在实际应用中此区域会出现承载能力上的缺陷。另外,RTM 设备在制备复合材料后,由于催化剂是加入树脂罐中,在罐中已经发生了 CBT 的初步聚合反应,聚合后的 pCBT 硬度较大,而且容易附着在树脂罐和注入管壁上,这给清理仪器带来了困难。通常采用加热熔融的方式对设备进行清理,但是 pCBT 熔融后的黏度较高,清理过程也比较困难。针对 RTM 工艺存在的问题,作者团队研发了新型的高性能热塑性复合材料的液体成型工艺。

6.1.4　改进的液体成型加工工艺制备 GF/pCBT 复合材料

由于 CBT 树脂具有极低加工熔融黏度的特点,热固性复合材料的 VARI 工艺也可用于制备高质量的热塑性复合材料部件,该工艺简单易行;同时由于成型压力仅为大气压,不需要大型加压设备,制造成本低。如图 6.9 (a) 所示,采用 VARI 工艺生产 CBT 复合材料的基本原理是:在真空负压条件下,利用 CBT 树脂的流动和渗透,在真空辅助条件下,实现对密闭模腔内的纤维织物增强材料的浸渍,然后聚合结晶成型,冷却脱模。Parton[122]等采用此工艺,成功制备了 CBT 基复合材料,并对其工艺参数和复合材料的力学性能进行了研究。目前,采用 VARIM 工艺已经成功制备出 CBT 复合材料风力发电机的叶片。

对于应用在主承力构件的高强度连续纤维增强 pCBT 复合材料的制备,VARIM 工艺存在一些问题。由于 VARIM 工艺在制备复合材料的过程中,仅通过模具真空负压吸入树脂熔体,因此难以制备高纤维体积分数的复合材料。采用 VARIM 工艺制备的 GF/pCBT 复合材料,纤维体积分数约为 50%[171]。同时,VARI 工艺大多应用于常温下制备树脂基复合材料,而 CBT 的聚合反应过程需要在 230℃的高温下进行,这增加了后者的试验难度,且温度控制难以保证非常精确,在一定程度上可能会影响最终所制备复合材料构件的性能,并且在操作过程中因需要加热到较高温度,这对研究人员存在着一些不安全因素。综上所述,本书对 RTM 工艺 [图 6.9 (b)] 和 VARIM 工艺 [图 6.9 (a)] 进行了改进,提出了一种新型的液体成型工艺 [图 6.9 (c)][317]。本书所研究的复合材料试样都使用此改进后的工艺方法进行制备。

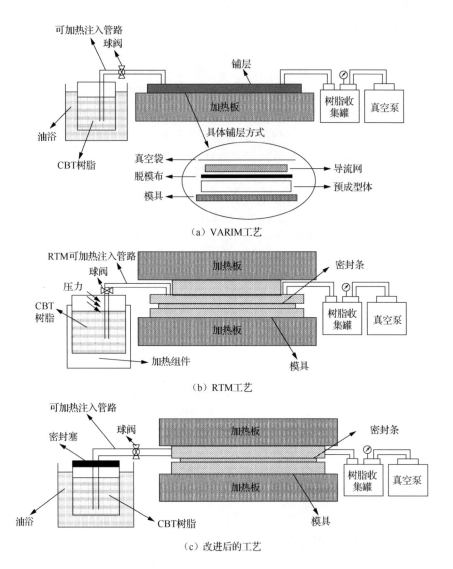

图 6.9　三种液体成型工艺制备 GF/pCBT 复合材料示意图

经改进的液体成型工艺，是以 RTM 和 VARIM 的工艺原理为基础，与热压工艺相结合，进而提出的一种高性能、低成本的复合材料成型工艺，用此成型工艺制备的单向玻璃纤维增强 pCBT 复合材料的纤维体积分数最高可达到 75%。

目前，对于连续纤维增强 CBT 聚合物基复合材料的制备工艺，催化剂的添加方式都是直接加入树脂中，CBT 树脂熔融体在加入催化剂后会立即发生聚合反应，在注入时一部分 CBT 已经发生了开环聚合反应转化成了 pCBT，导致树脂混合物的熔体黏度迅速增加，不能很好体现出 CBT 树脂极低加工黏度的特性，影响了树脂的注入和树脂基体对纤维增强材料的浸渍。因此关于催化剂的添加技术仍有待改进和开发。本书采用一种新型的催化剂添加技术，将催化剂溶解于可挥发溶剂中，然后附着在待浸润的纤维布表面。这样在空间上使 CBT 树脂和催化剂隔离开来，树脂注入时黏度低至 0.01Pa·s，像水一样，当树脂注入模具后才开始在纤维布表面发生原位聚合，并且树脂罐中的树脂是未聚合的 CBT，后续便于对容器的清理。

催化剂引入纤维布表面的方法如下所述，称取使 CBT 充分聚合所需质量的催化剂 PC-4101，倒入装有异丙醇溶液的烧杯中。由于异丙醇溶液沸点较低，为 80℃，为防止在溶解过程中异丙醇的挥发，用铝箔纸将烧杯口封住。再利用磁力搅拌器在 75℃下对溶液搅拌 10min，直到溶液呈均匀透明状，此时催化剂已经完全溶解在异丙醇中。把玻纤布完全浸润在此溶液中，放入 130℃烘箱中，烘干 30min，中途把纤维布翻面，这样催化剂便附在了纤维布表面。表面引入催化剂前后的玻璃纤维的 SEM 图如图 6.10 所示，从图中可以看出通过以上方法可以将催化剂颗粒有效地黏接在纤维表面。

（a）引入前　　　　　　　（b）引入后

图 6.10　表面引入催化剂前后的玻璃纤维 SEM 图

下面对采用上述工艺制备 GF/pCBT 复合材料层合板的具体步骤进行详细说明：

（1）按照模具尺寸，裁剪成 30cm×20cm 的玻璃纤维布，对纤维布表面进行催化剂附着处理。

（2）在模具内贴好高温脱模布，埋入高温密封条，放入纤维增强材料，如图 6.11 所示。

图 6.11　铺有玻璃纤维布的模具

（3）在模具上连接带有阀门的树脂注入管路和抽真空管路，在连接处缠高温密封胶，将模具放置在 230℃的热压机上预热，如图 6.12 所示。

图 6.12　连接注入管路和抽真空管路

（4）烘干后的 CBT 树脂使用油浴加热至 230℃，如图 6.13 所示。当升温至160℃时，靠近加热板的 CBT 树脂开始熔化，远离加热板的树脂呈白色糊状；当升温至230℃时，CBT 树脂受热均匀后呈淡黄色水状液体。

（a）室温　　　　　　　（b）160℃　　　　　　　（c）230℃

图 6.13　CBT 树脂熔融过程

（5）对模具抽真空，保持 30min，如模具内仍为真空，表示模具密封性良好，即可开始注入。

（6）将树脂注入管口并没入融化后的 CBT 树脂中，打开注入管路阀门，CBT树脂熔体在真空作用下被吸入模具中，待抽真空管路中有树脂流出时，关闭注入管路阀门，如图 6.14 所示。

（7）待树脂灌注完毕后，使用热压机对模具施加 5MPa 压力，在 230℃保持20min，再降温至 190℃保持 10min，自然冷却后脱模、修剪，如图 6.15 所示。

图 6.14　CBT 树脂的注入

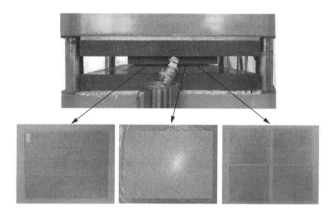

图 6.15　模具加压和脱模后制件

采用 SEM 对制备的 GF/pCBT 复合材料进行观察，由于玻璃纤维和 pCBT 树脂都不导电，在观察前要对样品表面进行喷金处理。放大 1000 倍和 3000 倍的电镜扫描结果如图 6.16 所示，从图中可以观察到，每根玻璃纤维上都包覆着树脂基体，pCBT 树脂对纤维的浸润情况良好。

图 6.16　GF/pCBT 复合材料的 SEM 图

采用改进后的液体成型工艺与热压工艺相结合的方法，根据 CBT 低黏度的特征，利用树脂在真空负压条件下的流动和渗透实现对密闭模腔内的纤维织物增强材料的浸渍，此方法工艺简单、成本低廉、安全环保、生产效率高。这种工艺方法在通过真空将树脂吸入模具后，又使用热压机对模具施加压力，所制备的复合材料层合板的纤维含量得到了大幅提升，制品力学性能优异。此工艺也存在缺点，与 VARIM 工艺相同，加热方式是采用开放的油浴加热，不是足够的安全。但是，权衡利弊，此工艺方法的优势远多于不足，因此本章选用此工艺来制备下文所要研究的玻璃纤维增强 pCBT 复合材料层合板。

6.2　GF/pCBT 复合材料的连接方法

纤维增强 pCBT 复合材料大型构件的制备要通过连接技术来实现，此技术方法为加热复合材料待连接面，使待连接面处树脂基体发生局部熔融，再使树脂冷却固结，与传统的连接技术相比较，具有应力集中不显著、结构重量轻、密封性好、无磁性、表面平整光滑等优点[318-320]。下面针对 GF/pCBT 复合材料的熔融连接工艺和连接方案进行详细的说明。

制备待连接 GF/pCBT 层合板试样的模具如图 6.17（a）和图 6.17（b）所示，阴模选用硬度较大的钢质材料，表面不易损伤；阳模材料为铝质，密度较小，易于合模、脱模。模具内腔尺寸为 300mm×200mm×2.4mm，在模腔内有可上下移动的包覆高温脱模布的钢片，为便于在注入过程中 CBT 树脂的流动，需在钢片上进行打孔。制备复合材料时，钢片处不铺设增强纤维布。树脂对增强纤维进行充分的浸渍，待完全聚合后，冷却脱模，制件如图 6.17（c）和图 6.17（d）所示，所得的复合材料层合板制件带有凹凸槽，凹槽处就是铺设纤维时钢片所在的位置，可以通过放置不同的钢片数量、选用不同厚度的钢片和设定钢片上下位置来制备不同结构的带凹凸槽的 GF/pCBT 层合板，用于 GF/pCBT 复合材料连接接头的制备。

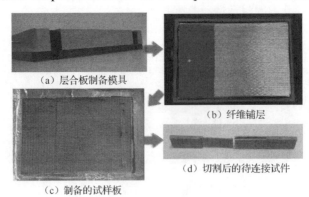

（a）层合板制备模具

（b）纤维铺层

（c）制备的试样板

（d）切割后的待连接试件

图 6.17　制备待连接的 GF/pCBT 层合板试样的模具

　　复合材料的连接方式如图 6.18 所示。将已制备的带凹凸槽的两块 GF/pCBT
复合材料层合板交叉对接，使用外力将其插紧之后，放入模具中加热连接。

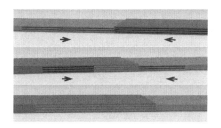

图 6.18　GF/pCBT 层合板的连接示意图

　　用于 GF/pCBT 复合材料层合板熔融连接的模具设计如图 6.19（a）和图 6.19（b）
所示，在模具中打通孔，用于加热电阻棒的插入。使用加热棒对待连接区域加热
至 240℃保持 30min，再降温至 190℃保持 10min，自然冷却后脱模。所制备的
GF/pCBT 复合材料连接接头如图 6.19（c）所示，用于对熔融接头的结构设计和
力学性能进行研究。

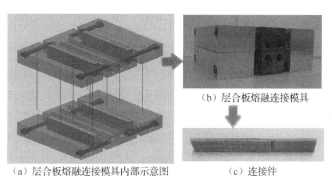

（b）层合板熔融连接模具

（a）层合板熔融连接模具内部示意图　　　　　（c）连接件

图 6.19　GF/pCBT 复合材料的熔融连接接头的制备

6.3　GF/pCBT 层合板及接头力学性能试验研究

　　力学性能测试是复合材料使用的根据和保证，尤其对于通常应用于承载结构
中的连续纤维增强树脂基复合材料，其力学性能的研究更是必不可少的前提。由
于试验方法、要求的仪器和设备相对简单，用于测定层合纤维复合材料力学性能
的拉伸和弯曲试验已扩展到了整个工业领域。
　　采用本书前述的复合材料成型工艺制备的 GF/pCBT 复合材料，由于其高纤维
含量的特点，可以作为有效的主承载结构，应用在多个工业领域。为了更好适
应不同应用领域的需求，本章对 GF/pCBT 复合材料层合板的力学性能进行系统分

析。另外，GF/pCBT 复合材料熔融接头的连接结构设计方案多种多样，本章将针对不同连接形式接头的承载能力和失效模式进行试验研究。主要通过拉伸试验和弯曲试验，确定出 GF/pCBT 层合板和接头的力学性能，观察破坏的性质，了解其最大拉伸、弯曲应力和破坏发生的方式，并从宏观和微观的角度给出其失效模式分析。

6.3.1　GF/pCBT 层合板及接头的力学测试

增强材料选用厚 0.2mm、面密度 300g/m^2 的单向玻璃纤维织物，基体选用 CBT 树脂聚合物，制备 0° 方向有平行纤维的 GF/pCBT 复合材料层合板和熔融连接接头件。试样的取位避开有气泡、分层、褶皱、翘曲、树脂淤积和铺层错位等有缺陷的区域，取样前要把制得的复合材料层合板的工艺毛边切除，从距修剪后的板材边缘 30mm 处开始纵向切割取样，在切割时要防止试样产生分层、刻痕和局部挤压等机械损伤。试样尺寸测量精确到 0.01mm，试验前，试样在实验室标准环境条件下放置 24h。每组相同的力学性能试样选取 5 个有效试样，测得数值后取平均值。下面分别对 GF/pCBT 层合板和接头的拉伸试验和三点弯曲试验进行详细说明。

1. GF/pCBT 复合材料的拉伸试验

GF/pCBT 单向纤维增强复合材料的拉伸性能测试按照 ASTM D638 标准，试样为单向 0° 铺层的纤维增强复合材料层合平板和连接结构板。为防止夹具对复合材料的损伤，选用厚度为 2mm 的铝板制作成加强片黏接在试样两端，采用单根试样黏接方式，加强铝片与试样同宽。在黏接时，要用细砂纸打磨黏接表面，再分别用乙醇和丙酮对试样和铝片黏接面清洗，在这个过程中注意不要损伤材料强度。然后用环氧胶黏剂进行黏接，对黏接部件施加压力，直至胶黏剂完成固化。试样尺寸如图 6.20 所示。

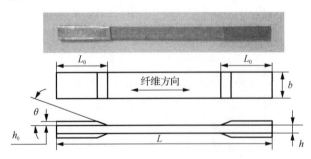

图 6.20　拉伸试验的试样尺寸

图中，L 为试样长度；b 为试样宽度；h 为试样厚度；h_0 为加强片厚度；L_0

为加强片长度；θ 为加强片斜削角。对于 GF/pCBT 复合材料拉伸性能测试，参数选取：$h_0=2mm$，$L_0=50mm$，$\theta=30°$。GF/pCBT 层合板的尺寸为：$L=230mm$，$b=12.5mm$，$h=2.4mm$。GF/pCBT 接头的尺寸为：$L=190mm$，$b=15mm$，$h=2.4mm$。

针对不同催化剂质量分数、不同纤维体积分数的 GF/pCBT 复合材料层合板和不同连接方式、不同连接长度的 GF/pCBT 接头，测试试样在室温下、在高温时和受高温又冷却到室温后的拉伸力学性能。采用如图 6.21（a）所示的 Instron-4505 电子万能材料试验机进行室温力学测试，采用如图 6.21（b）所示的 Instron-5500R 电子万能材料试验机进行高温下的力学性能测试，试验加载速度均为 2mm/min。

（a）Instron-4505　　　　　　（b）Instron-5500R

图 6.21　室温和高温下的拉伸试验

试样的拉伸强度由式（6.1）计算：

$$\sigma_t = \frac{P_t}{b \cdot h} \tag{6.1}$$

式中，σ_t 为拉伸强度，单位为 MPa；P_t 为试样拉伸破坏时的最大载荷值，单位为 N；b 为试样宽度，单位为 mm；h 为试样厚度，单位为 mm。

试样的拉伸弹性模量由式（6.2）计算：

$$E_t = \frac{k_t l_0}{b \cdot h} \tag{6.2}$$

式中，E_t 为拉伸弹性模量，单位为 MPa；l_0 为测量的标距，单位为 mm；k_t 为拉伸载荷-位移曲线上初始直线段的斜率。

2. GF/pCBT 复合材料的三点弯曲试验

单向 0° 纤维增强的 GF/pCBT 层合板和接头的弯曲性能测试按照 ASTM-D790—2017 标准。三点弯曲试验的试样尺寸和加载方式如图 6.22 所示。

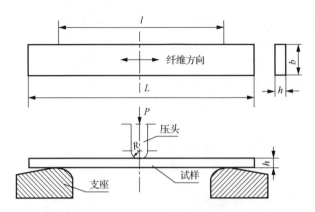

图 6.22　三点弯曲试验的试样尺寸和加载方式

　　图中，L 为试样长度；b 为试样宽度；h 为试样厚度；l 为跨距；R 为压头半径。GF/pCBT 复合材料层合板弯曲试验的参数选取：L=55mm，b=12.5mm，h=2.4mm，l=40mm，R=5mm。GF/pCBT 接头三点弯曲试验参数分别为：L=190mm，b=15mm，h=2.4mm，l=100mm，R=5mm。

　　分别对不同的 GF/pCBT 复合材料层合板和接头进行三点弯曲力学性能试验，室温下的弯曲性能测试如图 6.23（a）所示，高温下的弯曲试验如图 6.23（b）所示，层合板的加载速度均为 2mm/min，接头的加载速率为 4mm/min。

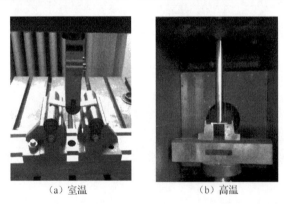

（a）室温　　　　　　　　　　（b）高温

图 6.23　室温和高温下的三点弯曲试验

　　弯曲强度为

$$\sigma_f = \frac{3P_f \cdot L}{2b \cdot h^2} \qquad (6.3)$$

式中，σ_f 为弯曲强度，单位为 MPa；P_f 为试样弯曲破坏时的最大载荷，单位为 N；L 为跨距，单位为 mm；b 为试样宽度，单位为 mm；h 为试样厚度，单位为 mm。

弯曲模量为

$$E_f = \frac{k_f L^3}{4b \cdot h^3} \qquad (6.4)$$

式中，E_f 为弯曲模量，单位为 MPa；k_f 为弯曲载荷-位移曲线上初始直线段的斜率。

6.3.2　GF/pCBT 层合板的力学性能分析

1. 催化剂质量分数对 GF/pCBT 层合板力学性能的影响

为考察 CBT 在聚合过程中催化剂质量分数对 GF/pCBT 复合材料力学性能的影响，对以 0.3%、0.4%、0.5%、0.6%和 0.7%为催化剂质量分数，聚合成的五组纤维体积分数均为 70%的 GF/pCBT 单向纤维增强层合板试样进行纵向拉伸和三点弯曲性能研究。

图 6.24 为催化剂用量对 0° 单向玻纤增强 pCBT 复合材料层合板拉伸力学性能的影响。从图中可以看出，催化剂质量分数从 0.3%增加到 0.6%的过程中，复合材料的拉伸强度和拉伸模量均随催化剂质量分数的增加而提高，这是由于催化剂质量分数的增加使 CBT 的聚合和结晶更加充分，pCBT 树脂基体的拉伸力学性能提高，GF/pCBT 层合板的拉伸强度和模量也随之增大。当催化剂和 CBT 的质量分数高于 0.6%时，pCBT 基体的力学性能已经不再提升，因此催化剂质量分数继续增加到 0.7%时，GF/pCBT 复合材料层合板的拉伸强度和拉伸模量不再增加，且稍有降低。图 6.24 中催化剂质量分数在 0.6%～0.7%时，拉伸力学性能略有小幅度的下降，这可能是由于过多的催化剂以少量杂质的形式存在在复合材料层合板中而导致的。

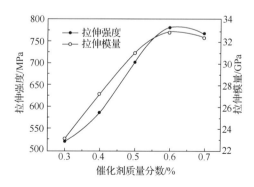

图 6.24　催化剂质量分数对 GF/pCBT 层合板拉伸性能的影响

图 6.25 为单向 GF/pCBT 层合板的弯曲强度和弯曲模量随催化剂质量分数的变化曲线。从图中可知，与拉伸性能的变化趋势相似，当催化剂质量分数在 0.3%～

0.6%范围内，层合板弯曲力学性能和催化剂质量分数成正比；当催化剂质量分数在 0.6%~0.7%范围内，弯曲强度趋于一个定值，而弯曲模量开始下降，这表明层合板中由多余催化剂充当的杂质对弯曲模量有所影响。

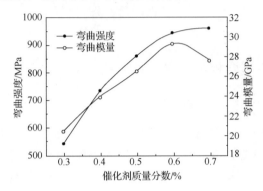

图 6.25　催化剂质量分数对 GF/pCBT 层合板三点弯曲性能的影响

　　GF/pCBT 复合材料层合板的弯曲失效模式为试样上表面 pCBT 树脂的压缩破坏和试样下表面玻璃纤维的拉伸断裂与损伤破坏，失效照片如图 6.26 所示。

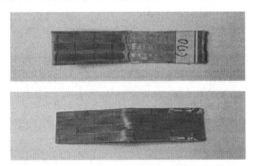

图 6.26　GF/pCBT 层合板的弯曲失效图

　　表 6.1 给出了单向玻璃纤维增强 pCBT 复合材料层合板拉伸和三点弯曲力学测试数据，对催化剂用量与 GF/pCBT 复合材料力学性能的关系进行了定量分析。从表中可以得出，采用改进后的液体成型工艺结合热压工艺，制备的纤维体积分数为 70%的 GF/pCBT 层合板，当催化剂质量分数为 0.6%时，复合材料层合板的力学性能最佳，拉伸强度为 780.1MPa，拉伸模量为 32.8GPa，弯曲强度为 943.2MPa，弯曲模量为 29.3GPa。与催化剂质量分数为 0.3%时相比，拉伸强度、拉伸模量、弯曲强度、弯曲模量依次提高了 49.4%、42.0%、73.0%和 42.9%；与催化剂质量分数为 0.7%时相比，力学性能变化不大，拉伸强度和模量分别提高了 1.8%和 1.5%，弯曲模量提高了 6.2%，弯曲强度下降了 1.8%。综上所述，催化剂质量分数为 0.6%时力学性能最佳。

表 6.1　不同催化剂质量分数制备的 GF/pCBT 层合板拉伸和弯曲力学测试数据

催化剂质量分数/%	拉伸强度/MPa	拉伸模量/GPa	弯曲强度/MPa	弯曲模量/GPa	纤维体积分数/%
0.3	522.6	23.1	545.5	20.5	70
0.4	587.4	27.2	736.3	24.0	70
0.5	703.3	30.9	862.9	26.5	70
0.6	780.1	32.8	943.2	29.3	70
0.7	766.4	32.3	960.7	27.6	70

2. 纤维体积分数对 GF/pCBT 层合板力学性能的影响

在复合材料细观力学分析、计算和设计中，纤维体积分数 V_f 是一个很重要的参数，其大小对复合材料的力学性能有较大的影响[321]。体积分数过低，不能充分发挥复合材料中增强材料的作用；体积分数过高，由于纤维和基体间不能形成一定厚度的界面过渡层，无法承担基体对纤维的力传递，也不利于复合材料力学强度的提高[322]。所以，合理纤维体积分数的设计是 GF/pCBT 复合材料强度设计中的重要环节。本节针对纤维体积分数对 GF/pCBT 复合材料层合板抗拉和抗弯强度的影响进行研究。

本节通过对试样不进行破坏的密度法测量 GF/pCBT 层合板的纤维体积分数，测定时必须选取不含有气泡的试样，否则计算结果会偏小[323]。此方法需要测定 GF/pCBT 复合材料的体积密度、增强玻璃纤维的体积密度和 pCBT 树脂的体积密度，便可以计算出 GF/pCBT 层合板的纤维体积分数[324]，计算原理为

$$\rho_g V_g = \rho_c V_c - \rho_r (V_c - V_g) \tag{6.5}$$

式中，V_g 为玻璃纤维的体积，单位为 cm^3；V_c 为复合材料的体积，单位为 cm^3；ρ_g 为玻璃纤维的体积密度，单位为 g/cm^3；ρ_c 为复合材料的体积密度，单位为 g/cm^3；ρ_r 为所用树脂的体积密度，单位为 g/cm^3。

经转化可得纤维体积分数 V_f 的计算公式为

$$V_f = \frac{V_g}{V_c} = \frac{\rho_c - \rho_r}{\rho_g - \rho_r} \tag{6.6}$$

为研究 GF/pCBT 复合材料层合板纤维体积分数对其力学性能的影响，采用改进的液体成型工艺和热压工艺相结合的技术，选用质量分数为 0.6% 的催化剂，制备可应用于主承载结构的高纤维体积分数的 0° 单向 pCBT 树脂基玻纤增强复合材料层合板，纤维体积分数分别为 50%、60%、65%、70% 和 75%，对制得的层合板试样进行拉伸试验和三点弯曲试验。

拉伸试验测得的纤维体积分数对 GF/pCBT 层合板拉伸强度的影响如图 6.27

所示。显而易见，玻璃纤维的力学性能要远高于 pCBT 树脂基体的力学性能，在测试范围内，纵向拉伸强度 σ_t 随着纤维体积分数 V_f 的增加而提升，而且它们呈线性的正比变化趋势，这个线性函数数值拟合公式为

$$\sigma_t = 10.8V_f + 24.6 \qquad (6.7)$$

式中，σ_t 的单位为 GPa。

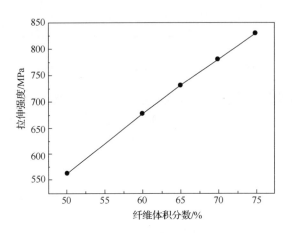

图 6.27　纤维体积分数对 GF/pCBT 层合板拉伸强度的影响

　　复合材料纵向拉伸强度随纤维体积分数变化的理论分析已经有许多研究结果，文献中介绍了纤维增强复合材料的力学性能和纤维填充率的理论关系[325, 326]。假设纤维和树脂的界面充分结合，复合材料中没有气泡和孔隙，拉伸强度 σ_t 和纤维体积分数理论上的函数关系可简化为如下公式：

$$\sigma_t = \sigma_f \cdot V_f + \sigma_m^* \cdot (1 - V_f) = (\sigma_f - \sigma_m^*) \cdot V_f + \sigma_m^* \qquad (6.8)$$

式中，σ_t 为纤维拉伸强度；σ_m^* 为树脂基体应变等于纤维断裂应变时基体的应力[327]。

　　将试验测量所得的 σ_f 和 σ_m^* 的数据代入式（6.8），可得纤维增强 pCBT 复合材料层合板的纵向拉伸强度和纤维体积分数的函数关系式如下：

$$\sigma_t = 11.3V_f + 23.8 \qquad (6.9)$$

　　GF/pCBT 复合材料层合板纵向拉伸强度和纤维体积分数的理论［式（6.9）］与试验所得的函数关系［式（6.7）］非常相近。通过理论计算得到的随纤维体积分数变化的拉伸强度与实际试验中所得的拉伸强度如表 6.2 所示，将它们进行比较，可知理论预测值比实测值略大，拉伸强度值平均大 4.35%，偏差较小，总体来说吻合性较好。

表 6.2　不同纤维体积分数的 GF/pCBT 层合板拉伸和弯曲力学数据

纤维体积分数/%	拉伸强度（试验）/MPa	拉伸强度（理论）/MPa	相对误差/%	弯曲强度（试验）/MPa
50	560.4	588.8	5.07	690.6
60	676.8	701.8	3.69	870.5
65	731.6	758.3	3.65	956.2
70	780.1	814.8	4.45	943.2
75	830.5	871.3	4.91	870.8

　　图 6.28 为 GF/pCBT 层合板弯曲强度随纤维体积分数 V_f 变化的试验结果。由图可见，纤维体积分数在 50%～65%时，随着纤维体积分数增加，复合材料层合板试样的抗弯强度 σ_f 迅速增大；当纤维体积分数达到 65%左右时， σ_f 达到最大值，之后随 V_f 的增加而降低。在试验条件下，所得到的三点弯曲强度数值如表 6.2 所示，抗弯强度最高值为 956.2MPa。

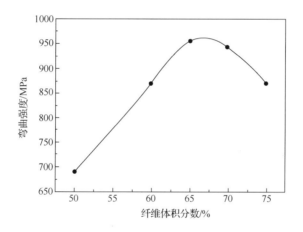

图 6.28　纤维体积分数对 GF/pCBT 层合板弯曲强度的影响

　　对于连续玻璃纤维增强 pCBT 复合材料而言，当纤维体积分数较低时，纤维不能起到有效的增强作用，所以弯曲强度较低，随着纤维体积分数的逐渐增加，抗弯强度有所提高。GF/pCBT 层合板在断裂过程中，吸收能量的主要机制是脱胶，所以在混合均匀的条件下，纤维体积分数在一定范围内时，纤维体积分数越高，则断裂过程中界面破坏所吸收的能量就越多，基体中的裂纹越不容易扩展，复合材料的强度越高[328, 329]。此时的破坏形式如图 6.29 上部的层合板所示，主要的失效模式为靠近试样上表面处的树脂基体的压缩失效和靠近试样下表面处纤维的拉伸失效。但纤维体积分数过高时，复合材料中玻璃纤维之间会出现偏聚现象，偏聚区的玻璃纤维呈束状或呈相互搭结状分布，由于偏聚区的存在影响了复合材料内部形成的结构，从而导致复合材料试样的弯曲强度下降[330]。另外，由于混料条件的限制，大量纤维不但不能有效起到增强作用，纤维聚集区反而还会成为新的薄弱环节，在弯曲应力作用下该处很容易破坏，所以复合材料的三点弯曲强度反而开始下降[331]。此时试样的破坏形式如图 6.29 中靠近下方的层合板所示，树脂基体的压缩破坏和纤维的分层失效同时发生。故纤维体积分数过高，并不利于 GF/pCBT 复合材料弯曲强度的提高。

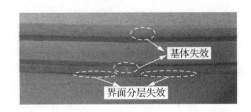

图 6.29　不同纤维体积分数的 GF/pCBT 复合材料试样弯曲失效模式

纤维体积分数从 65% 增至 70% 时，拉伸强度增大了 48.5MPa，弯曲强度下降了 13MPa，下降幅度较小；而纤维体积分数从 70% 增至 75% 时，拉伸强度增大了 50.4MPa，弯曲强度下降了 72.4MPa，虽然在此纤维体积分数区间拉伸强度提升，但是弯曲强度下降幅度很大。综合考虑试样的拉伸和弯曲力学性能，本书在接下来的研究中选用纤维体积分数为 70% 的复合材料试样。

3. 高温对 GF/pCBT 层合板力学性能的影响

随着复合材料应用领域的不断扩大，GF/pCBT 构件会受到不同环境温度影响，为进一步实现复合材料在热结构件上的应用，本节借助三点弯曲试验，选用纤维体积分数为 70% 的 0° 单向玻璃纤维增强 pCBT 树脂基层合板试样，研究高温时和高温后对热塑性 GF/pCBT 复合材料弯曲性能的影响，以便对其力学性能有更广泛、更清楚的了解。

GF/pCBT 层合板在高温环境箱内和经历高温后又冷却到室温进行的三点弯曲力学性能测试结果如图 6.30 所示，测试范围为 25～200℃，每隔 25℃ 为一个试验测试点。从图中可以观察到，GF/pCBT 复合材料层合板在高温时的弯曲强度随温度的升高而下降，在 25～50℃ 力学强度下降速率很大。这是由于 pCBT 的玻璃化转化温度为 28～44℃。测试温度低于其玻璃化转化温度时，pCBT 树脂的力学性能稳定在一个较高水平，GF/pCBT 复合材料的弯曲强度也较高；当测试环境温度高于其玻璃化转化温度时，复合材料力学性能迅速下降。当测试环境温度在 50～150℃，弯曲强度基本呈直线下降趋势。测试温度在 150～200℃ 时，弯曲强度的下降速率略有减缓。

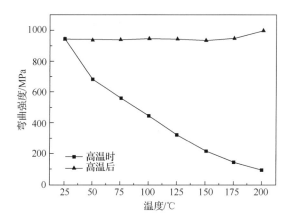

图 6.30　GF/pCBT 层合板在高温时和高温后的弯曲性能

从图 6.30 中可以看出, GF/pCBT 复合材料层合板在经历 25～175℃的温度后, 再自然冷却到 25℃, 其弯曲强度基本不发生变化。当加热的温度高于 175℃时, 在试样冷却后力学性能与未经处理的试样相比, 弯曲强度反而增加。这是由于 GF/pCBT 复合材料层合板在采用液体成型工艺制备过程中, 在材料内部产生了残余热应力, 而 pCBT 树脂的维卡软化温度在 175℃左右, 对层合板加热到 175℃以上时, 复合材料中的树脂基体发生软化。这个过程相当于经历了一次退火处理, 使 pCBT 内部分子链有效松弛后再缓慢成型, 消除了材料在加工过程中残余的应力, 降低了材料线膨胀系数, 使材料在冷却后的弯曲强度提高。

GF/pCBT 层合板在高温时和高温后的三点弯曲试验数据如表 6.3 所示。通过对测试结果的分析可知, 试样在 50℃时测试的弯曲强度比 25℃测试的结果下降了 27.4%; 试样在 50～150℃的高温下测试, 下降速率几乎为一个定值, 环境箱温度每升高 25℃, 弯曲强度平均下降 115MPa; 试样在 175℃和 200℃的温度下, 测得的弯曲强度数值非常小, 仅为 25℃下的 15.5%和 10%, 此时构件已经基本不具有承载能力。在 25～175℃的范围内, 层合板试样受热再冷却, 其抗弯性能基本不受影响; 试样经历 200℃高温再恢复到室温, 其弯曲力学强度比不经处理的试样提升了 5.9%。

表 6.3　GF/pCBT 层合板在高温时和高温后的三点弯曲试验数据

温度/℃	弯曲强度（高温时）/ MPa	弯曲强度（高温后）/ MPa
25	943.2	943.2
50	684.3	938.6
75	556.4	940.2
100	445.6	945.4

续表

温度/℃	弯曲强度（高温时）/ MPa	弯曲强度（高温后）/ MPa
125	324.3	942.8
150	224.1	934.3
175	145.8	948.1
200	94.2	998.7

　　试样经不同温度的高温三点弯曲测试后，破坏形貌如图 6.31 所示。从图中可观察到，在 25～100℃，失效模式为在试样中部靠近测试压头处树脂的压缩破坏和远离压头处纤维的拉伸断裂破坏；在 25℃和 50℃时，试样下表面处纤维损伤明显；在 75℃和 100℃时，下表面的纤维损伤程度较轻；在 125℃和 150℃时，试样的主要失效模式为中部靠近压头处的树脂的压缩失效，表层及多数纤维铺层并没有断裂；在 175℃和 200℃时，试样中间各层的树脂发生软化，不能很好地对纤维进行黏接，因树脂性能的退化，层合板的结构开始分离，主要失效模式变为试样的分层破坏。

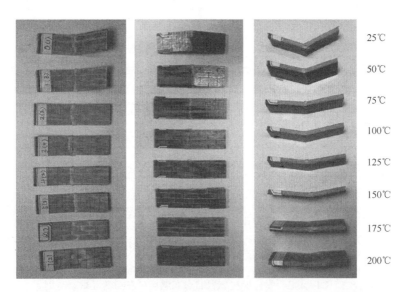

图 6.31　在不同的温度下 GF/pCBT 层合板三点弯曲测试破坏形貌图

6.3.3　GF/pCBT 接头的力学性能分析

　　GF/pCBT 复合材料目前的应用领域正在向大中型尺寸构件的趋势发展，因此对其连接结构和性能的研究成了一个必要的前提。本节采用纤维体积分数为 70% 的 GF/pCBT 复合材料层合板，通过对连接处材料加热使复合材料自身的 pCBT 树脂熔融而作为胶黏剂，制备了不同连接方案的复合材料接头，并通过拉伸和弯曲试验，对其常温和高温的承载能力和失效模式进行了研究。

1. 黏接界面层数对 GF/pCBT 接头力学性能的影响

复合材料层合板铺层方式为[0]$_{6S}$，单层厚度为 0.2mm，试样宽度为 15mm，连接接头几何尺寸如图 6.32 所示，尺寸标注的单位为 mm，对于 A、B、C 三种连接形式，被连接的两部分均为 GF/pCBT 复合材料。

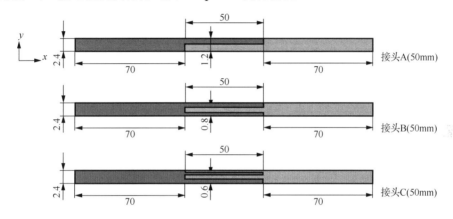

图 6.32　GF/pCBT 复合材料层合板连接形式和几何尺寸

A、B、C 三种形式的接头经拉伸测试所得的载荷-位移曲线如图 6.33 所示。从图中可以观察到，接头 A、接头 B 和接头 C 三条曲线的破坏载荷依次增大，试样在达到所能承受的最大载荷后，继续施加位移载荷，在曲线上均表现为载荷的突降[332]。

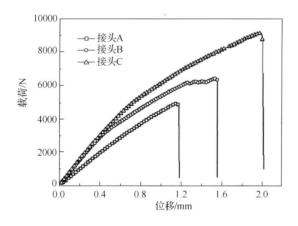

图 6.33　A、B、C 三种形式接头的拉伸载荷-位移曲线

　　A、B、C 三种形式的接头与 pCBT 树脂及 GF/pCBT 复合材料层合板的拉伸强度比较如图 6.34 所示。连接长度为 50mm 的接头 A 的拉伸强度为 136.5MPa，与 pCBT 树脂相比较，提升了 153.7%。对于连接长度均为 50mm 的接头 A、接头 B、接头 C，强度依次增加，接头 B 拉伸强度为 175.4MPa，接头 C 拉伸强度为 253.8MPa，分别比接头 A 的拉伸强度提高了 28.5% 和 85.9%。接头 C 的拉伸性能与 GF/pCBT 复合材料层合板的拉伸性能相比较，拉伸强度为层合板的 32.5%。

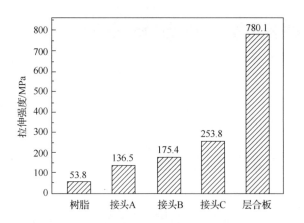

图 6.34　A、B、C 三种形式的接头与 pCBT 树脂及 GF/pCBT 层合板拉伸强度比较

　　拉伸试验研究结果表明当连接长度为 50mm 时，A、B、C 型三种连接方式试样的失效形式均为连接区域界面的分层破坏，表现为复合材料的层间断裂，接头 A、B、C 的拉伸破坏模式如图 6.35 所示。

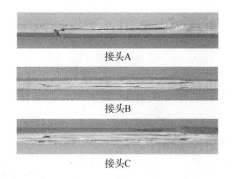

图 6.35　三种形式的熔融连接接头的拉伸破坏图

　　A、B、C 三种形式的接头经三点弯曲试验所得的弯曲强度与 pCBT 树脂和

GF/pCBT 层合板的弯曲强度比较如图 6.36 所示。从图中可知，连接长度为 50mm 的接头 A 的弯曲强度为 451.2MPa，与 pCBT 树脂相比较有明显提升，是树脂强度的 4.4 倍。连接长度均为 50mm 的接头 A、接头 B 和接头 C，弯曲强度依次增加，接头 B、接头 C 的弯曲强度分别为 574.8MPa 和 665.9MPa。C 型接头的弯曲强度与复合材料层合板相比较，达到了层合板弯曲强度的 70.6%。

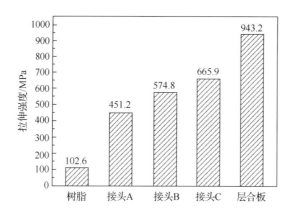

图 6.36　A、B、C 三种形式的接头与 pCBT 树脂及 GF/pCBT 层合板弯曲强度比较

连接长度为 50mm 的三种形式的熔融连接接头的三点弯曲破坏模式如图 6.37 所示。三种连接类型的接头试样失效模式均为靠近力学测试试验机压头处 pCBT 树脂的压缩破坏，和远离压头处最接近试样下表面的复合材料熔融连接界面的分层破坏同时发生[155]。

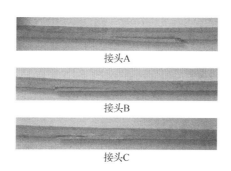

图 6.37　三种形式的熔融连接接头的弯曲破坏图

2. 连接长度对 GF/pCBT 接头力学性能的影响

本节以连接长度为变量，针对上文所述的拉伸和弯曲力学性能较优异的 C 型连接方式的 GF/pCBT 熔融连接接头进行力学试验研究。待连接的 GF/pCBT 复合

材料层合板铺层方式为[0]_{6S}，铺层厚度为 0.2mm，试样宽度为 15mm，连接接头几何尺寸如图 6.38 所示。"1. 黏接界面层数对 GF/pCBT 接头力学性能的影响"这一小节对 C 型接头 m=50mm，n=70mm 的情况已经进行了研究，本节连接长度 m 分别取 60mm、70mm、80mm、90mm、100mm 和 110mm，n 取值不变，对熔融连接接头试样的拉伸和弯曲力学性能和失效模式进行分析和比较。

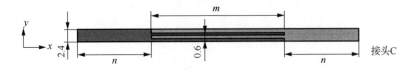

图 6.38 连接长度为变量的 GF/pCBT 接头几何尺寸

不同连接长度的 C 型 GF/pCBT 熔融连接接头的拉伸强度如图 6.39 所示。由图可知，当接头的连接区域长度在 50~90mm 时，随着接头连接长度的增加，结构抗拉力学强度提升，提升速率逐渐减小；当接头连接区域长度达到 90mm 时，复合材料结构强度达到最大值；继续增加连接长度，在 90~110mm，试样强度基本上保持为一个定值。

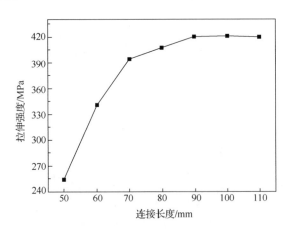

图 6.39 不同连接长度的 GF/pCBT 接头拉伸强度

C 型玻璃纤维增强 pCBT 复合材料接头的弯曲强度随连接长度的变化趋势如图 6.40 所示。由图中可以观察到，试样的连接长度在 50~80mm 时，随着接头连接长度的增加，测得的三点弯曲力学强度提升，提升的速率有小幅度的下降；当接头的连接长度为 80mm 时，复合材料的弯曲强度基本上达到最大值；当连接区域长度继续增加，连接长度在 80~110mm 时，试样弯曲强度在一个较高的水平保持稳定。

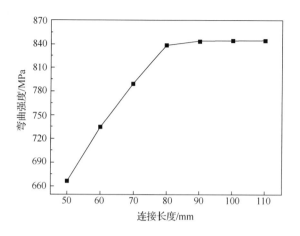

图 6.40　不同连接长度的 GF/pCBT 接头弯曲强度

表 6.4 为不同连接长度 GF/pCBT 复合材料连接接头的拉伸和弯曲力学强度和失效模式。由表可知，试样的拉伸测试表明，接头连接长度从 50mm 增加到 80mm 时，拉伸强度从 253.8MPa 升高到 407.8MPa，提高了 60.7%，失效模式均为复合材料的界面分层损伤破坏；当连接长度为 90mm 时，试样拉伸强度为 420.1MPa，可达到 GF/pCBT 层合板拉伸强度的 53.9%，此时试样破坏模式为连接界面分层失效和复合材料纤维与基体失效同时发生，表现为复合材料接头的层内和层间断裂同时发生的混合破坏模式，如图 6.41 所示；当连接长度继续增加，纤维、基体失效将成为主要的失效模式，试样抗伸承载能力无明显提升。

表 6.4　不同连接长度 GF/pCBT 复合材料接头力学强度和失效模式

连接长度/mm	拉伸强度/MPa	拉伸失效模式	弯曲强度/MPa	弯曲失效模式
50	253.8	I	665.9	I+II
60	340.7	I	734.5	I+II
70	395.0	I	789.6	I+II
80	407.8	I	838.7	I+II+III
90	420.1	I+II+III	842.9	I+II+III
100	420.4	II+III	844.9	I+II+III
110	420.0	II+III	844.5	I+II+III

注：I 为层间分层；II 为基体失效；III 为纤维失效

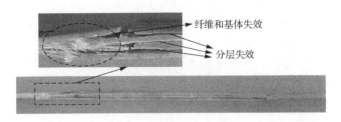

图 6.41　拉伸测试后连接接头的纤维、树脂失效和分层破坏

　　试样的三点弯曲测试表明，接头的连接长度从 50mm 到 70mm，弯曲强度从 665.9MPa 增加到 789.6MPa，增大了 18.6%，失效模式为试样靠近上表面的树脂基体的压缩破坏和靠近下表面复合材料的界面分层损伤破坏同时发生；当连接长度在 80～110mm，接头的弯曲强度数值均在 843MPa 左右，为层合板弯曲强度的 89.4%，在此连接长度范围内，接头的失效模式基本相同；当连接长度为 80mm 时，试样的破坏如图 6.42 所示，主要是上表面处树脂基体的压缩破坏和下表面处纤维的拉伸断裂损伤失效，同时在靠近下表面连接界面的连接端处，由试样的小部分区域的分层失效导致连接接头产生了微小的裂纹。

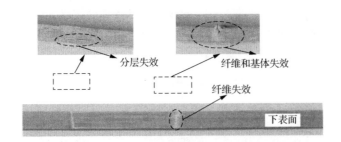

图 6.42　三点弯曲测试后接头的纤维、树脂失效和分层破坏

　　层合板在熔融连接后，接头的强度没有达到层合板本身的强度，这是由于接头内部的纤维已不再连续，在连接区域端部会产生应力集中，破坏通常发生在此处，因此接头强度下降。在工程应用中，可以通过在连接区域两端位置加补强片或在厚度方向加钉等方式来提升接头强度。

　　本节通过试验的方法研究了 GF/pCBT 复合材料层合板及其熔融连接接头的力学性能。分析了催化剂质量分数、纤维体积分数和温度对层合板力学性能的影响，并设计了热塑性复合材料构件熔融连接接头的结构和几何参数。

　　试验结果表明，在本章研究的参数取值范围内，催化剂质量分数为 0.6%时，原位聚合成的层合板力学性能相对较好，层合板的拉伸强度随纤维体积分数的增加而提升，而弯曲强度在纤维体积分数为 65%时达到了峰值。GF/pCBT 复合材料熔融连接接头的破坏方式和承载能力与其连接方式和连接长度有关，适当增加黏接界面层数和连接长度可以在一定范围内提升接头的力学强度。由于 pCBT 的玻璃化转变温度很低，GF/pCBT 层合板和接头的高温力学性能退化较大，但在试样经历高温后再恢复到室温，对接头的力学性能几乎没有影响，层合板的强度还发生了小幅度提升。

6.4　复合材料熔融连接接头的有限元分析

　　连续纤维增强 pCBT 复合材料大型构件的制备要通过连接技术来实现，通过加热使复合材料待连接面内树脂基体发生局部熔融再冷却固结的新型熔融连接技术，与传统的焊接、铆接、螺纹连接相比较，具有应力集中小、结构质量轻、表面平整光滑、能保证良好的流线型等优点，近年来在航空航天工业、汽车制造业和船舶制造业等领域中得到了广泛的应用。

　　在复合材料结构中，为了实现先进复合材料潜在的轻质、高强度力学性能优势，pCBT 基复合材料熔融连接接头的参数设计是关键性的因素。优化连接设计，得到合理有效的设计方案是其在应用过程中有待解决的问题，有限元仿真分析在连接设计中也是一种非常重要的方法。

　　本节采用厚度极小的内聚力界面单元来模拟 GF/pCBT 复合材料熔融连接接头界面相的存在，对接头的分层损伤过程进行仿真，并把仿真分析结果与本章前面的力学试验结果进行对比，验证了用内聚力模型来模拟熔融连接接头力学行为的可行性，并以此分析不同连接方案对复合材料熔融连接接头力学性能影响，并预报了结构的渐进损伤过程以及其失效模式和承载能力。复合材料熔融连接接头有限元模拟的流程图如图 6.43 所示，针对在拉伸载荷下接头的层合板处失效和连接界面处失效，使用了不同的有限元技术，层合板的失效使用 USDFLD 用户子程序，而连接界面的失效则使用内聚力单元来进行有限元分析，综合使用两种方法，可以有效模拟接头的失效过程[333]。

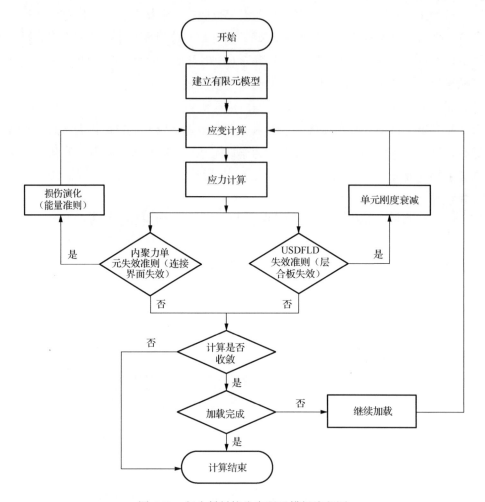

图 6.43　复合材料接头有限元模拟流程图

6.4.1　有限元模型的建立

1. 接头性能参数和装配方式

采用 ABAQUS 软件建立纤维体积分数为 70%的单向复合材料层合板熔融连接接头的三维数值模型，层合板在建模时赋予的各个力学性能参数通过本章的力学性能试验测试所得，在表 6.5 中列出。

表 6.5　GF/pCBT 复合材料层合板力学性能

性能		数据
模量/GPa	E_1	32.8
	$E_2=E_3$	8.2
	$G_{12}=G_{13}$	5.4
	G_{23}	2.7
泊松比	$\nu_{12}=\nu_{13}$	0.29
	ν_{23}	0.3
强度/MPa	X_T	780
	X_C	550
	$Y_T=Z_T$	19.5
	$Y_C=Z_C$	119
	$S_{12}=S_{13}$	15.1
	S_{23}	7.5

对 A、B、C 三种不同类型和不同连接长度的 GF/pCBT 复合材料熔融连接接头的力学性能及失效模式进行研究，以考察不同的对接方式和连接长度对接头力学性能的影响。接头的装配模型如图 6.44 所示，接头 A、B、C 分别为 1，2，3 层连接界面。连接接头一端固支，另一端施加 x 方向位移载荷，x 方向为沿连接接头长度的方向。

连接接头A

连接接头B

连接接头C

图 6.44　GF/pCBT 连接接头装配模型

2. 模型单元选取和网格划分

图 6.45 为 A、B、C 型接头有限元模型网格划分，模型中复合材料采用 8 节点一阶减缩积分单元（C3D8R），熔融连接接头界面层采用厚度极薄（为 0.01mm）的内聚力单元，为保证位移的连续性，内聚力界面单元与复合材料实体单元采用共节点的方式连接，单元类型为 8 节点界面单元 COH3D8，来模拟接头的连接部

位的界面分层失效[279]。复合材料连接接头厚度方向划分为 12 层，对连接接头处网格进行加密。通过对界面单元的应力分析并结合失效准则，可以模拟熔融连接接头的损伤过程。

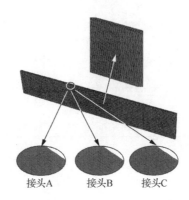

图 6.45　GF/pCBT 复合材料接头有限元模型网格划分和内聚力单元层

6.4.2　接头拉伸载荷下损伤力学模型的建模

对于本书中所研究的熔融连接接头，其可能的失效模式为：①对接界面分层失效；②纤维失效；③基体失效。使用 ABAQUS 中的 USDFLD 子程序，模拟了单向玻璃纤维增强 pCBT 树脂基复合材料体系的纵向拉伸损伤过程，并且使用内聚力单元来模拟连接区域界面层的损伤。

1. 纤维和基体的损伤建模

复合材料纤维、基体损伤模型是通过相应的失效准则及刚度降解实现的。复合材料层压板包含若干层各向异性的复合材料铺层，在以平行纤维方向为 x 轴、平行层压板的横向方向为 y 轴、厚度方向为 z 轴的坐标系下，应力矩阵 $[\sigma]$ 与应变矩阵 $[\varepsilon]$ 的本构关系式为

$$[\sigma]=[C][\varepsilon] \tag{6.10}$$

$$[C]=[S]^{-1} \tag{6.11}$$

式中，$[C]$ 是材料的刚度矩阵，为柔度矩阵的逆矩阵。柔度矩阵 $[S]$ 可以用工程弹性常数表示如下：

$$[S] = \begin{bmatrix} S_{11} & S_{12} & S_{13} & 0 & 0 & 0 \\ S_{12} & S_{22} & S_{23} & 0 & 0 & 0 \\ S_{13} & S_{23} & S_{33} & 0 & 0 & 0 \\ 0 & 0 & 0 & S_{44} & 0 & 0 \\ 0 & 0 & 0 & 0 & S_{55} & 0 \\ 0 & 0 & 0 & 0 & 0 & S_{66} \end{bmatrix} = \begin{bmatrix} \dfrac{1}{E_1} & -\dfrac{v_{21}}{E_2} & -\dfrac{v_{31}}{E_3} & 0 & 0 & 0 \\ -\dfrac{v_{12}}{E_1} & \dfrac{1}{E_2} & -\dfrac{v_{32}}{E_3} & 0 & 0 & 0 \\ -\dfrac{v_{13}}{E_1} & -\dfrac{v_{23}}{E_2} & \dfrac{1}{E_3} & 0 & 0 & 0 \\ 0 & 0 & 0 & \dfrac{1}{G_{23}} & 0 & 0 \\ 0 & 0 & 0 & 0 & \dfrac{1}{G_{13}} & 0 \\ 0 & 0 & 0 & 0 & 0 & \dfrac{1}{G_{12}} \end{bmatrix}$$

$$(6.12)$$

由此，给出 E_1，E_2，E_3，v_{12}，v_{13}，v_{23}，G_{12}，G_{23}，G_{31} 九个弹性常数值，即可得到材料的应力与应变的关系。

Hashin 失效准则[334]形式上是二阶应力多项式，有两种不同的变形形式，主要区别在于纤维-基体剪切失效，通用的三维 Hashin 失效准则没有专门考虑纤维-基体剪切失效，而是将其融于基体失效中。对于三维 Hashin 失效准则，Tan[335]提出材料性能衰减规律对发生损伤后的单元进行刚度退化，章继峰等[336]采用三维 Hashin 失效准则及 Tan 提出的刚度降解规律实现了复合材料层合板的三维累积损伤模拟，本书采用与文献[336]相同的失效准则及刚度降解规律编写了 USDFLD 子程序，用以考察复合材料层合板承受载荷过程中纤维、基体的损伤，主要存在复合材料的纤维拉伸失效、纤维压缩失效、基体拉伸失效、基体压缩失效，以及拉伸分层失效和压缩分层失效这几种基本破坏模式[333]。

纤维拉伸失效，$\sigma_{11} \geqslant 0$：

$$\left(\frac{\sigma_{11}}{X_T}\right)^2 + \left(\frac{\tau_{12}}{S_{12}}\right)^2 + \left(\frac{\tau_{13}}{S_{13}}\right)^2 \geqslant 1 \qquad (6.13)$$

纤维压缩失效，$\sigma_{11} < 0$：

$$\left(\frac{\sigma_{11}}{X_C}\right)^2 \geqslant 1 \qquad (6.14)$$

基体拉伸失效，$\sigma_{22} + \sigma_{33} \geqslant 0$：

$$\left(\frac{\sigma_{22} + \sigma_{33}}{Y_T}\right)^2 + \frac{1}{S_{23}^2}\left(\tau_{23}^2 - \sigma_{22}\sigma_{33}\right) + \left(\frac{\tau_{12}}{S_{12}}\right)^2 + \left(\frac{\tau_{31}}{S_{31}}\right)^2 \geqslant 1 \qquad (6.15)$$

基体压缩失效，$\sigma_{22} + \sigma_{33} < 0$：

$$\frac{1}{Y_C}\left[\left(\frac{T_C}{2S_{12}}\right)^2 - 1\right](\sigma_{22} + \sigma_{33}) + \left(\frac{\sigma_{22} + \sigma_{33}}{2S_{12}}\right)^2 + \frac{1}{S_{23}^2}\left(\tau_{23}^2 - \sigma_{22}\sigma_{33}\right) + \left(\frac{\tau_{12}}{S_{12}}\right)^2 + \left(\frac{\tau_{31}}{S_{31}}\right)^2 \geqslant 1$$

（6.16）

拉伸分层失效，$\sigma_{33} \geqslant 0$：

$$\left(\frac{\sigma_{33}}{Z_t}\right)^2 + \left(\frac{\tau_{31}}{S_{31}}\right)^2 + \left(\frac{\tau_{23}}{S_{23}}\right)^2 \geqslant 1$$

（6.17）

压缩分层失效，$\sigma_{33} < 0$：

$$\left(\frac{\tau_{31}}{S_{31}}\right)^2 + \left(\frac{\tau_{23}}{S_{23}}\right)^2 \geqslant 1$$

（6.18）

在上述公式中，σ 为正应力；τ 为切应力；X_T，X_c，Y_T，Y_c，Z_T，Z_c，S 为材料强度；下角标 1，2，3 代表方向，1 为纤维 0° 方向；2 为纤维 90° 方向；3 为垂直于纤维布所在平面方向。

复合材料层合板在外力作用下，产生某种损伤时，则通过相应的材料性能退化规则来调整材料性能参数，从而实现失效过程的程序化。对于材料刚度的降解，本书采用的刚度退化规则，如表 6.6 所示，其中 Q 为材料的初始刚度，Q_d 为材料损伤后的刚度。

表 6.6　材料性能退化规则

失效模式	Tan 退化规则
分层	$Q_d = 0.25Q$ （$Q = E_{33}, G_{31}, G_{23}, \nu_{31}, \nu_{23}$）
纤维拉伸失效	$Q_d = 0.11Q$ （$Q = E_{11}, G_{12}, G_{31}, \nu_{12}, \nu_{31}$）
纤维压缩失效	$Q_d = 0.11Q$ （$Q = E_{11}, G_{12}, G_{31}, \nu_{12}, \nu_{31}$）
基体拉伸失效	$Q_d = 0.25Q$ （$Q = E_{22}, G_{12}, G_{23}, \nu_{12}, \nu_{23}$）
基体压缩失效	$Q_d = 0.25Q$ （$Q = E_{22}, G_{12}, G_{23}, \nu_{12}, \nu_{23}$）

在 ABAQUS 程序中，有很多的用户子程序接口提供给用户来完成各种特殊的需要。这些子程序都是用 Fortran 语言来编写，然后被 ABAQUS 调用。本章编写子程序 USDFLD 来定义纤维和基体的断裂行为，程序流程图如图 6.46 所示。USDFLD 用户子程序主要用于静态隐式力学计算过程中。模型计算开始后，只需

要根据相关材料点的应力应变情况判定是否满足失效准则,即可进行有限元计算。通过场变量(field variables,FV)的更新即可判定材料是否失效[333, 337]。

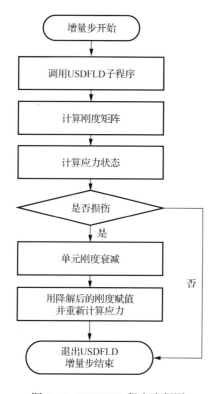

图 6.46　USDFLD 程序流程图

2. 界面基于内聚力的损伤建模

内聚力实质上是物质原子或分子之间的相互作用力,采用内聚力模型,通过适当的选取参数可以反映出界面层物质的模量、强度、韧性等力学性能。内聚力模型现已应用在多个工程领域,如裂纹尖端的弹塑性、静载或疲劳载荷下的蠕变性能、黏接接头和裂纹扩展等。内聚力损伤模型通过内聚力关系建立起界面周围材料之间的应力应变关系,并且已经在通用有限元软件中获得广泛使用[338]。

采用内聚力单元技术或基于内聚力的接触技术,可以很好地模拟复合材料的分层破坏以及黏接连接。内聚力单元的应力应变行为称为牵引-分离(traction-separation)模式。应力-应变曲线上升段代表内聚力单元的线弹性行为,应力-应变曲线下降段代表内聚力单元的刚度衰减及失效过程。内聚力单元的初始损伤基于应力或应变判据,而损伤扩展判据有两种,一种基于能量,另一种基于位移。通过设置损伤起始和演化准则等相关参数实现裂纹问题的模拟。同时,ABAQUS

提供了多种准则可供选择，后处理时通过显示组可以观察裂纹扩展。此功能用途较广，而且通过在 ABAQUS 平台上开发实现多裂纹扩展的模拟[339]。

内聚力裂纹模型最早由 Dugdale[340]提出，用屈服应力来限制材料的应力变化。为了解决含有裂纹弹性体的平衡问题，Barenblatt[341]在分子尺度上引入了内聚力。之后，Hillerborg 等[342]在 Barenblatt 模型的基础上，又加入了拉伸强度，此模型已经允许已有裂纹的增长以及新裂纹的起始与演化。Needleman[343]完善了初始分离到完全断开演化过程的理论框架，并采用内聚力模型方法计算了黏接接头中的应力，其核心思想是界面应力和界面相对位移有一定的函数关系，即内聚本构关系。其 Traction-separation 特征响应曲线与基体材料的性质，共同决定了断裂过程能量耗散的分配。在内聚力建模过程中，采用一层内聚力单元对胶黏剂的作用进行模拟，内聚力单元的变形遵守内聚本构关系[344]。

本书采用双线性本构关系仿真连接界面的刚度降解，曲线图如图 6.47 所示。在受载荷的初始阶段 0-2，内聚力单元应力随着相对位移的增加而增加，当相对法向位移为 δ_n^0 时，也就是两切线方向的位移为 δ_s^0 和 δ_t^0 时，法向应力达到最高点 $\sigma_n^{\max}$，图中的点 2，切线方向的应力也分别达到最大值 $\tau_s^{\max}$ 和 $\tau_t^{\max}$，对应界面单元的层间位移达到刚度降解所对应的位移临界值。2-4 为单元刚度线性退化阶段，内聚力区域的界面单元进入了失效的演化过程，内聚力单元在已经有了相对位移后，仍可继续承载，随着载荷的增加和相对位移的扩大，应力持续下降，直到层间的能量释放率达到临界值时，界面单元失效，界面单元上的应力此时为零。内聚力单元最终失效破坏时法向临界位移为 $\delta_n^{\max}$，两个切向方向所对应的临界位移分别是 $\delta_s^{\max}$ 和 $\delta_t^{\max}$。在图中 4-5 段的界面单元已经破坏。

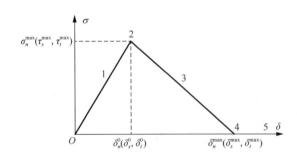

图 6.47　双线性本构关系曲线

本书采用 ABAQUS 有限元软件中的内聚力单元模拟对接界面分层失效，其损伤过程为损伤起始和损伤演化两个阶段。因面内受载，界面分层失效只考虑 I 型和 II 型断裂复合情况。在损伤起始阶段，运用平方应力准则：

$$\left\{\frac{\langle\sigma_n\rangle}{\sigma_{nc}}\right\}^2 + \left\{\frac{\sigma_t}{\sigma_{tc}}\right\}^2 = 1 \tag{6.19}$$

式中，σ_n、σ_t 分别为法向和切向的应力；σ_{nc}、σ_{tc} 分别为法向和切向的应力强度。其中，

$$\langle\sigma_n\rangle = \begin{cases} 0, & \sigma_n \leqslant 0 \\ \sigma_n, & \sigma_n > 0 \end{cases} \tag{6.20}$$

在损伤演化阶段，失效过程采用失效参数 SDEG 来监控，表达式为

$$SDEG = \frac{\delta_m^f(\delta_m^{max} - \delta_m^0)}{\delta_m^{max}(\delta_m^f - \delta_m^0)} \tag{6.21}$$

式中，δ_m^0 是破坏起始时单元节点的张开量；δ_m^f 是 SDEG=1 时节点的张开量；δ_m^{max} 是在载荷历程中节点的最大张开量[345]。失效参数 SDEG 在未失效及初始失效点为 0，进入失效退化后 0～1 的变化，最终完全失效时取值为 1，此时单元刚度完全从模型总体刚度矩阵中删除，意味着此处发生了断裂。通过监控此值的变化来观察和分析界面处的失效进程。

失效退化过程是以能量准则作为判断标准的，在 ABAQUS 仿真软件中，提供了幂指数准则、BK（benzeggagh-kenane）准则等多种失效退化规则。本书采用基于能量的 BK 准则来对 SDEG 进行计算。

BK 准则的表达式为

$$G_{TC} = G_{IC} + (G_{IIC} - G_{IC})\left(\frac{G_{II}}{G_T}\right)^\eta \tag{6.22}$$

式中，$G_T = G_I + G_{II}$；G_I、G_{II} 分别为 Ⅰ、Ⅱ 型能量释放率；G_T 为总能量释放率；G_{IC}、G_{IIC} 分别为 Ⅰ、Ⅱ 型断裂韧度；G_{TC} 为复合断裂韧度；η 为该准则的材料常数。

在数值模拟建模的过程中，复合材料板的参数均由试验所测得，按照表 6.6 选取。式（6.20）中界面处的法向强度和切向强度可认为是 pCBT 树脂的拉伸强度和剪切强度，分别为 53.8MPa 和 27.6MPa。式（6.21）中的参数依据文献[344]中的 Traction-Separation 响应曲线选取。

6.4.3   接头结构设计方案对数值计算结果与失效模式的影响

1. 不同黏接界面层数的 GF/pCBT 接头数值模拟

经有限元仿真计算分析，单向玻璃纤维增强 pCBT 复合材料在纵向拉伸载荷作用下，当连接区域长度为 50mm 时，连接部位的失效模式只发生了分层破坏。图 6.48 为三种不同类型的 GF/pCBT 连接接头的数值预测应力-应变曲线。

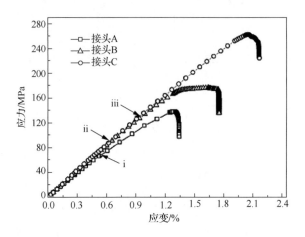

图 6.48　三种不同类型的 GF/pCBT 连接接头的数值预测应力-应变曲线

当接头 A、B、C 承受的应力分别为 67.4MPa、85.8MPa、125.3MPa 时，即图 6.48 中的 i、ii、iii 点，内聚力界面单元达到了刚度降解的临界点，图 6.49 为该时刻三种接头界面层的损伤云图。此时单元的刚度开始降解，随着位移的增大，载荷仍然在增大直到达到分层的临界载荷值。最大承受应力分别为 139.5MPa、177.6MPa、263.0MPa 时，连接接头处于临界失效状态，表现为内聚力界面单元的损伤。

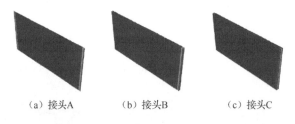

（a）接头A　　　　　（b）接头B　　　　　（c）接头C

图 6.49　初始失效时接头界面层损伤云图

临界载荷下 A、B、C 型接头界面层应力云图、界面层损伤云图如图 6.49 所示。接头 A 的失效过程为：从连接处两端两个法向界面处开始失效，随着载荷的增加，切向界面处两端产生应力集中，从而开始失效，裂纹等速向中间扩张。接头 B、C 的失效过程为：在对其施加一定载荷后，靠近沿厚度方向上下表面的法向界面层首先失效，随后其他法向界面层也失效，切向界面层两端产生应力集中，从连接接头两端开始失效，随着载荷的递增，裂纹继续扩张，连接接头处外侧发生翘曲，裂纹扩展速率较快，内侧裂纹扩展速率相对缓慢。当 A、B、C 型接头的裂纹扩展到云图位置，虽然中间还有局部的连接状态，但整个结构已经破坏，结构无法继续承受载荷。图 6.49 为临界承载状态，失效参数 SDEG 等于 1 的单元已经完全失效，此时此熔融连接结构所承受的载荷为最大载荷。

数值研究结果表明，当连接长度为 50mm 时，接头区域发生的分层破坏为结构的主要破坏形式，随着对接面的增加，有效提高了结构承载能力，接头 C 比接头 A 的承载能力提高了 88.6%。

2. 不同连接长度的 GF/pCBT 接头数值模拟

增加 C 型接头连接长度 m，对其进行有限元模拟。随着 C 型接头连接长度的增加，结构整体承载能力的变化趋势如图 6.50 所示。由图 6.50 可知，接头的拉伸强度在一定范围内随着连接区域长度的增加而提升。但连接长度增长到 90mm 时，接头的拉伸强度几乎不再增大。

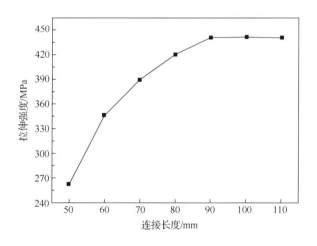

图 6.50　不同连接长度的 GF/pCBT 接头拉伸强度

随着连接长度的增加，结构整体承载能力提升，结构的主要失效模式也有所不同，有限元模拟所得的结构拉伸强度数据和主要失效模式如表 6.7 所示。当连接长度在 50～80mm，结构强度随连接长度的增加而提升，结构失效模式仍主要为对接界面的分层失效。当连接长度增加至 90mm 时，连接界面分层失效和纤维、基体失效同时发生。图 6.51 给出了当连接长度为 90mm 时，在临界载荷作用下，纤维、基体的失效云图以及连接界面处内聚力单元分层失效云图。当界面层裂纹扩展到云图位置时，连接接头两端处纤维和基体发生失效，此时整个结构被破坏，结构无法继续承受载荷；继续增加 C 型接头连接长度，接头区域两端发生的纤维及基体破坏成为结构的主要破坏模式，结构整体承载能力无明显提升。

表 6.7　不同连接长度 GF/pCBT 复合材料接头强度数据和主要失效模式

m/mm	类型	拉伸强度/MPa	失效模式
50	C	263.0	I
60	C	346.8	I
70	C	389.5	I
80	C	420.4	I
90	C	440.5	I+II+III
100	C	441.1	II+III
110	C	440.8	II+III

注：I 为界面分层失效；II 为复合材料基体失效；III 为复合材料纤维失效

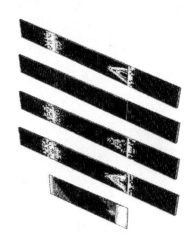

图 6.51　连接长度为 90mm 的 GF/pCBT 复合材料 C 型接头损伤云图

3. 数值模拟与试验结果对比分析

　　将本章对 GF/pCBT 复合材料接头进行的有限元模拟结果与本章前面的试验结果进行对比分析，主要通过接头的强度和失效模式两方面来研究。

　　A、B、C 型复合材料接头的试验和有限元模拟的应力-应变曲线如图 6.52 所示。接头的最终破坏对比照片如图 6.53 所示，图中黑色区域表示复合材料接头的连接界面处已经失效的内聚力单元。

　　当 C 型接头连接长度增加至 90mm 时，试样破坏模式为连接界面分层失效和复合材料纤维拉伸失效与基体拉伸、压缩失效同时发生，表现为复合材料接头的层内和层间断裂同时发生的混合模式。试验与有限元模拟的最终破坏对比照片和应力-应变曲线如图 6.54 所示。

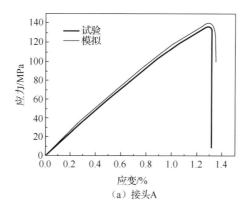

（a）接头A

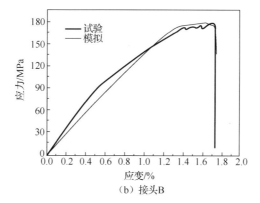

（b）接头B

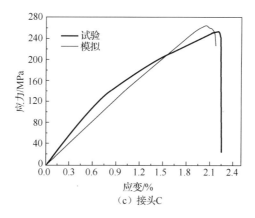

（c）接头C

图 6.52　A、B、C 型 GF/pCBT 复合材料连接接头试验
与数值预测的应力-应变曲线

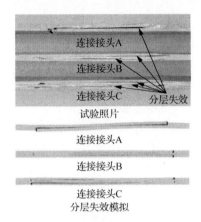

图 6.53　A、B、C 型 GF/pCBT 复合材料连接接头试样拉伸破坏图

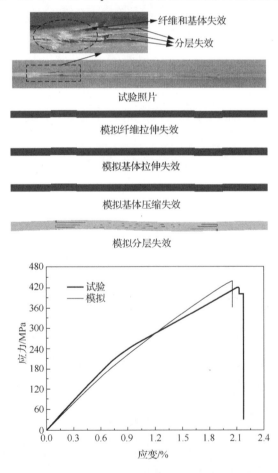

图 6.54　连接长度为 90mm 的 C 型 GF/pCBT 复合材料接头失效图和应力-应变曲线

本节采用数值方法分析了 A、B、C 型接头的失效过程，预报了其失效模式及承载能力，并通过拉伸试验来对有限元模拟结果进行验证。数值及试验研究表明所研究接头的失效均为危险破坏，表现为应力-应变曲线的突降，试验与数值模拟的拉伸强度和应变的比较如表 6.8 所示。通过仿真结果与试验结果进行对比可知，对于拉伸强度，模拟结果比试验结果总体来说略大；对于拉伸应变，连接长度为50mm 的 A 型接头模拟结果比试验结果略大，其余连接方式的模拟结果略小。

表 6.8　A、B、C 型 GF/pCBT 复合材料接头强度和应变的试验与模拟结果比较

临界失效	接头类型	试验	模拟	误差/%
强度/MPa	A（50mm）	136.5	139.5	2.16
	B（50mm）	175.4	177.6	1.25
	C（50mm）	253.8	263.0	3.63
	C（90mm）	420.1	440.5	4.85
应变/%	A（50mm）	1.28	1.29	0.61
	B（50mm）	1.72	1.64	-4.47
	C（50mm）	2.20	2.05	-6.77
	C（90mm）	2.17	2.05	-5.57

通过上述研究分析发现，数值模拟结果与试验值的吻合度较好，表明选用子程序 USDFLD 来定义玻璃纤维和 pCBT 基体的断裂行为，以及选取适当的内聚力界面单元仿真纤维增强 pCBT 复合材料熔融连接接头界面层的分层损伤过程和力学性能，具有一定的合理性和有效性。

本节通过建立有限元模型分析受拉载荷下的 GF/pCBT 复合材料熔融连接接头的力学性能，通过使用内聚力单元能很好地模拟拉伸过程中界面处分层损伤及裂纹扩展和翘曲的渐近损伤过程，并预测了接头的失效模式和承载能力。通过对连接接头的有限元模拟结果与拉伸试验所得的破坏模式和承载能力进行对比分析，验证了本书中数值方法的有效性，为熔融连接接头的结构参数设计提供了一种预测方法。

本节采用数值模拟方法对不同结构方案的 GF/pCBT 复合材料熔融连接接头的承载能力和失效模式进行的预测结果表明，不同的结构设计方案对 GF/pCBT 复合材料接头性能的影响较大，当连接长度在一定范围内时，接头区域主要发生界面分层失效，接头处复合材料的翘曲为界面裂纹加速扩展的主要因素，C 型连接方式的接头结构承载能力相比于 A 型连接方式有明显提高；增加 C 型接头连接长度，试样承载能力提高，直至接头处界面分层失效和纤维、基体失效同时发生；继续增加连接长度，纤维与基体失效将成为接头区域的主要失效模式，此时承载能力无明显提升。

第7章 混杂改性对GF/pCBT复合材料在低速冲击载荷下的影响

本章主要介绍玻璃纤维和碳纤维编织复合材料混杂增强 pCBT 树脂在低速冲击载荷下的影响。通过试验与有限元仿真方法相结合的手段研究并介绍了改性后的混杂层合板分别在 3m/s、5m/s 和 7m/s 的初始冲击速度下的失效模式及破坏行为，书中所用试样通过真空辅助预浸料工艺制备。利用 ABAQUS/Explicit 有限元软件建立了用于冲击仿真的三维有限元模型，并编写了 ABAQUS 中用于设计材料失效准则的用户材料子程序（VUMAT），仿真所需要的材料基本力学参数都通过试验确定。试验结果显示，与纯玻璃纤维增强 pCBT 树脂基复合材料相比，改性后的混杂层合板能够在冲击过程中吸收更多的冲击能量，其临界穿透能大大提升。

另外，考虑利用 VARI 工艺制备了具有不同形式复合材料面板的泡沫夹心三明治结构层合板。针对这些层合板，进行了低速冲击测试和冲击后压缩强度（compressive strength after impact，CAI）测试。利用视觉观察和扫描电子显微镜手段，对材料在低速冲击载荷作用下及冲击后压缩下的失效模型进行了分析。所需制备的三明治结构层合板包括：$[C_4/$泡沫夹芯$/C_4]$、$[C_2/G_2/$泡沫夹芯$/G_2/C_2]$、$[G_2/C_2/$泡沫夹芯$/C_2/G_2]$、$[G/C]_2/$泡沫夹芯$/[C/G]_2$、$[G/C_2/G/$泡沫夹芯$/G/C_2/G]$和$[G_4/$泡沫夹芯$/G_4]$。在 30J 冲击能量的作用下，尺寸大小为 100mm×100mm×12mm 的层合板接受低速冲击测试试验。通过测试得到的载荷峰值、冲击载荷时间及材料所吸收的能量来分析层合板的抗冲击能力；通过宏观视觉观察及 SEM 测试方法对材料的失效模式进行了研究分析。最后，还对泡沫夹心层合板在冲击后的压缩强度进行了测试分析，进一步研究了材料在压缩载荷作用下的失效模式。

7.1 复合材料低速冲击问题概述

在外部载荷作用下，纤维增强树脂基复合材料很容易发生材料内部包括纤维、基体和界面在内不同程度的破坏，而这些外部载荷通常是由像低速冲击一类的动力学载荷所组成[346, 347]。众所周知，即便相对较低的冲击能量也能在复合材料的内部引起可视或者不可视的损伤。通常情况下，复合材料的不可视损伤在材料表面不明显，而该损伤却能引起复合材料整体力学性能的严重衰减[348-351]。纤维增强复合材料在承受冲击载荷后的结构完整性也是实际工程设计中重点考虑的因素之一。因此，为使复合材料得到更为广泛的应用，很有必要对纤维增强复合材料层合板在低速冲击载荷作用下的损伤机理进行研究。另外，最近几年，如何能够有效地提升材料在低速冲击载荷作用下的损伤容限也受到了越来越多的关注。所以，能够找出一条可有效提升材料抗冲击性能且可提高材料的损伤容限的途径显得迫在眉睫，也很有价值。

通常情况下，高性能结构中应用的复合材料层合板由单向纤维通过沿不同角度铺设制得。然而，由于单向纤维铺层沿横向的拉伸强度很低，因此该类材料在承受冲击载荷时很容易被破坏，进而引起材料整体结构的很大损伤。解决单向纤维增强树脂基复合材料抗冲击性能差的手段之一是采用编织纤维铺层材料来取代单向纤维铺层[352]。由于编织层合板的横向拉伸性能要比单向纤维复合材料强很多，研究者普遍认为编织纤维增强树脂基复合材料具有更为优良的抗冲击特点。众所周知，编织纤维布通常由沿横向和沿纵向的多束纤维交叉铺设而成，这一编织特点为编织复合材料层合板提供了较好的面内性能。因此，编织纤维增强复合材料的横向力学强度要远大于单向纤维增强树脂基复合材料，这也是编织复合材料层合板抗冲击性能优良的原因之一。在这一方面，Naik 等[353]利用有限元方法深入系统地研究了编织纤维增强树脂基复合材料层合板在低速冲击载荷下横向纤维的强度。结果显示编织复合材料具有更好的抗冲击性能，损伤容限较高。

7.2　混杂复合材料及工艺

近年来，由于碳纤维具有高刚度、高强度等突出优点，碳纤维被广泛应用于实际工业领域中。不幸的是，碳纤维材料的低韧性限制了其进一步的应用。碳纤维的这一力学缺陷在低速冲击载荷作用下更为明显[354]。解决碳纤维低韧性的途径之一就是利用混杂复合材料来改善碳纤维的性能。混杂复合材料是指一种基体中含有两种或多种增强材料，这类材料提供了单种纤维无法提供的多种优势。按照基体种类分，混杂复合材料可分为金属基混杂复合材料、陶瓷基混杂复合材料、树脂基混杂复合材料和多种基体复合的混杂复合材料。按照增强体种类区分，可分为混杂纤维复合材料，混杂颗粒复合材料以及纤维和颗粒混杂复合材料。研究表明，影响混杂纤维复合材料性能的因素很多，除了一般复合材料性能的影响因素之外，还与所用混杂纤维的类型、混杂比和混杂方式有关。研究表明，增强纤维的混杂方式对混杂复合材料的整体力学性能的影响更为明显。

7.2.1　混杂复合材料的特性

混杂复合材料最大的特点就是多种材料性能的兼容性，可以最大限度地针对不同的应用条件和要求进行复合材料结构设计，充分发挥混杂增强体和基体的性能，获得具有更好综合性能及更高性价比的复合材料，甚至包括同时兼有相反性能的复合材料，如导电和绝热、强度优于钢而弹性优于橡胶等性能。通过两种或多种增强体、两种或多种基体混杂复合，依据组分、含量、复合结构类型的不同可得到不同的混杂复合材料，以提高或改善复合材料的某些性能。

（1）提高复合材料的强度和韧性。碳纤维复合材料的冲击强度低，在冲击载荷下呈明显的脆性破坏形式，如在该复合材料中用 15%的玻璃纤维与碳纤维混杂，其冲击韧性可以得到改善，冲击强度可提高 2～3 倍。同时纤维混杂也可以使拉伸强度及剪切强度都相应提高。例如：碳纳米管/碳纤维增强环氧基复合材料的界面剪切强度（interfacial shear strength，IFSS）可达到 106.55Mpa，比 T300 复合材料大 150%。油棕榈纤维/玻璃纤维混合双层复合材料的拉伸强度、弹性模量和断裂延伸率都有所提高。对于拉伸强度和弹性模量体现为正的混杂效应；对于断裂延伸率体现为负的混杂效应。随着玻璃纤维的增多，材料的抗冲击性能也有所提高。在玻璃纤维层做冲击试验比在油棕榈纤维上得到更高的冲击性能和更明显的混杂效应。芳纶纤维的加入使芳纶-木粉/HDPE 混杂复合材料的各项力学性能都有明显的提高。当未改性 KF 的质量分数为 3%时，复合材料的拉伸强度、拉伸模量、弯曲强度、弯曲模量、缺口及无缺口冲击强度分别较未添加 KF 的木塑复合材料（wood plastic composites，WPC）提高了 12.1%、28.7%、39.7%、56.6%、42.8%和 52.3%。接枝处理后的 KF 比未接枝的 KF 对 KWPCs 的力学性能改善更加显著。当接枝 KF 的质量分数为 3%时，复合材料的拉伸强度、拉伸模量、弯曲强度、弯曲模量、有缺口及无缺口冲击强度分别提高了 59.4%、60.5%、60.4%、76.5%、44.6%和 78.8%。

（2）提高复合材料的疲劳强度。相对于普通纤维复合材料，混杂纤维复合材料的疲劳强度大为提高，在某些特定纤维含量及混杂形式下，混杂纤维复合材料的疲劳强度可高于构成它的普通纤维复合材料中的最高者。例如，玻璃纤维复合材料的疲劳强度为非线性递减。由于碳纤维具有较高的模量和损伤容限，若引入 50%的碳纤维，混杂复合材料的疲劳强度将转变为线性递减，其循环应力会有较大提高，当加入 2/3 的碳纤维后，其疲劳强度可接近单一碳纤维复合材料的水平。

（3）增大复合材料的刚度。高级增强纤维一般具有高模量，它的加入可使普通纤维复合材料的刚度大大提高，尤其是夹芯结构的混杂复合材料更是如此。如玻璃纤维复合材料的模量一般较低，在一些主承力构件上的应用受到限制，但如加入 50%的碳纤维作为表层，复合成夹芯形式，其模量可达到碳纤维复合材料的 90%，因此可用这种混杂复合材料制造易失稳破坏的大型薄板或薄壳。

（4）改善复合材料的热膨胀性能。碳纤维、芳纶纤维等沿轴向具有负的热膨胀系数，如与具有正热膨胀系数的纤维混杂便可以得到预定热膨胀系数的材料，甚至零热膨胀系数的材料，这种材料对制造一些飞机、卫星、高精密设备构件非常重要，如探测卫星上的摄像机支架系统就是由零膨胀系数的混杂复合材料制成的，它可使焦距不受太空温度剧烈交变的影响，以保证精度。

（5）提高材料的破坏应变。碳纤维复合材料具有较低的破坏应变，引入玻璃纤维后，由于混杂效应，复合材料的破坏应变可以提高 40%。

（6）提高材料的耐磨性。颗粒增强复合材料可以显著提高材料的耐磨性，Al_2O_3 短纤维和石墨颗粒混杂增强 ZL109（铝合金）复合材料通过加入低质量分数（0.3）的稀土可以使复合材料的磨损体积降低，随着载荷的逐渐增加，稀土加入对复合材料磨损体积损失的影响逐渐降低。聚乙烯纤维/金属纤维/玻璃布（PEMG）超混杂复合材料板的耐磨损性能远远优于玻璃钢板，并与钢的耐干磨性能（体积损失率 0.37）相等；其耐腐蚀、耐磨损性能更佳，在 H_2SO_4 溶液中浸泡 30d 后进行磨耗试验时，其体积损失率仅为 0.93%，是玻璃钢板的 3.81%。而在此种酸性腐蚀环境下，钢材已不复存在。这表明 PEMG 超混杂复合板的耐磨损性，以及在腐蚀磨损工况条件下的性能都远优于玻璃钢板，从而为该材料在煤矿、井下及船舶制造等领域的应用打下了基础。

（7）改善其他性能。混杂复合材料亦可以改善材料的其他性能，如导电性、耐老化性、耐腐蚀性。如玻璃纤维复合材料，虽然属于绝缘材料，但有产生静电而带电的性质，因而不能用来制造电子设备的外壳，碳纤维是导电材料，非磁性材料，将两种纤维混杂后，可以得到除电和防止带电的特性。又如芳纶纤维的耐老化性很差，如果加入耐老化性能好的碳纤维，就可以使复合材料的耐老化性能大大提高。

如上所述，混杂复合材料允许设计者根据实际结构需求来设计材料性能。有很多学者研究了混杂复合材料的力学性能，然而，对混杂复合材料层合板在低速冲击载荷作用下的性能研究相对较少。许多学者利用混杂改性方法成功制备了复合材料并提升了材料的冲击损伤容限。对于混杂复合材料层合板的静力学分析主要集中在复合材料的拉伸及冲击后压缩测试等方面。研究发现混杂层合板的面内剪切、拉伸和冲击后压缩强度有了很大的提升[355-359]。例如：Tsampas 等[355]，Bhatia[356]和 Park 等[357]研究了混杂复合材料层合板在承受冲击载荷作用后的层间剪切、压缩等力学性能。其他学者如 Pegoretti 等[358]，Akhbari 等[359]考察了低速冲击对层间混杂复合材料的延展性和脆性的影响。而对于混杂复合材料层合板的动力学性能的研究主要集中在复合材料的低速冲击行为上[142, 358, 360-377]。本章主要研究编织玻璃纤维、碳纤维增强 pCBT 层间混杂复合材料的低速冲击性能。首先利用 VAPP 工艺制备了上述层间混杂复合材料层合板，随后对比了纯碳纤维和混杂增强纤维复合材料平板的抗冲击性能。试验过程中主要考虑了层合板的临界穿透能，利用有限元方法给出了破坏过程中层间混杂复合材料的损伤细节。另外，复合材料层合板的破坏形貌随着接触时间的变化趋势也通过仿真中的应力云图展现出来。

7.2.2　试验材料及制备工艺

试验中所用的树脂基体仍为 CBT-100 型热塑性树脂，由美国 Cyclic 公司提供。CBT 树脂具有大环寡聚酯结构，它的相对分子质量为 $M_w=220n(n=2\sim7)$g/mol。CBT 单体可在 190℃下与催化剂作用后通过开环聚合反应得到常见的热塑性工程塑料聚环形对苯二甲酸丁二醇酯树脂[378, 379]。CBT 树脂开环聚合反应中所用的催化剂为前述国产单丁基氧化锡的氯化物（PC-4101）。树脂与催化剂的混合比例（质量比）为 100∶0.6。本章所选用的增强编织碳纤维布和编织玻璃纤维布的面密度分别为 300g/m² 和 700g/m²。图 7.1 是本试验选用的二维平纹编织纤维布的照片及示意图，并在表 7.1 中列出了编织纤维布的基本参数。表中 g_w 和 g_f 分别是两编织纤维布间距，a_w 和 a_f 是纱线宽度。下标 w 和 f 分别表示编织纤维布的径向和纬向两个方向。应该注意所有的材料在使用之前需在真空干燥箱中烘干 12h 来蒸发掉水分。

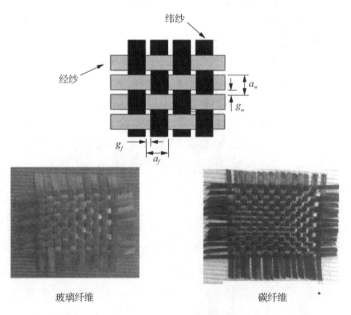

图 7.1　本试验选用的二维平纹编织纤维布的照片和示意图

表 7.1　平纹编织纤维布的结构尺寸

材料类型	a_w/mm	g_w/mm	a_f/mm	g_f/mm
碳纤维	3	0.2	2.9	0.6
玻璃纤维	5	1	4	1.2

　　为了评估基体性能从而得到仿真中的材料参数，首先要对 pCBT 浇注体的基本力学性能进行评估。为了制备 pCBT 浇注体，将 CBT 树脂在 190℃的高温箱中加热，直至其完全熔融，随后将融化的 CBT 树脂与催化剂按照 100∶0.6 的质量比进行混合。然后将该混合物浇注到预先准备好的钢制模具中，接着在 220℃的条件下固化 1h，然后将整个系统冷却至 100℃后脱模。采用真空辅助预浸料工艺来制备复合材料层合板，所使用的预浸料中纤维布与树脂的质量比为 1∶1。需要指出的是预浸料中的催化剂应该与预浸料均匀混合，为了达到这一目的，采用一种类似物理气相沉积法的技术将催化剂涂覆在预浸料表面。具体的试验步骤如下：首先，将催化剂粉末（树脂质量的 0.6%）添加到 200ml 的异丙醇溶液中。其次，利用磁力搅拌器在 70℃条件下搅拌至催化剂完全溶解（当含有催化剂的溶液从浑浊变为澄清时，表明催化剂完全溶解于异丙醇溶液中）。随后，将编织纤维布浸润到放有上述溶液的金属托盘中。为了确保预浸料可以完全与溶液均匀混合，室温条件下将整个系统在密闭箱中放置 3h。最后，将预浸料在 140℃条件下加热直至其表面异丙醇完全挥发，这样，催化剂就被遗留在预浸料表面。图 7.2 为用来制备混杂复合材料层合板的 VAPP 示意图。可以看出，该装置和 RTM 工艺十分相似，它具有一个树脂出口，该出口与真空泵相连，通过真空泵可以完全排出真空袋里的空气。在 VAPP 过程中，首先将预浸料被放置在聚酰亚胺膜中，然后通过耐高温密封胶密封，随后将整个试验装置放置在可同时提供温度和压力的热压机平板上。应该注意的是，树脂的固化过程是如下所述的一个台阶状变化的温度：首先在 230℃条件下固化 1h；随后在 190℃条件下后固化 1h。当整个系统冷却到室温后，将复合材料层合板脱模。本章通过上述 VAPP 工艺制备了 25 层编织玻璃纤维-碳纤维增强的 pCBT 树脂基层间混杂复合材料层合板。混杂复合材料的混杂形式为[C/G]$_{25}$，混杂质量比为 37∶63。作为对比，采用同样的方式制备了 25 层纯编织碳纤维增强 pCBT 树脂层合板。两种板的总厚度均为 5mm，这两种材料都将在本章随后进行的低速落锤冲击试验中采用。同样，为了确定有限元方法中材料的基本力学参数，又分别制备了 12 层碳纤维和玻璃纤维增强的 pCBT 树脂复合材料。所制备的层合板尺寸为 280mm×180mm×5mm。为了测定所制备的复合材料的基本力学性能，利用低速金刚石切割机从制备的整体平板中切割出三种不同的测试试样，三种试样的纤维方向分别为 0°、90°和 45°。为了衡量材料的层间强度，也制备了带有预制裂纹的试样来评估层合板的层间性能。

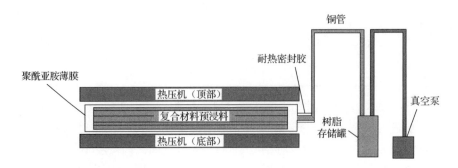

图 7.2　用来制备混杂复合材料层合板的真空辅助预浸料热压工艺示意图

7.2.3　静力学测试

为了确定 CF/pCBT 和 GF/pCBT 复合材料的刚度、强度参数，本节将在 Instron-4505 电子万能试验机上进行不同材料的拉伸测试。

横向和纵向拉伸试样的尺寸按照 ASTM（D3039/D3039M-08）标准给出，具体尺寸为 200mm×25mm×2.4mm，拉伸测试标距为 100mm。45°拉伸试样的尺寸为 120mm×25mm×2.4mm，标距 80mm。为了评估层合板沿着厚度方向的力学性能，对 pCBT 基体做了拉伸和压缩试验，拉伸和压缩试样的尺寸分别为 60mm×6mm×4mm 和 25mm×10mm×10mm。另外，分别利用双悬臂梁测试（double cantilever beam test，DCB）和带预裂纹的三点弯曲测试（3NEF）对 pCBT 树脂基复合材料的层间性能做出评估。测试中所用试样的尺寸分别为 200mm×25mm×2.4mm 和 100mm×25mm×2.4mm，按照 ASTM-D5528 标准给出。预制裂纹长度为 25cm，位于试样的中间层。试验在 25℃室温条件下进行，每组测试试样为 5 个，试验速度设定为 2mm/min。图 7.3 给出了 CF/pCBT 和 GF/pCBT 复合材料层合板在不同的力学测试项目中获得的典型曲线。由图 7.3 计算所得到的基本力学参数分别在表 7.2 和表 7.3 中给出。表 7.2 和表 7.3 中，轴向弹性模量为 E_{11}，泊松比为 μ_{12}，轴向拉伸强度为 X_t；横向弹性模量为 E_{22}，横向拉伸强度为 Y_t，以上参数通过在图 7.3（a）和图 7.3（b）中的轴向和横向拉伸试验获得。试验加载至复合材料轴向破坏停止，弹性模量 E_{11} 和 E_{22} 由应力-应变的初始斜率计算得到。横向拉伸强度 X_t 和 Y_t 通过载荷除以横截面积计算所得，纵向和横向压缩强度 X_c 和 Y_c 同样通过压缩载荷除以横截面积得到。法向的力学性能通过拉伸和压缩 pCBT 浇注体直至材料完全破坏所得。E_{33}，Z_t 和 Z_c 由图 7.3（e）和 7.3（f）中的应力-应变获得。利用 I 型和 II 型裂纹测试来衡量 pCBT 树脂基复合材料的层间性能，通过 DCB 和 3ENF 测试所得的基本力学参数同样在表 7.3 中给出。

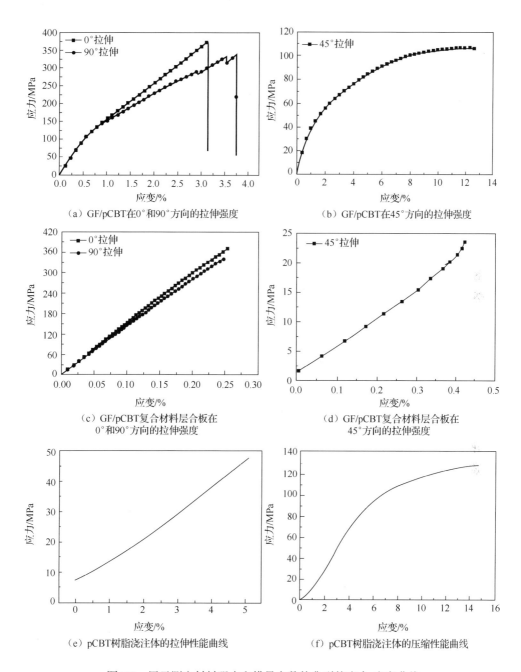

（a）GF/pCBT在0°和90°方向的拉伸强度

（b）GF/pCBT在45°方向的拉伸强度

（c）GF/pCBT复合材料层合板在
0°和90°方向的拉伸强度

（d）GF/pCBT复合材料层合板在
45°方向的拉伸强度

（e）pCBT树脂浇注体的拉伸性能曲线

（f）pCBT树脂浇注体的压缩性能曲线

图 7.3　用于测定材料强度和模量参数的典型的应力-应变曲线

表 7.2　试验中所得到的编织纤维增强 pCBT 树脂基复合材料层合板的刚度参数

材料	E_{11}/GPa	E_{22}/GPa	E_{33}/GPa	G_{12}/GPa	G_{13}/GPa	G_{23}/GPa	μ_{12}	μ_{13}	μ_{23}
GF/pCBT	14.73	14.73	10.9	1.789	1.43	1.43	0.25	0.5	0.5
CF/pCBT	25.7	25.7	15.9	3.5	1.43	1.43	0.2	0.35	0.35

表 7.3　试验中所得到的编织纤维增强 pCBT 树脂基复合材料层合板的强度参数

材料	X_t/MPa	X_c/MPa	Y_t/MPa	Y_c/MPa	Z_t/MPa	Z_c/MPa	S_{12}/MPa	S_{13}/MPa	S_{23}/MPa	模型 I /(kJ/m²)	模型 II /(kJ/m²)
GF/pCBT	356.53	300	320	280	50	230	25	13	13	1.5	1.23
CF/pCBT	400.8	300	387.5	280	50	230	32	15	15	1.5	1.23

7.2.4　低速冲击试验测试

　　冲击试验中所用的试样为尺寸 100mm×100mm×5mm 的测试平板，所有试样从所制备的整体复合材料层合板上裁得。本章中所有的冲击测试在带有计算机驱动的 Instron-9250HV 低速落锤试验机进行，该测试设备可以防止锤头的二次冲击。正方形测试试样通过一台液压设备固定在试验机上，该设备中间留有圆形孔洞，这样试样中部就形成一个直径为 80mm 的冲击区域。本节中所用的冲头为半球形冲头，其半径为 6mm，冲头上方放置铜块配重，总质量为 9.1445kg，如图 7.4 所示。试验中，半球形冲头从指定的高度落下，测试中载荷大小、冲击速度变化等参数可通过计算机上的记录仪记录，本节的冲击试验采用控制初始速度法进行冲击测试。

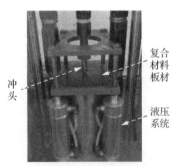

图 7.4　玻璃纤维/碳纤维层间混杂复合材料的低速冲击测试装置

7.2.5　复合材料层合板的冲击临界穿透能

　　实际工程领域中，设计复合材料结构时一个非常重要的考虑因素是材料的临界穿透能。材料的临界穿透能是指材料在承受冲击过程中，冲头刚好镶嵌在材料内部时所需要的冲击能量[380, 381]。图 7.5 给出了上述两种复合材料层合板在不同冲击初始速度下速度随实际冲击时间的变化情况。从图中可以看出，冲击刚开始时，每条速度曲线都具有最大的初始值。另外也可以发现，随着冲击接触时间的增加，作用在 CF/pCBT 层合板上的半球形冲头的速度从 3m/s 逐渐衰减到 0m/s，随后曲线上出现了负值（-0.5m/s），这表明冲击过程中出现了冲头反弹的情况。然而，对于初始冲击速度为 5m/s 的测试来说，冲击完成后，冲头速度下降到 1.5m/s，没有负的速度出现，这表明在该冲击过程中没有发生反弹，试样被完全穿透。对于 GF/CF/pCBT 层间混杂复合材料层合板来说，冲击速度的变化表现出了相似的趋势，它首先从 5m/s 下降到 0m/s，随后冲头反弹，反弹速度为 0.5m/s；当初始冲击速度为 7m/s 时，冲头速度直接衰减到试样穿透后的 1.5m/s。因此，可以通过线性插值的方法找出上述数据的临界穿透速度。图 7.6 给出由初始速度 V_i 和残余速度 V_r 拟合得到的结果。从图中可以看出，当 $V_r=0$ 时，两种不同结构形式的层合板的初始冲击速度分别为 3.5m/s 和 5.5m/s。因此，拟合得到的这两个初始冲击速度就是纯碳纤维和混杂增强 pCBT 树脂基复合材料层合板的临界穿透速度。另外，当两种材料被完全穿透时，残余速度分别衰减到相同的值（1.5m/s）。由此可见，根据牛顿定律，可以计算出相对于纯碳纤维复合材料来说，混杂层合板吸收更多的冲击能量。图 7.7 给出了破坏后试样的冲击损伤模式，从照片中可以清晰地看出层合板表面的凹痕和被冲头穿透后在其留下的孔洞。

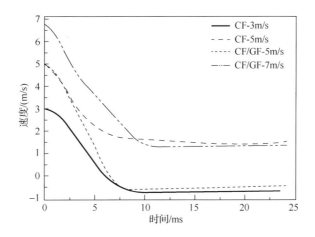

图 7.5　不同形式的复合材料层合板在承受低速冲击载荷时
表现出来的速度-时间曲线对比图

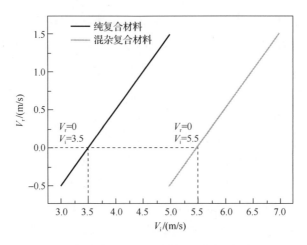

图 7.6　利用线性插值方法得到的不同材料的临界穿透速度

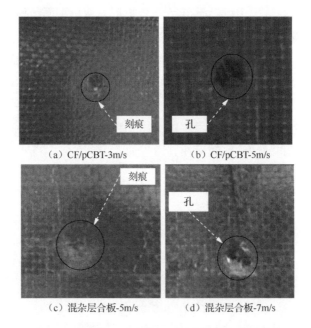

（a）CF/pCBT-3m/s　　　　　　（b）CF/pCBT-5m/s

（c）混杂层合板-5m/s　　　　　　（d）混杂层合板-7m/s

图 7.7　试验中经过冲击后不同试样的上表面照片

　　图 7.8 表明了两种复合材料在不同的冲击能量下的变形-时间（d-t）曲线。为了更清楚地说明问题，图中给出了试验中得到的两个平行试样的曲线。从变形-时间曲线的对比关系中可以看出，随着冲击时间的增加，初始速度为 V=3m/s 的 CF/pCBT 试样在到达了它的最大变形后又恢复到原来的变形。然而，对于初始冲击速度 V=5m/s 的 CF/pCBT 试样来说，变形随着时间增加，没有出现反弹阶段。值得一提的是混杂复合材料在冲击速度为 V=7m/s 时与纯复合材料表现出相似的

结果。变形随着接触时间的增加一直增大，进而试样被冲头完全穿透，这样就在图 7.8（b）中没有观察到变形回弹的过程。然而，混杂复合材料在初始冲击速度 V=5m/s 时表现出完全不同的接触力-变形趋势。变形从初始速度衰减到了一个特定值而不是直接下降到 0。这主要是因为混杂复合材料中有玻璃纤维的存在：因为玻璃纤维的韧性要比碳纤维高很多，所以混杂复合材料在临界穿透时的变形要比碳纤维增强 pCBT 树脂基复合材料大很多。因此，碳纤维 pCBT 树脂基复合材料就可以在冲击过程中快速恢复变形，而由于玻璃纤维混杂复合材料的高应变率以及冲击大变形的影响，混杂材料的变形相对来说较难恢复。

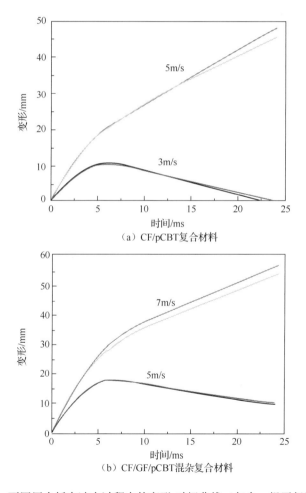

图 7.8　不同层合板在冲击过程中的变形-时间曲线（包含一组平行试样）

图 7.9 是复合材料层合板在不同的初始冲击能量下的接触力-时间曲线（F-t）。冲击接触力是冲击过程中衡量材料抗冲击性能的一个重要指标，它可以定义为冲

击过程中试样对冲头的反作用力的大小[382]。在本章试验中，接触力随着接触时间的变化可以通过计算机来获得。图 7.9 中给出了其曲线走势。可以看出，四种冲击情况都具有像小山一样的趋势，即冲击载荷随着时间的增加先达到最大值，随后衰减到最小值。CF/pCBT 复合材料层合板在冲击过程中的最大接触力随着冲击能量的增加而增加。当冲击能量较小时，例如 3m/s，最大接触载荷为 6kN，然而该值在冲击速度为 5m/s 时增加到 8kN。对于混杂复合材料来说，从图 7.9（b）中可以看出，最大接触力在相当长一段时间内一直保持在 8kN 大小附近。通过对比可以看出，在碳纤维层合板中加入玻璃纤维进行层间混杂的方法对材料在冲击过程中的最大冲击载荷影响不大。另外，在混杂层合板的 F-t 曲线中可以发现，冲头与试验接触的过程中，载荷先是随着接触时间的增加而缓慢的增加至最大，随后快速下降到 0。这就使得 F-t 围成的曲线具有很大的面积，并且随着接触时间的增加在曲线上留下了一段平台。然而，就纯碳纤维增强复合材料来说，随着接触

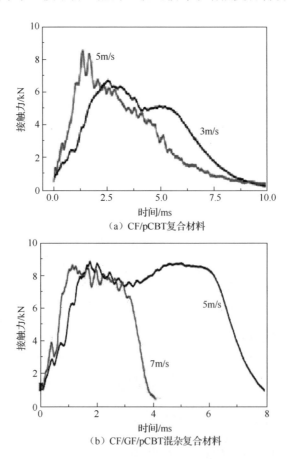

（a）CF/pCBT复合材料

（b）CF/GF/pCBT混杂复合材料

图 7.9　不同复合材料层合板在不同的冲击初始速度下的接触力时间历程

时间的增加，载荷快速增加到最大值，随后缓慢的下降到 0，这样就在图 7.9 中留下了一个尖状曲线。

7.2.6　冲击过程中的变形曲线

复合材料层合板在不同冲击能量下的接触力-变形曲线（F-d）是其在冲击载荷作用下的一个重要表征。接触力可以定义为冲击过程中冲头对试样的压缩作用，它是冲击中试样对冲头的反力。图 7.10 给出不同冲击速度下不同试样的 F-d 曲线。可以发现，和 F-t 曲线相同的是所有四个 F-d 曲线具有小山状的形状。然而总体上可以将该趋势简单分为两种基本形状：闭合曲线和开放式曲线。图 7.10（a）和图 7.10（c）是闭合曲线而图 7.10（b）和图 7.10（d）代表了开放曲线。当初始冲击能量较小时，F-d 曲线是一个闭合曲线并且包含了冲头的反弹部分。这些情况下冲击载荷除了在试样表面留下一个凹痕外不会对试样造成严重的损伤。和图 7.9 中的 F-t 曲线相似，当冲击速度较大时，冲击结束时冲击载荷会快速下降。这是由于复合材料在冲击过程中是按照从上到下的顺序与冲头相接触的，这就会给接触力在 F-d 曲线上带来巨大的下降。

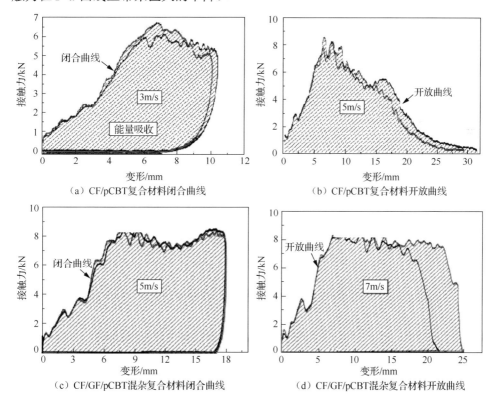

（a）CF/pCBT复合材料闭合曲线　　　（b）CF/pCBT复合材料开放曲线

（c）CF/GF/pCBT混杂复合材料闭合曲线　　　（d）CF/GF/pCBT混杂复合材料开放曲线

图 7.10　不同试样在冲击过程中的接触力随着接触时间的变化关系图

　　图 7.11 给出了不同冲击过程中冲头冲击速度随着试样变形的关系图（v-d）。从图中可以看出，速度最大值在冲头与试样刚接触时出现。随后速度从最大降到 0。而后，速度曲线上出现负值并且其绝对值随着位移的减小而增加，表明冲击过程中发生了冲头反弹现象。V_r/V_i 比值的大小可以用来进一步描述材料在冲击载荷下的行为。通常情况下，V_r/V_i 比值的大小从-1～1 变化。当其值在-1～0 时，表示冲击过程中有反弹发生。当其值为 0 或者近似 0 时，表明层合板处于穿透临界区域。当其值为 0～1 时，表示层合板被完全穿透。由图 7.11 计算所得的 V_r/V_i 在图 7.12 中给出，从图中所给数据可以看出，随着冲击能量增加，V_r/V_i 从正值变为负值。另外，对于给定的初始冲击能量（V=5m/s），碳纤维增强 pCBT 树脂的 V_r/V_i 为正值，而混杂层合板的 V_r/V_i 为负值。

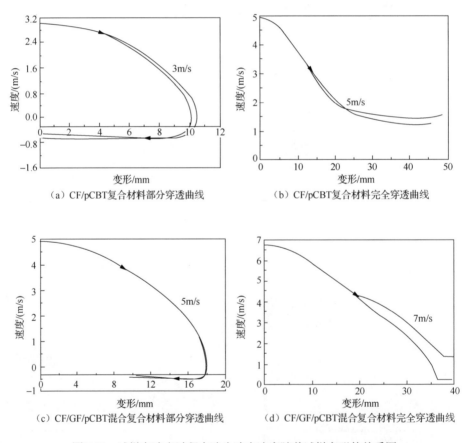

（a）CF/pCBT复合材料部分穿透曲线　　　　　（b）CF/pCBT复合材料完全穿透曲线

（c）CF/GF/pCBT混合复合材料部分穿透曲线　　（d）CF/GF/pCBT混合复合材料完全穿透曲线

图 7.11　试样在冲击过程中冲头冲击速度随着试样变形的关系图

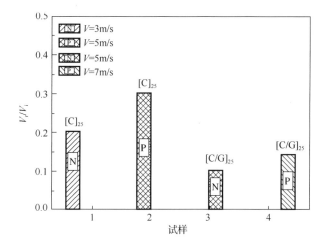

图 7.12　不同试样在不同冲击能量下冲头冲击速度与残余速度的比值

（图中 N 表示正值，P 表示负值）

从以上基于时间变形曲线的讨论可知，铺层形式为[C/G]$_{2S}$混杂复合材料层合板具有较好的抗冲击性能。也就是说，通过在碳纤维层合板中加入玻璃纤维的方法可以用来提升材料的抗冲击性能，具有正相关性。添加玻璃纤维后给混杂复合材料整体力学性能带来的增强效果缘于玻璃纤维对冲击能量的大量吸收。众所周知，编织玻璃纤维相对于碳纤维材料来说具有较高的损伤延展性。因此，在低速冲击过程中，玻璃纤维能够通过它自身的大变形来吸收更多的冲击能量。所以铺设在碳纤维附近的玻璃纤维能够保护其完整性。另外，已经有文献证实在冲击载荷作用下，脆性材料的内部能够较为容易的产生和传播微裂纹。主要由于玻璃纤维的高韧性特点，材料内部的裂纹可以被有效地阻止和生成。因此，通过在碳纤维增强 pCBT 树脂复合材料中添加玻璃纤维，会使层合板的失效模式从脆性破坏变为韧性破坏。

另外一个方面涉及纤维与基体之间的界面问题，通过在层合板中加入玻璃纤维，原来与碳纤维接触的界面就被引入玻璃纤维和碳纤维之间。结果裂纹在两者之间形成的机会就大大增加，这样由于裂纹尖端在混杂复合材料中要走较长的路径才能完成其传播，于是结构就吸收了大量的冲击能量。上述这些因素最终导致了混杂层合板在低速冲击载荷作用下临界冲击强度的提升。

7.3　混杂复合材料低速冲击载荷下的有限元分析

由于有限元方法具有准确度较高、省时、省力等诸多特点，所以该方法是分析材料力学性能的有效手段之一。如前面试验部分所讨论，混杂层合板能够吸收更多的冲击能量从而具有较好的抗冲击性能,因此为了得到冲击过程中的材料失效细节,本书的仿真主要针对混杂复合材料层合板来开展。本章中所有的仿真都是通过商用软件 ABAQUS 进行的,仿真条件与试验中所施加的边界完全保持一致。众所周知,冲击问题是一个三维问题,然而传统的解决方法总是将层合板看作二维壳单元来分析,这样就会给接触问题的计算带来较大的仿真误差[383]。因此,本章将采用三维有限元模型,并根据三维有限元方法利用三维 Hashin 失效准则编写用于分析复合材料层合板失效的用户子程序 VUMAT,随后将试验结果与仿真结果做了对比。

7.3.1　有限元模型

有限元仿真中所用的复合材料层合板及冲头在图 7.13 中给出,图中一并给出了模型尺寸等细节。

图 7.13　有限元仿真中所用的复合材料层合板及冲头

仿真过程中,直径为 12mm 的半球形冲头被定义成为刚体。为了节约计算时间,将冲击可能接触区域外的部分设置为较为粗糙的网格,精细化网格在冲头与试样的接触区域部分给出。另外,与试验不同的是,冲头直接被放置在层合板的正上方,这样通过在冲头上设置初始速度为 5m/s 和 7m/s,即可对试验过程进行仿真。需要指出仿真使用的所有的单元类型为 C3D8R 单元,仿真中的所有材料的刚度和强度参数见表 7.2 和表 7.3。

Hashin 失效准则在 1980 年首先提出,该准则被广泛应用于复合材料的数值仿真试验中[334]。基于该准则,本书编写了用户材料子程序 VUMAT,以用来计算编织复合材料在冲击载荷作用下的失效过程。三维的 Hashin 失效准则包含了以下六种不同的失效模式。

径向纤维拉伸破坏:

$$e_{ft}^2 = (\frac{\sigma_{11}}{X_t})^2 + (\frac{\sigma_{12}}{S_{12}})^2 + (\frac{\sigma_{13}}{S_{13}})^2 \geqslant 1 \qquad (7.1)$$

径向纤维压缩破坏:

$$e_{fc}^2 = (\frac{\sigma_{11}}{X_t})^2 \geqslant 1 \qquad (7.2)$$

纬向纤维拉伸破坏:

$$e_{ft}^2 = (\frac{\sigma_{11}}{Y_t})^2 + (\frac{\sigma_{12}}{S_{12}})^2 + (\frac{\sigma_{23}}{S_{23}})^2 \geqslant 1 \qquad (7.3)$$

纬向纤维压缩破坏:

$$e_{fc}^2 = (\frac{\sigma_{22}}{Y_t})^2 \geqslant 1 \qquad (7.4)$$

层间破坏:

$$e_{dt}^2 = (\frac{\sigma_{33}}{Z_t})^2 + (\frac{\sigma_{23}}{S_{23}})^2 + (\frac{\sigma_{13}}{S_{13}})^2 \geqslant 1 \qquad (7.5)$$

基体开裂:

$$e_{dc}^2 = (\frac{\sigma_{23}}{S_{23}})^2 + (\frac{\sigma_{13}}{S_{13}})^2 \geqslant 1 \qquad (7.6)$$

上述公式中,e 为用来判断材料是否失效的系数。一旦式(7.1)~(7.6)提出的失效准则满足 $e \geqslant 1$,材料的刚度就会从开始的数值衰减到表 7.4 中指定的倍数[384]。对于复合材料层合板的层间行为,采用了基于表面内聚力行为的单元来分析。表面内聚力行为的单元是一种基于双线性弹性理论的单元,该方法与很多文献中所用的内聚力单元十分相似[343]。此外,由于表面内聚力单元的厚度很薄,在仿真中可以忽略,因此该方法在仿真中得到了较为广泛的应用。

表 7.4　VUMAT 中所使用材料的刚度衰减规则

	E_1	E_2	E_3	G_{12}	G_{13}	G_{23}	μ_{12}	μ_{13}	μ_{23}
径向纤维拉伸断裂破坏	0.1	—	—	0.1	0.1	—	0.1	0.1	—
径向纤维压缩断裂破坏	0.2	—	—	0.2	0.2	—	0.2	0.2	—
纬向纤维拉伸断裂破坏	—	0.1	—	0.1	—	0.1	0.1	—	0.1
纬向纤维压缩断裂破坏	—	0.2	—	0.2	—	0.2	0.2	—	0.2
Z 向纤维拉伸断裂	—	—	0.1	—	0.1	0.1	—	0.1	0.1
Z 向纤维压缩断裂	—	—	0.2	—	0.2	0.2	—	0.2	0.2

7.3.2　仿真结果与讨论

在图 7.14 中，比较了试验和有限元方法获得的混杂层合板在初始速度为 V=5m/s 和 V=7m/s 下的冲击接触力-时间曲线。通过比较可以看出，有限元方法和试验得到的 F-t 曲线符合度较好。与试验结果相比，在 ABAQUS/Explicit 有限元中得到的接触力的误差随着时间的增加先减小再增大。图 7.14 中试验与有限元之间的误差可以用以下原因来解释：冲击接触开始，单元没有损伤，冲头只是与试样上表面相接触，因此该时段具有较好的仿真精确度。然而，由于冲头被当作刚体，因此它所吸收的能量就被忽略掉。结果，随着冲击过程的进一步增加，被忽略掉的冲击能量越来越大，这样就导致试验与仿真之间的误差也越来越大。

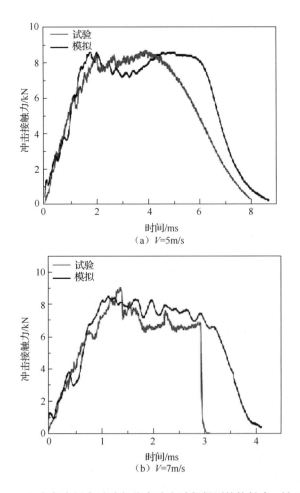

图 7.14　混杂复合板在试验与仿真冲击过程得到的接触力-时间曲线

　　图 7.15 和图 7.16 给出了混杂层合板在不同初始冲击速度下材料变形随着接触时间的变化趋势。可以看出，由于混杂层合板具有较好的韧性，它在承受冲击载荷时具有较大的变形。另外也可以从图 7.15 中看出层合板的初始损伤首先出现在 t=6ms 时，在 t=8ms 时试样被半穿透。试验破坏形貌和仿真形貌在图中一并给出，通过对比可以发现二者符合良好。从图 7.16 中可以看出，混杂层合板在 V=7m/s 初始冲击载荷下首先出现损伤的时间为 t=1ms。这一结果仍然和试验结果相符合。层合板不同铺层纤维的渐进损伤在图 7.17 中给出。这里初始 V=5m/s，使用场变量来表示显式仿真中材料的损伤。从图 7.17 中可以发现，材料内部的损伤临界在 16 层出现，也就是说，在 V=5m/s 时，第 16 层以上的材料被完全穿透，而 16 层以下的材料保持完好。另外，通过对比玻璃纤维与碳纤维中的损伤面积的大小可以看出，编织玻璃纤维上的损伤面积较编织碳纤维要小很多，这主要是由于如前所述的玻璃纤维的高韧性造成的。此外，在仿真结果中也可以看出，混杂复合材料的失效模式同时包含了径向、纬线纤维的断裂和层间分层等多种形式，这又一次证实了试验中观察到的现象。

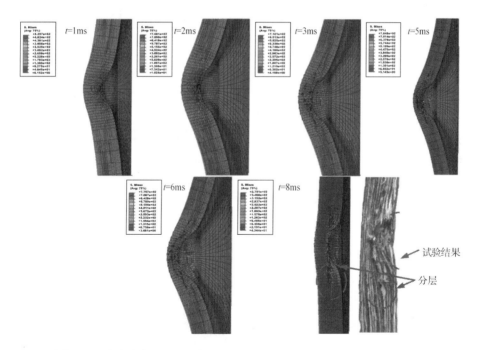

图 7.15　冲头速度 V=5m/s 时，CF/GF/pCBT 层间混杂层合板的横断面的失效随着接触时间的变化趋势（为了便于观察，图中移除了冲头）

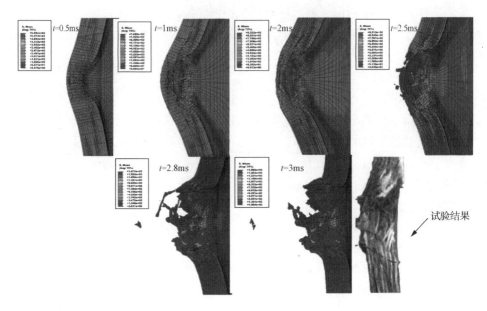

图 7.16　冲击速度 V=7m/s 时，混杂复合材料的损伤随着接触时间的变化趋势

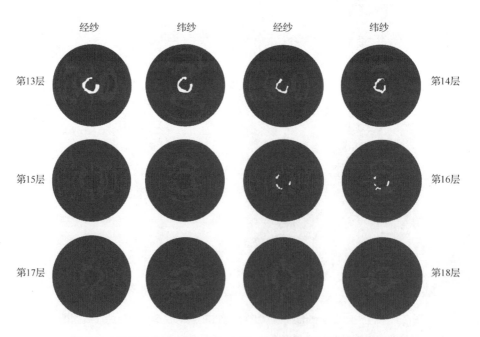

图 7.17　当初始冲击速度 V=5m/s 时，不同铺层位置的材料损伤图

7.4　混杂改性泡沫夹心结构在冲击作用下的力学行为

7.4.1　泡沫夹心复合材料概述

　　基于泡沫夹心三明治结构复合材料的优异性能，该类材料近年来在多个领域中得到了广泛的应用。例如，在弯曲测试中，两层较薄的混杂层合板可以提供较大的刚度用以维持结构的面内变形；而轻质、较弱的泡沫夹心层可以提供较好的吸能能力。然而在冲击载荷作用下，夹心结构的完整性及其损伤容限就应该给予特别关注。这是因为在冲击载荷作用下，夹心结构会产生目视不可获得的损伤，最为常用的衡量材料冲击后损伤行为的测试是冲击后的压缩强度变化，通常该性能在材料冲击过后会降低原值的 50%以上[385, 386]。由此可见，复合材料的抗冲击及冲击后压缩强度在实际工程应用中扮演重要角色。国内有很多学者对复合材料的冲击及冲击后压缩强度进行了试验和有限元仿真等研究[387-396]。然而，对与泡沫夹心三明治结构的冲击及冲击后压缩强度的研究较少。如何提升泡沫夹心三明治结构的耐冲击性能及其冲击后的损伤容限仍是一个重点。

　　对于一个典型的三明治结构来说，当涉及材料的性能时有三个方面需要特别关注：面板、面板与泡沫的黏接强度以及泡沫的性质[397]。本章中，我们主要关注夹心结构面板的性能。有很多学者研究了泡沫夹心结构的冲击行为[357, 398-401]，然而对带有混杂编织纤维组成面板夹心结构的冲击性能研究较为少见。另外，也有很多学者研究了泡沫夹心结构在低速冲击后材料压缩行为的变化[372, 402-409]，然而对于混杂改性材料的冲击后压缩行为的研究也较少。本节主要论述如何通过 VARI 工艺制备泡沫夹心复合材料层合板，并对所制备的夹心结构的低速冲击性能进行了研究；随后，论述了如何利用混杂改性手段将玻璃纤维和碳纤维铺设到泡沫夹心表面作为面板，并对改性后材料的冲击行为作了研究分析。为了进一步研究改性前后材料的低速冲击容限的变化，本节也对材料的冲击压缩行为作了进一步的研究分析。

7.4.2　材料与制造方法

　　本节中所用的高分子树脂基体为乙烯基树脂，常温下该树脂可以在固化剂和促进剂的作用下固化成型。本节所用的固化剂是过氧化丁酮，所用的促进剂是二甲基苯胺。将树脂和固化剂、促进剂按照 1∶1%∶0.1%的质量比混合均匀后树脂即可室温固化。增强材料分别是平纹编织玻璃纤维和平纹编织碳纤维。图 7.18 给出了试验所用纤维的二维尺寸。表 7.5 列出了平纹编织纤维布的参数。表中 g_w、g_f 为相邻两束纤维之间的横向距离，a_w、a_f 是纤维束的宽度。角标 w 和 f 分别表示纤维的纬向和经向。夹心泡沫的厚度为 12mm。为了确保制造过程中树脂能够很好地与泡沫夹心浸润，所采用的刚性泡沫表面上制造了导流槽，同时还在泡沫内部添加了导流孔。如图 7.18 所示，导流槽的间距分布为 20mm×20mm，穿过厚度的导流孔的直径为 2mm。采用 VARI[281, 410]工艺制备了 6 种带有不同面板的泡沫夹心三明治结构层合板。实验室制备的三明治层合板的长度为 1000mm，宽度为 150mm，厚度为 16mm。夹心的厚度为 12mm，单层纤维布的厚度为 0.5mm。如图 7.19 所示，六种层合板的铺层形式分别为[C₄/泡沫夹芯/C₄]、[C₂/G₂/泡沫夹芯/G₂/C₂]、[G₂/C₂/泡沫夹芯/C₂/G₂]、[G/C]₂/泡沫夹芯/[C/G]₂、[G/C₂/G/泡沫夹芯/ G/C₂/G]和[G₄/泡沫夹芯/G₄]。所采用的 VARI 工艺如图 7.18 所示。在 VARI 工艺过程中，利用一块表面光洁的玻璃面板作为底板，使用时利用脱模机将其表面擦拭干净，将混杂复合材料的纤维和泡沫按照最终的结构形式铺放在玻璃面板上，随后铺设脱模布和倒流网。

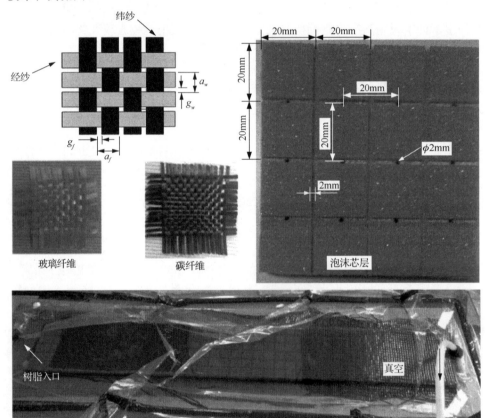

图 7.18　用于制造泡沫夹心三明治结构层合板的 VARI 工艺示意图

表 7.5　平纹编织纤维布的参数

材料	a_w/mm	g_w/mm	a_f/mm	g_f/mm	面密度/(g/m²)
碳纤维	3	0.2	2.9	0.6	300
玻璃纤维	5	1	4	1.2	500

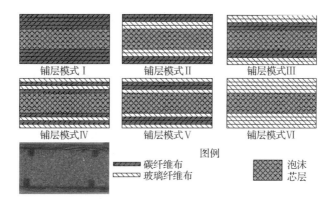

图 7.19　试验中制备的泡沫夹心三明治结构的铺层形式

图 7.19 中给出了所制备不同层合板的结构图。随后整个装置利用塑料膜覆盖、密封。为了保证树脂能够在材料内部均匀流动，需在板的两端铺设导流管。树脂注射完成以后，需将整个体系在 600Mbar 的负压下并在室温条件下固化 24h。为了测试夹心结构的力学行为，利用金刚石切割机在制备的层合板上切去尺寸为 100mm×100mm×16mm 的正方形板进行低速冲击测试。三明治材料中不同组分的质量组成在表 7.6 中给出。

表 7.6　泡沫夹心三明治结构中材料的质量组成　　　（单位：g）

材料	碳纤维	玻璃纤维	夹心泡沫和树脂	总质量
玻纤/泡沫/环氧	—	40	47.22	87.22
碳纤/泡沫/环氧	24	—	47.22	71.22
混杂复合材料	12	20	47.22	79.22

可以看出，具有纯玻璃纤维表面的三明治层合板的质量大小为 87.22g，而具有纯碳纤维面板的材料的质量大小为 71.22g。泡沫填充的混杂复合材料面板的总质量在 79.22g。

7.4.3　复合材料面板及泡沫夹心的基本力学性能测试

为了计算三明治结构中单个组分的基本力学性能，利用 VARI 工艺同时制备了包含乙烯基树脂浇注体、编织碳纤维增强乙烯基树脂（CF/VE）层合板和编织玻璃纤维增强乙烯基树脂（GF/VE）层合板。为了测定所选泡沫夹心结构的力学性质，进行了夹心泡沫的压缩测试。用作拉伸测试的乙烯基树脂浇注体的尺寸为 146mm×10mm×6mm。纤维增强树脂基复合材料层合板的尺寸为 220mm×25mm×3mm，拉伸标距为 100mm。压缩测试所用的夹心泡沫的尺寸为 18mm×18mm×12mm。

以上所有的力学测试在 Zwick/ Z010 型电子万能试验机上完成,测试温度为 25℃,测试速度为 2mm/min。每一个试验点测试的试样总数为 5 个。图 7.20 给出了在拉伸和压缩测试中所得到的典型的应力-应变曲线。表 7.7 为 4 种不同材料的拉伸强度、弹性模量和失效应变。可以看出,乙烯基树脂浇注体的拉伸强度、弹性模量和失效应变大小分别为 34.2MPa、1.34GPa 和 5.28%。玻璃纤维/乙烯基的以上三个参数的大小分别为 216.92MPa、12.69GPa 和 5.09%。而碳纤维/乙烯基对应的三个参数的大小分别为 338.11MPa、21.03GPa 和 3.57%。对比可见,碳纤维增强复合材料具有很大的自然脆性,这直接导致材料在较小的应变值和较大的应力值下失效。泡沫夹心的压缩强度、模量和失效应变值分别为 6.52MPa、0.048GPa 和 1.51%。由于泡沫夹心的压缩曲线是非线性的,压缩应力-应变可以分成三个明显的区域:首先是在较低应力载荷下的线弹性区,然后是一个与材料渐进屈曲相关的压缩平台区,最后是一段材料的压缩强度上升区[411]。

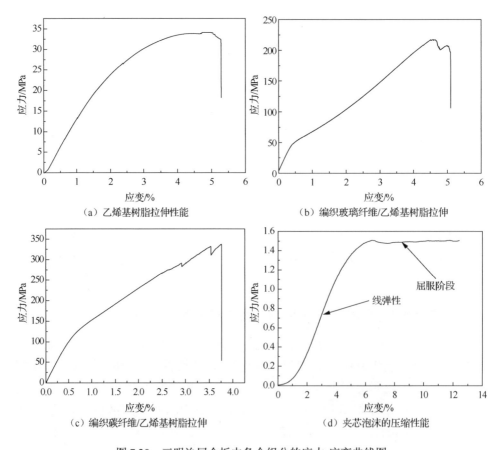

(a) 乙烯基树脂拉伸性能

(b) 编织玻璃纤维/乙烯基树脂拉伸

(c) 编织碳纤维/乙烯基树脂拉伸

(d) 夹芯泡沫的压缩性能

图 7.20　三明治层合板中各个组分的应力-应变曲线图

表 7.7　三明治层合板中所用的材料的基本力学参数

材料	拉伸强度/MPa	弹性模量/GPa	失效应变/%
乙烯基树脂	34.2	1.34	5.28
玻璃纤维/乙烯基	216.92	12.69	5.09
碳纤维/乙烯基	338.11	21.03	3.75
夹芯泡沫	6.52	0.048	1.51

7.4.4　低速落锤冲击测试

本节的低速落锤冲击测试在 Instron-9250HV 型落锤冲击测试试验机上在室温下完成。该试验机装备有数据采集装置和阻尼装置以防止冲击过程中的反弹。试验按照 ASTM_D5628-07 标准进行，装置图如图 7.21 所示。本节力学试验中所采用的半球形钢材料冲头的直径为 12mm，质量大小为 15kg。落锤有两个导轨导引完成垂直冲击，试样被夹持在气动夹持装置上，直径为 80mm 的区域作为冲击区域。冲击力、冲击速度等参数随着时间的变化可以通过计算机数据采集系统来采集。试验中，每组试样做了 3 个，采用它们的平均值作为测量值。本节中冲头的初始速度大小为 2m/s，根据动能定理，冲击能量大小为 30J。

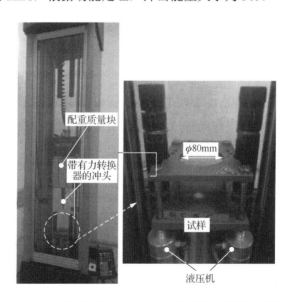

图 7.21　三明治层合板中各个组分的应力-应变曲线图

7.4.5　冲击后压缩强度测试

CAI 用来评估材料在冲击载荷作用下的损伤情况。CAI 测试结果是衡量材料在承受低速冲击载荷作用后其性能衰减程度的有效途径之一。试验在 Instron 通用电子万能试验机上进行。所用的试样从冲击后的层合板上获得，其尺寸大小为 30mm×100mm×16mm。所用的试样是经过直径为 12mm 的冲头在 30J 的冲击能量下冲击过后的试样，冲击损伤点位于压缩试样的正中间，如图 7.22 所示。压缩试验时，试样的一端固定在试验机底座，另一端与试验机接触承受压缩载荷，测试时采用位移控制方法，加载到试样破坏结束。加载速度是 2mm/s，每组试样测试 5 组，用来计算它们的平均值。5 组未经过冲击破坏的试样同样进行了压缩试验进行对比研究。CAI 测试中，载荷—位移历程通过系统数据采集器记录，同时观察了在试样内部的损伤情况。CAI 强度利用压缩最大载荷除以试样的压缩横截面积计算求得，残余强度的计算公式如下：

$$\sigma_c = \frac{F_{max}}{w \cdot h} \tag{7.7}$$

式中，σ_c 为极限压缩强度，单位为 MPa；F_{max} 为最大失效载荷，单位为 N；w 和 h 分别为试样的宽度和厚度，单位为 mm。

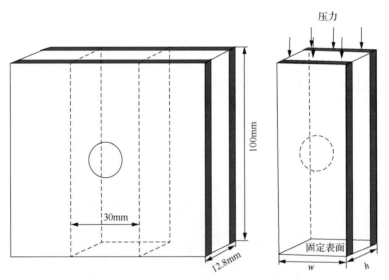

图 7.22　冲击后压缩试验中所有的试验尺寸

　　本章通过在碳纤维编织布增强 pCBT 树脂基复合材料中添加玻璃纤维布来进行混杂复合增强 pCBT 复合材料，并对其在低速冲击载荷作用下的响应进行了研究，对具有不同混杂形式面板的泡沫夹心三明治结构的冲击及冲击后压缩强度做了试验研究。可得到以下结论。

　　（1）与纯碳纤维增强 pCBT 树脂基复合材料相比，铺层形式为[C/G]$_{2S}$ 的层间混杂复合材料具有很好的抗低速冲击性能。由于混杂复合材料中的玻璃纤维能够吸收大量的冲击能量，在碳纤维复合材料中加入玻璃纤维能够具有力学性能的正相关性，材料的冲击临界速度从 3.5m/s 提升至 5.5m/s。

（2）采用 VUMAT 的渐进损伤 ABAQUS 模型能够很好地模拟混杂层合板在低速冲击过程中的材料损伤过程，仿真结果与试验结果符合良好。

（3）在 30J 的冲击能量下，具有纯碳纤维的三明治面板被完全穿透，冲击能量被基体裂纹、纤维断裂和泡沫裂纹吸收。具有纯玻璃纤维的三明治面板发生反弹，冲击能量被基体裂纹、层间分层所消耗吸收。同时，两者的冲击接触力、变形在所研究的试样中分别为最小值和最大值。

（4）具有混杂面板的三明治结构所吸收的能量在纯纤维面板试样之间。通过 SEM 观察可见，基体裂纹、分层和面板中的一些纤维断裂是冲击过后材料的主要失效模式。玻璃纤维和碳纤维的铺层顺序对材料的冲击性能有影响，具有两层碳纤维作为接触面的三明治结构能够吸收更多能量且具有较高的最大接触力。

（5）与具有混杂面板的三明治结构相比，具有纯碳纤维面板的三明治结构具有较大的冲击后压缩强度衰减率（60.8%），而纯玻璃纤维的冲击后强度衰减率最小（14.3%）。在带有混杂面板的三明治结构中，形式为[G/C]$_2$/泡沫夹芯/[C/G]$_2$的冲击后强度衰减率较小，且初始的压缩强度较大。面板屈曲、起皱和夹心结构的屈曲是材料在冲击后压缩测试中的主要失效模式。与非破坏试样相比，破坏后试样的屈曲发生在破坏区域附近。

参 考 文 献

[1] 黄发荣, 周燕. 先进树脂基复合材料. 北京: 化学工业出版社, 2008.

[2] 王荣国, 吴卫莉, 谷万里. 复合材料概论. 哈尔滨: 哈尔滨工业大学出版社, 1998.

[3] Tita V, Carvalho J D, Vandepitte D. Failure analysis of low velocity impact on thin composite laminates: experimental and numerical approaches. Composite Structures, 2008, 83(4): 413-428.

[4] Bankim C R, Dinesh R. Environmental damage and degradation of FRP composites: a review report. Polymer Composites, 2015, 36(3): 410-423.

[5] Lu J Z, Wu Q L, McNabb H J, et al. Chemical coupling in wood fiber and polymer composites: a review of coupling agents and treatments. Wood and Fiber Science, 2000, 32(2): 88-104.

[6] 黄志雄, 彭永利, 秦岩, 等. 热固性树脂复合材料及其应用. 北京: 化学工业出版社, 2007.

[7] 段志军, 段望春, 张瑞庆. 国内外复合材料回收再利用现状. 塑料工业, 2011, 1(1): 14-18.

[8] Carlsson A. Thermoplastic composite materials. Oxford: Elsevier, 1991.

[9] 甘应进, 陈东生. 纤维增强高分子基复合材料的现状. 纤维复合材料, 1995, 12(4): 10-13.

[10] 郑亮. 连续纤维增强杂萘联苯聚芳醚树脂复合材料的研究. 大连: 大连理工大学, 2009.

[11] 吴靖. 国外热塑性树脂基复合材料现状及发展趋势. 材料导报, 1995, 1(2): 77-80.

[12] 吴学东, 丁辛. 热塑性树脂基复合材料用摩擦纺混纤纱. 玻璃钢/复合材料, 1997(4): 5-7.

[13] 徐维强. 中、长纤维增强热塑性复合材料的应用开发动向. 纤维复合材料, 1989(4): 35-42.

[14] 赵雪峰, 宋永珍, 蒋兵, 等. 长纤维增强热塑性复合材料的研究进展. 科技资讯, 2012(31): 76.

[15] Oelgarth A, Dittmer H, Stockreiter W. A comparison of long-fibre-reinforced thermoplastics. Kunststoffe, 1998, 88(4): 480-485.

[16] Robert C C, Louis N K. Long glass fiber composites: rapid growth and change. ANTEC, 2002, 60(2): 2140-2143.

[17] Clegg D W, Collyer A A. Mechanical properties of reinforced thermoplastics. London: Elsevier Applied Science Publishers Ltd., 1986.

[18] Cattanach J B, Cogswell F N. Processing with aromatic polymer composites. London: Applied Science Publishers, 1986: 1-38.

[19] Nguyen H X, Ishida H. Poly(Aryl-Ether-Ether-Ketone) and its advanced composites: a review. Polymer Composites, 1987, 8(2): 57-73.

[20] 肖德凯, 张晓云, 孙安垣. 热塑性复合材料研究进展. 山东化工, 2007(2): 15-21.

[21] 钱伯章. 聚合物复合材料的新进展. 化工新型材料, 2008, 36(6): 16-18.

[22] 张晓明, 刘雄亚. 纤维增强热塑性复合材料及其应用. 北京: 化学工业出版社, 2007.

[23] 王兴刚, 于洋, 李树茂, 等. 先进热塑性树脂基复合材料在航天航空上的应用. 纤维复合材料, 2011, 44(2): 44-47.

[24] Reyes G, Kang H. Mechanical behavior of lightweight thermoplastic fiber-metal laminates. Journal of Materials Processing Technology, 2007, 186(1-3): 284-290.

[25] Beier U, Wolff-Fabris F, Fischer F, et al. Mechanical performance of carbon fibre-reinforced composites based on preforms stitched with innovative low-melting temperature and matrix soluble thermoplastic yarns. Composites Part A, 2008, 39(9): 1572-1581.

[26] Bajracharya R M, Manalo A C, Karunasena W, et al. An overview of mechanical properties and durability of glass-fibre reinforced recycled mixed plastic waste composites. Materials & Design, 2014, 62(10): 98-112.

[27] Bonderer L J, Feldman K, Gauckler L J. Platelet-reinforced polymer matrix composites by combined gel-casting and hot-pressing. Part II: thermoplastic polyurethane matrix composites. Composites Science and Technology, 2010, 70(13): 1966-1972.

[28] Dehghani A, Ardekani S M, Al-Maadeed M A, et al. Mechanical and thermal properties of date palm leaf fiber reinforced recycled poly(ethylene terephthalate) composites. Materials & Design, 2013, 52(24): 841-848.

[29] El-Shekeil Y A, Sapuan S M, Abdan K, et al. Influence of fiber content on the mechanical and thermal properties of kenaf fiber reinforced thermoplastic polyurethane composites. Materials & Design, 2012, 40: 299-303.

[30] Akonda M H, Lawrence C A, Weager B M. Recycled carbon fibre-reinforced polypropylene thermoplastic composites. Composites Part A, 2012, 43(1): 79-86.

[31] Advani S G, Hsiao K T. Introduction to composites and manufacturing processes. Manufacturing Techniques for Polymer Matrix Composites, 2012: 1-12.

[32] Hou M, Ye L, Mai Y W. Manufacturing process and mechanical properties of thermoplastic composite components. Journal of Materials Processing Technology, 1997, 63(1-3): 334-338.

[33] Lou A Y, Murtha T P, O'Connor J E, et al. Continuous-fibre thermoplastic composites, composite materials series 7. Amsterdam: Elsevier Science Publishers, 1991: 167-204.

[34] Månson J A E, Wakeman M D, Bernet N. Composite processing and manufacturing-an overview//Comprehensive composite materials. Elsevier Science Ltd, 2000, 2: 577-607.

[35] Rijswijk K V, Berseea H E N. Reactive processing of textile fiber-reinforced thermoplastic composites-an overview. Composites Part A, 2007, 38(3): 666-681.

[36] Harte A M, Namara J F M. Overinjection of thermoplastic composites: I. Processing and testing of components. Journal of Materials Processing Technology, 2007, 182(1-3): 12-20.

[37] Abounaim M, Diestel O, Offmann G, et al. High performance thermoplastic composite from flat knitted multi-layer textile preform using hybrid yarn. Composites Science and Technology, 2011, 71(4): 511-519.

[38] Memon A, Nakai A. Fabrication and mechanical properties of jute spun yarn/PLA unidirection composite by compression molding. Energy Procedia, 2013, 34: 830-838.

[39] Qureshi Z, Swait T, Scaife R, et al. In situ consolidation of thermoplastic prepreg tape using automated tape placement technology: potential and possibilities. Composites Part B, 2014, 66: 255-267.

[40] Liang B, Hamila N, Peillon M, et al. Analysis of thermoplastic prepreg bending stiffness during manufacturing and of its influence on wrinkling simulations. Composites Part A, 2014, 67: 111-122.

[41] Harvey M T. Thermoplastic matrix composites processing. ICI Americas Report, 1989, 71(1): 732-743.

[42] Svensson N, Shishoo R, Gilchrist M. Manufacturing of thermoplastic composites from commingled yarns-a review. Journal of Thermoplastic Composite Materials, 1998, 11(1): 22-56.

[43] Ali R, Iannace S, Nicolais L. Effects of processing conditions on the impregnation of glass fibre mat in extrusion/calendering and film stacking operations. Composites Science and Technology, 2003, 63(15): 2217-2222.

[44] Khondker O A, Ishiaku U S, Nakai A, et al. Fabrication mechanical properties of unidirectional jute/PP composites using jute yarns by film stacking method. Journal of Polymers and the Environment, 2005, 13(2): 115-126.

[45] Abounaim M, Hoffmann G, Diestel O, et al. Development of flat knitted spacer fabrics for composites using hybrid yarns and investigation of two-dimensional mechanical properties. Textile Research Journal, 2009, 79(7): 596-610.

[46] Iyer S R, Drzal L T. Manufacture of powder-impregnated thermoplastic composites. Journal of Thermoplastic Composite Materials, 1990, 3(4): 325-355.

[47] Lacroix F V, Lu H Q, Schulte K. Wet powder impregnation for polyethylene composites: preparation and mechanical properties. Composites Part A, 1999, 30(3): 369-373.

[48] Verpoest I. Comprehensive composite materials, Polymer Matrix Composites. Composite preforming techniques. Elsevier Science Ltd, 2000, vol. 2, ch. 2.18: 523-669.

[49] Steggall-Murphy C, Simacek P, Advani S G, et al. A model for thermoplastic melt impregnation of fiber bundles during consolidation of powder-impregnated continuous fiber composites. Composites Part A, 2010, 41(1): 93-100.

[50] Gibson A G, Månson J A. Impregnation technology for thermoplastic matrix composites. Composites Manufacturing, 1992, 3(4): 223-233.

[51] Wakeman M D, Rudd C D. Comprehensive composite materials. Polymer Matrix Composites. Compression molding of thermoplastic composites. Elsevier Science Ltd, 2000, vol. 2, ch. 2.27: 915-963.

[52] Muzzy J D, Colton J S. Advanced composites manufacturing. The processing science of thermoplastic composites. John Wiley & Sons Inc, 1997, ch. 3: 81-111.

[53] Mazumdar S K. Composites Manufacturing: Materials, Product, and Process Engineering. Boca Raton, London, New York, Washington, D.C.: CRC Press, 2002.

[54] 贾立军, 朱虹. 复合材料加工工艺. 天津: 天津大学出版社, 2007.

[55] 周效谅, 钱春香, 王继刚, 等. 连续纤维增强热塑性树脂基复合材料拉挤工艺研究与应用现状. 高科技纤维与应用, 2004, 29(1): 41-45.

[56] Fanucci J P, Nolet S, Mc Carthy S. Advanced composites manufacturing. pultrustion of composites. John Wiley & Sons, 1997: 259-295.

[57] van de Velde K, Kiekens P. Thermoplastic pultrusion of natural fibre reinforced composites. Composite Structures, 2001, 54(2): 355-360.

[58] Astrom B T. Manufacturing of polymer composites. London: Chapman & Hall, 1997.

[59] Kruckenberg T, Paton R. Resin transfer moulding for aerospace structures. London: Chapman & Hall, 1998.

[60] Rosato D V, Grove C S. Filament winding: its development, manufacture, applications, and design. New York: Interscience Publishers, 1964.

[61] Shen F C. A filament-wound structure technology overview. Materials Chemistry and Physics, 1995, 42(2): 96-100.

[62] 黄家康. 复合材料成型技术及应用. 北京: 化学工业出版社, 2011.

[63] 梁基照. 聚合物基复合材料设计与加工. 北京: 机械工业出版社, 2011.

[64] Hull D, Clyne T W. An introduction to composite materials. Maryland, UK: Cambridge University Press, 1996.

[65] Caprino G, D'Amore A. Flexural fatigue behaviour of random continuous fibre reinforced thermoplastic composites. Composites Science and Technology, 1998, 58(6): 957-965.

[66] Hyer M W. Stress analysis of fiber-reinforced composite materials. Lancaster: DEStech Publications Inc, 2009.

[67] 杨铨铨, 梁基照. 连续纤维增强热塑性复合材料的制备与成型. 塑料科技, 2007, 35(6): 34-40.

[68] 郭书良, 段跃新, 肇研, 等. 连续玻璃纤维增强热塑/热固性复合材料力学性能研究. 玻璃钢/复合材料, 2009(5): 42-45.

[69] 王荣国, 刘文博, 张东兴, 等. 连续玻璃纤维增强热塑性复合材料工艺及力学性能的研究. 航空材料学报, 2001, 21(2): 44-47.

[70] 陈雨玲, 伍玉娇, 蒙日亮. PP/PA6/APP/OMMT 复合材料的湿热老化性能研究. 工程塑料应用, 2010(38): 68-72.

[71] 王玉海, 章自寿, 陶友季, 等. PP/纳米 $CaCO_3$ 复合材料的紫外光老化行为. 高分子材料科学与工程, 2011, 27(3): 96-99.

[72] 潘其维, 王兵兵, 陈朝晖. 表面接枝防老剂的白炭黑在天然橡胶中的应用. 复合材料学报, 2013, 30(6): 1-8.

[73] 肖迎红, 汪信, 陆路德, 等. 玻纤增强热塑性聚酯复合材料湿热老化研究. 工程塑料应用, 2001(29): 35-37.

[74] 卢东滨, 陈平, 白天, 等. 复合材料薄壁结构老化性能研究. 玻璃钢/复合材料, 2014(6): 48-51.

[75] 许凤和, 李晓骏, 陈新文. 复合材料老化寿命预测技术中大气环境当量的确定. 复合材料学报, 2001, 18(2): 93-96.

[76] 孙博, 李岩. 复合材料湿热老化行为研究及其耐久性预测. 玻璃钢/复合材料, 2013, 4(9): 28-34.

[77] 林路, 古菊, 谢东, 等. 改性淀粉/丁苯橡胶复合材料的制备及性能研究. 复合材料学报, 2010, 27(2): 16-23.

[78] 过梅丽, 肇研. 航空航天结构复合材料湿热老化机理的研究. 宇航材料工艺, 2002, 4(4): 51-54.

[79] 张惠峰, 王益庆, 吴友平, 等. 黏土/橡胶纳米复合材料老化性能研究. 橡胶工业, 2014, 51(8): 453-458.

[80] 贺成红, 张佐光, 李玉彬, 等. CF/GF 混杂增强环氧树脂复合材料的高载动态黏弹特性. 复合材料学报, 2007, 24(2): 73-78.

[81] 何洋, 梁国正, 杨洁颖, 等. 超高分子量聚乙烯纤维/碳纤维混杂复合材料研究. 航空学报, 2004, 15(5): 504-507.

[82] 张梅. 单向芳纶玻璃纤维混杂复合材料板材拉伸性能研究. 玻璃钢/复合材料, 2007, 11(6): 35-52.

[83] 秦勇, 夏源明, 毛天祥. 多环环间混杂复合材料飞轮离心应力分析. 复合材料学报, 2004, 21(4): 157-161.

[84] 单建胜. 混杂复合材料的成型工艺及在固体发动机上的应用. 固体火箭技术, 1996, 19(2): 61-71.

[85] 张宝庆, 张军, 丁艳芬, 等. 聚丙烯/热致液晶聚合物/玻璃纤维混杂复合材料. 复合材料学报, 2004, 21(6): 9-13.

[86] 何芳, 王玉林, 万怡灶, 等. 三维编织超高分子量聚乙烯纤维-碳纤维混杂增强环氧树脂复合材料摩擦磨损性能. 复合材料学报, 2009, 26(1): 54-58.

[87] 何芳, 王玉林, 万怡灶, 等. 三维编织超高分子量聚乙烯纤维/碳纤维/环氧树脂混杂复合材料力学行为及混杂效应. 复合材料学报, 2008, 25(6): 52-58.

[88] 陈洁, 李敏, 张佐光, 等. 铁基非晶条带玻璃纤维混杂复合材料力学特性. 复合材料学报, 2009, 26(6): 18-24.

[89] 肖露, 程建芳, 柴晓明, 等. 层间混杂复合材料的弹道侵彻性能研究. 浙江理工大学学报, 2013, 30(4): 471-476.

[90] 刘正英, 杨鸣波. 工程塑料改性技术. 北京: 北京工业出版社, 2007.

[91] 赵敏. 改性聚丙烯新材料. 北京: 化学工业出版社, 2010.

[92] Jiang Z Y, Siengchin S, Zhou L M, et al. Poly(butylene terephthalate) /silica nanocomposites prepared from cyclic butylene terephthalate. Composites Part A: Applied Science and Manufacturing, 2009, 40(1): 273-278.

[93] Baets J, Godara A, Devaux J, et al. Toughening of polymerized cyclic butylene terephthalate with carbon nanotubes for use in composites. Composites Part A: Applied Science and Manufacturing, 2008, 39(11): 1756-1761.

[94] Fabbri P, Bassoli E, Bon S B, et al. Preparation and characterization of poly(butylene tereph-thalate) /graphene composites by in-situ polymerization of cyclic butylene terephthalate. Polymer, 2012, 53(4): 897-902.

[95] Sreekumar P A, Thomas S P, Saiter J M, et al. Effect of fiber surface modification on the mechanical and water absorption characteristics of sisal/polyester composites fabricated by resin transfer molding. Composites Part A: Applied Science and Manufacturing, 2009, 40(11): 1777-1784.

[96] 王玉龙, 王振清, 周利民, 等. 纳米 SiO_2 对 SMA 复合材料界面强度的改善. 哈尔滨工程大学学报, 2012, 33(1): 57-61.

[97] 余顺海, 唐羽章. 混杂复合材料. 长沙: 国防科技大学出版社, 1987.

[98] Hall A J, Hodge P. Recent research on the synthesis and applications of cyclic oligomers. Reactive & Functional Polymers, 1999, 41(1-3): 133-139.

[99] Burch R R, Lustig S R, Spinu M. Synthesis of cyclic oligoesters and their rapid polymerization to high molecular weight. Macromolecules, 2000, 33(14): 5053-5064.

[100] Montaudo G, Montaudo M S, Puglisi C, et al. Evidence for ester-exchange reactions and cyclic oligomer formation in the ring-opening polymerization of lactide with aluminum complex initiators. Macromolecules, 1996, 29(20): 6461-6465.

[101] Brunelle D J. Cyclic polymers. Cyclic oligomers of polycarbonates and polyesters. Holland: Kluwer Academic Publishers, 2000, 185-228.

[102] Hodge P. Some applications of reactions which interconvert monomers, polymers and/or macrocycles. Reactive & Functional Polymers, 2001, 48(1): 15-23.

[103] Huang X, Lewis S, Brittain W J, et al. Synthesis of polycarbonate-layered silicate nanocomposites via cyclic oligomers. Macromolecules, 2000, 33(6): 2000-2004.

[104] Bryant J J L, Semlyen J A. Preparation and characterization of cyclic oligomers from solution ring-chain reactions of poly(butylene terephthalate) . Polymer, 1997, 38(17): 4531-4537.

[105] Hamilton S C, Semlyen J A, Haddleton D M. Preparation and characterisation of cyclic oligomers in six aromatic ester and ether-ester systems. Polymer, 1998, 39(14): 3241-3252.

[106] Steenkamer D A, Sullivan J L. On the recyclability of a cyclic thermoplastic composite material. Composites Part B, 1998, 29(6): 745-752.

[107] Okajima S, Kondo R, Toshima K, et al. Lipase-catalyzed transformation of poly(butylene adipate) and poly (butylene succinate) into repolymerizable cyclic oligomers. Biomacromolecules, 2003, 4(6): 1514-1519.

[108] Otaigbe J U. Advances in cyclomer technology for thermoplastic composites manufacture. Trends in Polymer Science, 1997, 5(1): 17-23.

[109] Ge Z, Wang D, Zhou Y, et al. Synthesis of organic/inorganic hybrid quatrefoil-shaped star-cyclic polymer containing a polyhedral oligomeric silsesquioxane core. Macromolecules, 2009, 42(8): 2903-2910.

[110] Ruddick C L, Hodge P, Yang Z, et al. Cyclo-depolymerisation of polyundecanoate and related polyesters: characterisation of cyclic oligoundecanoates and related cyclic oligoesters. Journal of Materials Chemistry, 1999, 9(10), 2399-2405.

[111] East G C, Girshab A M. Cyclic oligomers in poly(1, 4-butylene terephthalate) . Polymer, 1982, 23(3): 323-324.

[112] Kamau S D, Hodge P, Helliwell M. Cyclo-depolymerization of poly(propylene terephthalate): some ring-opening polymerizations of the cyclic oligomers produced. Polymers for Advanced Technologies, 2003, 14: 492-501.

[113] Holland B J, Hay J N. Analysis of comonomer content and cyclic oligomers of poly(ethylene terephthalate). Polymer, 2002, 43(6): 1797-1804.

[114] Parton H, Verpoest I. In situ polymerization of thermoplastic composites based on cyclic oligomers. Polymer Composites, 2005, 26(1): 60-65.

[115] Pang K, Kotek R, Tonelli A. Review of conventional and novel polymerization processes for polyesters. Progress in Polymer Science, 2006, 31(11): 1009-1037.

[116] Park E. Dynamic vulcanization of elastomers with in-situ polymerization. U.S. Patent Application, 2004, 10(3): 493, 765.

[117] Paquette M, Dion R, LeBaron P, et al. Method for preparing reactive formulations of macrocyclic oligomers. U.S. Patent Application, 2005, 11: 154, 017.

[118] Hubbard P A, Brittain W J, Mattice W L, et al. Ring-size distribution in the depolymerization of poly(butylene terephthalate) . Macromolecules, 1998, 31(5): 1518-1522.

[119] Brunelle D J, Bradt J E, Serth-Guzzo J, et al. Semicrystalline polymers via ring-opening polymerization: preparation and polymerization of alkylene phthalate cyclic oligomers. Macromolecules, 1998, 31(15): 4782-4790.

[120] 张红娟. 聚酯共混材料的结晶、流变与力学性能研究. 北京: 北京化工大学, 2008.

[121] 张乃斌. 浅议环状聚酯 CBT 树脂. 塑料制造, 2006, 8(8): 55-59.

[122] Parton H. Characterisation of the in-situ polymerisation production process for continuous fibre reinforced thermoplastics. Department metallurgy and materials engineering. Leuven: Katholieke Universiteit, 2006.

[123] 陈才洋. CBT 树脂基复合材料制备及性能研究. 哈尔滨: 哈尔滨工业大学. 2011.

[124] Tripathy A R, Elmoumni A, Winter H H, et al. Effects of catalyst and polymerization temperature on the in-situ polymerization of cyclic poly(butylene terephthalate) oligomers for composite applications. Macromolecules, 2005, 38(3): 709-715.

[125] 张翼鹏, 颜春, 刘俊龙, 等. 连续纤维增强聚环状对苯二甲酸丁二醇酯复合材料的研究进展. 玻璃钢/复合材料, 2012, 1(3): 67-71.

[126] Bank D, Cate P, Shoemaker M. pCBT: a new material for high performance composites in automotive application. 4th Annual SPE Automotive Composites Conference, Troy, 2004.

[127] Hranac K C. New thermoplastic technologies heat up pultrusion. Composites Technology, 2001.

[128] Winckler S J, Wang J, Hanitzsch O. Processing thermoplastic, resin film infusion materials, based on cyclic butylene terephthalate. 24th International SAMPE Europe Conference, Paris, 2003(1): 661-668.

[129] Coll S M, Murtagh A M, Bradaigh C M O. Resin film infusion of cyclic PBT composites: a fundamental study. 25th International SAMPE Europe Conference, Paris. 2004(2): 311-317.

[130] 周利民, 杨斌, 章继峰, 等. 一种对苯二甲酸丁二醇脂树脂脂基预浸料的制备方法: CN103937020A. 2014-4-17.

[131] Mohd Ishak Z A, Leong Y W, Steeg M, et al. Mechanical properties of woven glass fabric reinforced in situ polymerized poly(butylene terephthalate) composites. Composites Science and Technology, 2007, 67(2): 390-398.

[132] Repsch M, Huber U, Maier M, et al. Process simulation of LPM(liquid polymer molding) in special consideration of liquid velocity and viscosity characteristics. 7th International Conference on Flow Processes in Composite Materials, Newark, 2004(7-9): 305-309.

[133] Weyrauch F, Stadtfeld H C, Mitschang P. Simulation and control of the LCM-process with future matrix systems. 7th International Conference of Flow Processes in Composite Materials, Newark, 2004(2): 95-100.

[134] Rosch M. Processing of advanced thermoplastic composites using a novel cyclic thermoplastic polyester one part system designed for resin transfer molding. 25th International SAMPE Europe Conference, Paris, 2004: 305-310.

[135] Parton H, Baets J, Lipnik P, et al. Properties of poly(butylenes terephthatlate) polymerized from cyclic oligomers and its composites. Polymer, 2005, 46(23): 9871-9880.

[136] Zhou L M, Mai Y W, Baillie C. Interfacial debonding and fibre pull-out stresses. Journal of Materials Science, 1994, 27(12):3143-3154.

[137] Tripathy A R, MacKnight W J, Kukureka S N. In-situ copolymerization of cyclic poly(butylene terephthalate) oligomers and epsilon caprolactone. Macromolecules, 2004, 37(18): 6793-6800.

[138] Tripathy A R, Burgaz E, Kukureka S N, et al. Poly(butylene terephthalate) nanocomposites prepared by in situ polymerization. Macromolecules, 2003, 36(23): 8593-8595.

[139] 张翼鹏, 颜春, 阮春寅, 等. 原位聚合法制备连续玻璃纤维增强 pCBT 复合材料及其性能. 复合材料学报, 2012, 4(4): 29-35.

[140] Wu W Q, Xie L, Jiang B Y, et al. Influence of textile preforming binder on the thermal and rheological properties of the catalyzed cyclic butylene terephthalate oligomers. Composites Part B: Engineering, 2013, 55(12): 453-462.

[141] Baets J, Dutoit M, Devaux J, et al. Toughening of glass fiber reinforced composites with a cyclic butylene terephthalate matrix by addition of polycaprolactone. Composites Part A, 2008, 39(1): 13-18.

[142] Edith M, Shang L G, Rosemarie P, et al. Investigation on adhesion, interphases, and failure behaviour of cyclic butylene terephthalate (CBT) /glass fiber composites. Composites Science and Technology, 2007, 67(15-16): 3140-3150.

[143] Abt T, Sánchez-Soto M, Ilarduya A M D. Toughening of in situ polymerized cyclic butylene terephthalate by chain extension with a bifunctional epoxy resin. European Polymer Journal, 2012, 48 (1): 163-171.

[144] Wu F J, Yang G S. Poly(butylene terephthalate) functionalized MWNTs by in situ ring opening polymerization of cyclic butylene terephthalate oligomers. Polymers for Advanced Technologies, 2011, 22(9): 1466-1470.

[145] Romhány G, Vigh J, Thomann R, et al. pCBT/MWCNT nanocomposites prepared by in situ polymerization of CBT after solid-phase high-energy ball milling of CBT with MWCNT. Macromolecular Materials and Engineering, 2011, 296(6): 544-550.

[146] Youk J H, Boulares A, Roger P, et al. Polymerization of ethylene terephthalate cyclic oligomers with a cyclic dibutyltin initiator. Macromolecules, 2000, 33(10): 3600-3605.

[147] Parton H, Baets J, Lipnik P, et al. Properties of poly(butylene terephthalate) polymerized from cyclic oligomers and its composites. Polymer, 2005, 46(23): 9871-9880.

[148] 杨斌, 章继峰, 周利民. 玻璃纤维-碳纤维混杂增强 pCBT 树脂复合材料的制备及低速冲击性能. 复合材料学报, 2015, 2(3): 210-218.

[149] 杨斌, 章继峰, 梁文彦, 等. 玻璃纤维表面纳米 SiO_2 改性对 GF/pCBT 复合材料力学性能的影响. 复合材料学报, 2015, 3(3): 210-218.

[150] Agirregomezkorta A, Sánchez-Soto M, Aretxaga G, et al. Effects of vacuum infusion processing parameters on the impact behavior of carbon fiber reinforced cyclic butylene terephthalate composites. Journal of Composite Materials, 2014, 48(1): 333-344.

[151] Hart-Smith L J. Adhesively bonded joints for fibrous composite structures. In Recent Advances in Structural Joints and Repairs for Composite Materials. Springer Netherlands, 2003: 173-210.

[152] Da Silva L F, Critchlow G W, Figueiredo M A V. Parametric study of adhesively bonded single lap joints by the Taguchi method. Journal of Adhesion Science and Technology, 2008, 22(13): 1477-1494.

[153] Flansburg B D, Engelstad S P, Lua J. Robust design of composite bonded pi joints. 50th AIAA Confer and Exhibit, 2009: 1-14.

[154] Canyurt O E, Meran C, Uslu M. Strength estimation of adhesively bonded tongue and groove joint of thick composite sandwich structures using genetic algorithm approach. International Journal of Adhesion and Adhesives, 2010, 30(5): 281-287.

[155] Schell J S U, Guilleminot J, Binetruy C, et al. Computational and experimental analysis of fusion bonding in thermoplastic composites: influence of process parameters. Journal of Materials Processing Technology, 2009, 209(11): 5211-5219.

[156] Ageorges C, Ye L, Hou M. Advances in fusion bonding techniques for joining thermoplastic matrix composites: a review. Composites Part A, 2001, 32(6): 839-857.

[157] Leskovics K, Kollar M, Barczy P. A study of structure and mechanical properties of welded joints in polyethylene pipes. Materials Science and Engineering: A, 2006, 419(1): 138-143.

[158] Shi H, Villegas I F, Bersee H E N. Strength and failure modes in resistance welded thermoplastic composite joints: effect of fibre-matrix adhesion and fibre orientation. Composites Part A, 2013, 55: 1-10.

[159] Adams R D. Adhesive bonding science, technology and applications. Cambridge England: Woodhead Publishing Limited, 2005.

[160] Kweon J H, Jung J W, Kim T H, et al. Failure of carbon composite-to-aluminum joints with combined mechanical fastening and adhesive bonding. Composite Structures, 2006, 75(1): 192-198.

[161] Ficarra C H. Analysis of adhesive bonded fiber-reinforced composite joints. Norway: University of Bergen, 2001.

[162] Palmonella M, Friswell M I, Mottershead J E. Finite element models of spot welds in structural dynamics: review and updating. Computers & Structures, 2005, 83(8): 648-661.

[163] Darwish S M. Analysis of weld-bonded dissimilar materials. International Journal of Adhesion & Adhesives, 2004, 24(4): 347-354.

[164] Seo D W, Yoon H C, Jeon Y B, et al. Effect of overlap length and adhesive thickness on stress distribution in adhesive bonded single-lap joints. Key Engineering Materials, 2004, 270: 64-69.

[165] Cui J, Wang R, Sinclair A N, et al. A calibrated finite element model of adhesive peeling. International Journal of Adhesion and Adhesives, 2003, 23(3): 199-206.

[166] Li G, Lee-Sullivan P, Thring R W. Nonlinear finite element analysis of stress and strain distributions across the adhesive thickness in composite single-lap joints. Composite Structures, 1999, 46(4): 395-403.

[167] Pradhan S C, Iyengar N G R, Kishore N N. Finite element analysis of crack growth in adhesively bonded joints. International Journal of Adhesion and Adhesives, 1995, 15(1): 33-41.

[168] Sun C, Thouless M D, Waas A M, et al. Ductile-brittle transitions in the fracture of plastically deforming, adhesively bonded structures. Part II: numerical studies. International Journal of Solids and Structures, 2008, 45(17): 4725-4738.

[169] Sawa T, Higuchi I, Suga H. Three-dimensional finite element stress analysis of single-lap adhesive joints of dissimilar adherends subjected to impact tensile loads. Journal of Adhesion Science and Technology, 2003, 17(4): 2157-2174.

[170] Goncalves J P M, de Moura M F S F, de Castro P M S T. A three-dimensional finite element model for stress analysis of adhesive joints. International Journal of Adhesion and Adhesives, 2002, 22(5): 357-365.

[171] 张翼鹏, 颜春, 阮春寅, 等. 原位聚合法制备连续玻璃纤维增强 pCBT 复合材料及其性能. 复合材料学报, 2012, 4(29): 29-35.

[172] 周持兴. 聚合物流变实验与应用. 上海: 上海交通大学出版社, 2003.

[173] Collyer A A, Clegg D W. Rheological measurement. London: Elsevier, 1998.

[174] Carreau P J, de Kee D, Chhabra R P. Rheology of polymeric systems: principles and applications. Germany: Hanser Publishers, 1997.

[175] Balogh G, Hajba S, Karger-Kocsis J, et al. Preparation and characterization of in situ polymerized cyclic butylene terephthalate/graphene nanocomposites. Journal of Materials Science, 2013, 48(6): 2530-2535.

[176] Ishak Z A, Gatos K G, Karger-Kocsis J. On the in-situ polymerization of cyclic butylene terephthalate oligomers: DSC and rheological studies. Polymer Engineering & Science, 2006, 46(6): 743-750.

[177] Karger-Kocsis J, Shang P P, Mohd Ishak Z A, et al. Melting and crystallization of in-situ polymerized cyclic butylene terephthalates with and without organoclay: a modulated DSC study. Express Polymer Letters, 2007, 1(2): 60-68.

[178] Harsch M, Karger-Kocsis J, Apostolov A A. Crystallization-induced shrinkage, crystalline, and thermomechanical properties of in situ polymerized cyclic butylene terephthalate. Journal of Applied Polymer Science, 2008, 108(3): 1455-1461.

[179] Abt T, Sánchez-Soto M, De Ilarduya A M. Toughening of in situ polymerized cyclic butylene terephthalate by chain extension with a bifunctional epoxy resin. European Polymer Journal, 2012, 48(1): 163-171.

[180] Hodge P, Colquhoun H M. Recent work on entropically-driven ring-opening polymerizations: some potential applications. Polymers for Advanced Technologies, 2005, 16(2-3): 84-94.

[181] 王世华, 杨红征. 差热分析. 北京: 北京师范大学出版社, 1982.

[182] 徐国华, 袁靖. 常用热分析仪器. 上海: 上海科学技术出版社, 1990.

[183] 刘振海. 热分析与量热仪及其应用. 北京: 化学工业出版社, 2011.

[184] Vendramini J, Bas C, Merle G, et al. Commingled poly (butylenes terephthalate)/unidirectional glass fiber composites: influence of the process conditions on the microstructure of poly(butylenes terephthalate). Polymer Composites, 2000, 21(5): 724-733.

[185] Vilcakoa P J, Quadrat O. Electrical conductivity of carbon fibre spolyester resin composites in the percolation threshold region. European Polymer Journal, 2002, 38(12): 2343-2347.

[186] Hu Z, Hossan M R. Strength evaluation and failure prediction of short carbon fiber reinforced nylon spur gears by finite element modeling. Applied Composite Materials, 2012, 20(3): 315-330.

[187] Wang G Q. Electrical resistance measurement of conductive network in short carbon fibre-polymer composites. Test Method, 1997, 16(3): 277-286.

[188] Tong N M. Electrical and mechanical properties of epoxy resin/short carbon fiber/sericite composites. Composite Interfaces, 2008, 15(1): 1-15.

[189] ABishai A M, Ghoneim A M, Ward A A M, et al. Electrical conductivity of styrene-butadiene rubber/polyester short-fiber reinforced with different types of carbon black. Polymer Plastics Technology and Engineering, 2003, 42(4): 701-710.

[190] Tanaka K, Yamaguchi M, Takahashi T, et al. Electrical conductivity of poly(vinyl chloride) filled with PAN-based and pitch-based carbon short-fibers. Advanced Composite Materials, 1994, 4(1): 1-15.

[191] Adel Z E S. Thermoplastic Composite Materials part 1. InTech, Golbabaei: Republilea Hrvatska, 2012: 25-30.

[192] Bardash L V, Fainleib A M, Grigoryeva O P, et al. Nanocomposites based on polybutylene terephthalate synthesized from cyclic oligomers of butylene terephthalate and multiwalled carbon nanotubes. Journal of Nano and Electronic Physics, 2015, 7(1): 1-6.

[193] Tobias A, Miguel S S, Silvia I, et al. Toughening of in situ polymerized cyclic butylene terephthalate by addition of tetrahydrofuran. Polymer International, 2011, 60(4): 549-556.

[194] Lanciano G, Greco A, Maffezzoli A, et al. Effects of thermal history in the ring opening polymerization of CBT and its mixtures with montmorillonite on the crystallization of the resulting poly(butylene terephthalate) . Thermochim Acta, 2009, 493: 61-67.

[195] Bahloul W, Bounor-Legaré V, Fenouillot F, et al. EVA/PBT nanostructured blends synthesized by in situ polymerization of cyclic CBT(cyclic butylene terephthalate) in molten EVA. Polymer, 2009, 50(12): 2527-2534.

[196] Agirregomezkorta A, Martínez A B, Sánchez-Soto M G, et al. Impact behavior of carbon fiber reinforced epoxy and non-isothermal cyclic butylene terephthalate composites manufactured by vacuum infusion. Composites Part B, 2012, 43(5): 2249-2256.

[197] Chow W S, Abu Bakar A, Mohd Ishak Z A. Water absorption and hygrothermal aging study on organomontmorillonite reinforced polyamide 6/polypropylene nanocomposites. Journal of Applied Polymer Science, 2005, 98(2): 780-790.

[198] Yow B N, Mohd Ishak Z A, Karger-Kocsis J. Kinetics of water absorption and hygrothermal aging rubber. Toughened poly(butylene terephthalate) with and without short glass fiber reinforcement. Journal of Applied Polymer. Science, 2004, 92(1): 506-516.

[199] Luo H S, Li Z W, Yi G B. Temperature sensing of conductive shape memory polymer composites. Materials Letters, 2015, 140: 71-74.

[200] Wang Y M, Gao J P, Ma Y Q, et al. Study on mechanical properties, thermal stability and crystallization behavior of PET/MMT nanocomposites. Composites Part B Engineering, 2006, 37(6): 399-407.

[201] Saeed S S, Khatibi A A, Basic D. An experimental study on clay/epoxy nanocomposites produced in a centrifuge. Composites Part B Engineering, 2007, 38(1): 102-107.

[202] Lingaiah S, Sadler R, Ibeh C, et al. A method of visualization of inorganic nanoparticles dispersion in nanocomposites. Composites Part B Engineering, 2008, 39(1): 196-201.

[203] Mohd Ishak Z A, Ishiaku U S. Hygrothermal aging and fracture behavior of short-glass-fiber-reinforced rubber-toughened poly(butylene terephthalate) composites. Composites Science and Technology, 2000, 60(6): 803-815.

[204] 陆立明. 热分析应用基础. 上海: 东华大学出版社, 2011.

[205] 刘振海, 陆立明, 唐远旺. 热分析简明教程. 北京: 科学出版社, 2012.

[206] Mohd Ishak Z A, Karger Kocsis J. Hygrothermal aging and fracture behavior of styrene-acrylonitrile/acrylate based core-shell rubber toughened poly(butylene terephthalate). Journal of Applied Polymer Science, 1999, 74(10): 2470-2481.

[207] Mohd Z A, Khalil P S A, Rozman H D. Hygrothermal aging and tensile behavior of injection-molded rice husk-filled polypropylene composites. Journal of Applied Polymer Science, 2000, 81(3): 742-753.

[208] Mohd Ishak Z A. Hygrothermal aging studies of short carbon fiber reinforced nylon 6.6. Journal of Applied Polymer Science, 1994, 51(13): 2145-2155.

[209] Hu Y H, Lang A W, Li X C, et al. Hygrothermal aging effects on fatigue of glass fiber/polydicyclopentadiene composites. Polymer Degradation and Stability, 2014, 110: 464-472.

[210] Czigany Z T, Heitz T, Karger-Kocsis J. Effects of hygrothermal aging on the fracture and failure behavior in short glass fiber-reinforced, toughened poly(butylene terephthalate) composites. Polymer Composites, 1996, 17(16): 900-909.

[211] Pegoretti A, Penati A. Effects of hygrothermal aging on the molar mass and thermal properties of recycled poly(ethylene terephthalate) and its short glass fibre composites. Polymer Degradation and Stability, 2004, 86(2): 233-243.

[212] Hong S U, Lee S S. Temperature-dependent decyclopolymerization of cyclic oligomers and the implication on destructuring layered nanosheets for nanocomposite reinforcement. Composites Science and Technology, 2013, 86(2): 170-176.

[213] Sung K H, Geoge S S. Mechanical properties of graphite epoxy composites at elevated temperature. London: Elsevier, 1987.

[214] Fathollah T B, Farid T, Ramin H. Characterization of a shape memory alloy hybrid composite plate subject to static loading. Materials and Design, 2011, 32(5): 2923-2933.

[215] Aurrekoetxea J, Zurbitu J, Ortiz de Mendibil I, et al. Effect of superelastic shape memory alloy wires on the impact behavior of carbon fiber reinforced in situ polymerized poly(butylene terephthalate) composites. Materials Letters, 2011, 65(5): 863-865.

[216] Raghavan J, Bartkiewicz T, Boyko S, et al. Damping, tensile, and impact properties of superelastic shape memory alloy(SMA) fiber-reinforced polymer composites. Composites Part B, 2010, 41(3): 214-222.

[217] Zhang R X, Ni Q Q, Natsuki T, et al. Mechanical properties of composites filled with SMA particles and short fibers. Composite Structures, 2007, 79(1): 90-96.

[218] Waddell A M, Punch J, Stafford J, et al. On the hydrodynamic characterization of a passive shape memory alloy valve. Applied Thermal Engineering, 2015, 75(1): 731-737.

[219] Zhang H, Tang L C, Zhang Z. Fracture behaviours of in situsilica nanoparticle - filled epoxy at different temperatures. Polymer, 2008, 49(17): 3816-3825.

[220] Zhang H, Zhang Z, Friedrich K. Property improvements of in situ epoxy nanocomposites with reduced interparticle distance at high nano-silica content. Acta Materialia, 2006, 54(7): 1833-1842.

[221] Xu D, Karger-Kocsis J. Rolling and sliding wear properties of hybrid systems composed of uncured/cured HNBR and partly polymerized cyclic butylene terephthalate(CBT). Tribology International, 2010, 43(1): 289-298.

[222] Rogério L M, Oliveira P C, Mirabel C R, et al. Environmental effects on viscoelastic behavior of carbon fiber/PEKK thermoplastic composites. Journal of Reinforced Plastics and Composites, 2014, 33(1): 749-757.

[223] Bergeret A, Ferry L, Ienny P. Influence of the fibre/matrix interface on ageing mechanisms of glass fibre reinforced thermoplastic composites (PA-6, 6, PET, PBT) in a hygrothermal environment. Polym Degrad Stabil, 2009, 94: 1315-1324.

[224] Han M H, Nairn J A. Hygrothermal aging of polyimide matrix composite laminates. Composites Part A, 2003, 34(2): 979-986.

[225] Tsai Y I, Bosze E J, Barjasteh E, et al. Influence of hygrothermal environment on thermal and mechanical properties of carbon fiber/fiberglass hybrid composites. Compasites Science and Technology, 2009, 69(3): 432-437.

[226] Ray B C. Temperature effect during humid aging on interfaces of glass and carbon fibers reinforced epoxy composites. Journal of Colloid Interface Science, 2006, 298(1): 111-117.

[227] Liao K, Schultheisz C R, Hunston D L. Effects of environmental aging on the properties of pultruded GFRP. Composites Part B, 1999, 30(5): 485-493.

[228] Boubakri A, Elleuch K, Guermazi N, et al. Investigations on hygrothermal aging of thermoplastic polyurethane material. Materials and Design, 2009, 30(10): 3958-3965.

[229] Barany T, Karger K J, Czigany T. Effect of hygrothermal aging on the essential work of fracture response of amorphous poly(ethylene terephthalate) sheets. Polymer Degradation and Stability, 2003, 82(2): 271-278.

[230] Anbukarasi K, Kalaiselvam S. Study of effect of fibre volume and dimension on mechanical, thermal, and water absorption behaviour of luffa reinforced epoxy composites. Materials and Design, 2015, 66(3): 321-330.

[231] Bao L R, Yee A F. Moisture diffusion and hygrothermal aging in bismaleimide matrix carbon fiber composites part I: uni-weave composites. Composites Science and Technology, 2002, 62(7): 2099-2110.

[232] John N M, Zhang C, Lee K W, et al. Hygrothermal aging effects on buried molecular structures at epoxy interfaces. Langmuir: ACS Journal of Surfaces and Colloids, 2014, 30(1): 165-171.

[233] Chakraverty A P, Mohanty U K, Mishra S C, et al. Sea water ageing of GFRP composites and the dissolved salts. IOP Conference Series: Materials Science and Engineering, 2015, 75(2): 12-29.

[234] Demira H, Atiklera U, Balkösea, et al. The effect of fiber surface treatments on the tensile and water sorption properties of polypropylene-luffa fiber composites. Composites Part A, 2006, 37(1): 447-456.

[235] Olmos D, Moron R L, Benito J G. The nature of the glass fibre surface and its effect in the water absorption of glass fibre/epoxy composites. The use of fluorescence to obtain information at the interface. Composites Science and Technology, 2006, 66(15): 2758-2768.

[236] Zhang L J, Yang D L, Feng Q, et al. Effects of reinforcement surface modification on the microstructures and tensile properties of SiCp/Al2014 composites. Materials Science and Engineering A, 2015, 624: 102-109.

[237] Samsudin S A, Stephen N, Mike K J. Miscibility in cyclic poly(butylene terephthalate) and styrene maleimide blends prepared by solid-dispersion and in situ polymerization of cyclic butylene terephthalate oligomers within styrene maleimide. Journal of Applied Polymer Science, 2012, 126(10): 290-297.

[238] Wu W Q, Abliz D, Jiang B Y, et al. A novel process for cost effective manufacturing of fiber metal laminate with textile reinforced pCBT composites and aluminum alloy. Composite Structures, 2014, 108(1): 172-180.

[239] Radosław M, Alexandrina N, Rodica T, et al. Polydopamine-a versatile coating for surface-initiated ring-opening polymerization of lactide to polylactide. Macromolecular Chemistry and Physics, 2015, 216(2): 211-217.

[240] Chen H L, Yu W, Zhou C X. Entropically-driven ring-opening polymerization of cyclic butylene terephthalate: rheology and kinetics. Polymer Engineering and Science, 2012, 52: 91-101.

[241] Gautier L, Mortaigne B, Bellenger V. Interface damage study of hydrothermally aged glass fiber reinforced polyester composites. Composites Science and Technology, 1999, 59(16): 2329-2337.

[242] Akil H M, Santulli C, Sarasini F, et al. Environmental effects on the mechanical behavior of pultruded jute/glass fiber-reinforced polyester hybrid composites. Composites Science and Technology, 2014, 94(4): 62-70.

[243] Musto P, Ragosta G, Mascia L. Vibrational spectroscopy evidence for the dual nature of water absorbed into epoxy resins. Chemistry of Materials, 2000, 12(5): 1331-1341.

[244] Bao L R. Moisture diffusion and hygrothermal aging in bismaleimide matrix carbon fiber composites: part II-woven and hybrid composites. Composites Science and Technology, 2002, 62(16): 2111-2119.

[245] Alvarez A V, Vazquez A. Influence of fiber chemical modification procedure on the mechanical properties and water absorption of MaterBi-Y/sisal fiber composites. Composites Part A, 2006, 37(10): 1672-1680.

[246] Yagoubi J E, Lubineau G, Traidia A, et al. Monitoring and simulations of hydrolysis in epoxy matrix composites during hygrothermal aging. Composites Part A: Applied Science and Manufacturing, 2015, 68: 184-192.

[247] Firdosh S, Murthya H N, Ratna P, et al. Durability of GFRP nanocomposites subjected to hygrothermal ageing. Composites Part B: Engineering, 2015, 69(69): 443-451.

[248] Tajvidi M, Feizmand M, Falk R H, et al. Effect of cellulose fiber reinforcement on the temperature dependent mechanical performance of nylon 6. Journal of Reinforced Plastics and Composites, 2008, 28(22): 2781-2790.

[249] Ellyin F, Maser R. Environmental effects on the mechanical properties of glass-fiber epoxy composite tubular specimens. Composites Science and Technology, 2004, 64(12): 1863-1874.

[250] Cavdar A. A study on the effects of high temperature on mechanical properties of fiber reinforced cementitious composites. Composites Part B: Engineering, 2012, 43(5): 2452-2463.

[251] Chrissafisa K, Bikiaris D. Can nanoparticles really enhance thermal stability of polymers? Part I: an overview on thermal decomposition of addition polymers. Thermochimica Acta, 2011, 523(1): 1-24.

[252] Bikiaris D. Can nanoparticles really enhance thermal stability of polymers? Part II: an overview on thermal decomposition of polycondensation polymers. Thermochimica Acta, 2011, 523(1): 25-45.

[253] Wu F, Yang G. Poly(butylene terephthalate) /organoclay nanocomposites prepared by in-situ bulk polymerization with cyclic poly(butylene terephthalate) . Materials Letters, 2009, 63(20): 1686-1688.

[254] Wu C M, Jiang C M. Crystallization and morphology of polymerized cyclic butylene terephthalate. Journal of Polymer Science Part B Polymer Physics, 2012, 48(11): 1127-1134.

[255] Lei H S, Wang Z Q, Zhou B. Simulation and analysis of shape memory alloy fiber reinforced composite based on cohesive zone model. Materials and Design, 2012, 40: 138-147.

[256] Bormen W F H. The effect of temperature and humidity on the long-term performance of poly(butylene terephthalate) compounds. Polymer Engineering and Science, 1982, 22(14): 883-887.

[257] Zhou L M, Mai Y W, Baillie C. Interfacial debonding and fibre pull-out stresses. Part 5: a methodology for evaluation of interfacial properties. Journal of Materials Science, 1994, 29(21): 5541-5550.

[258] Liu L, Jia C Y, He J M, et al. Interfacial characterization, control and modification of carbon fiber reinforced polymer composites. Composites Science and Technology, 2015, 121(1): 56-72.

[259] Narendar R, Dasan K P, Nair M. Development of coir pith/nylon fabric/epoxy hybrid composites: mechanical and ageing studies. Materials and Design, 2014, 54(2): 644-651.

[260] Ramsteiner F, Theysohn R. Tensile and impact strengths of unidirectional, short fiber-reinforced thermoplastics. Composites, 1979, 10(2): 111-119.

[261] Hasan M M B, Cherif C, Matthes A. Early prediction of the failure of textile-reinforced thermoplastic composites using hybrid yarns. Composites Science and Technology, 2012, 72(10): 1214-1221.

[262] Krairi A, Doghri I. A thermodynamically-based constitutive model for thermoplastic polymers coupling viscoelasticity, viscoplasticity and ductile damage. International Journal of Plasticity, 2014, 60(5): 163-181.

[263] Li D S, Jiang N, Zhao C Q, et al. Charpy impact properties and failure mechanism of 3D MWK composites at room and cryogenic temperatures. Cryogenics, 2014, 62: 37-47.

[264] Shindo Y, Miura M, Takeda T, et al. Cryogenic delamination growth in woven glass/epoxy composite laminates under mixed-mode I/II fatigue loading. Composites Science and Technology, 2011, 71(5): 647-652.

[265] Shindo Y, Takeda T, Narita F, et al. Delamination growth mechanisms in woven glass fiber reinforced polymer composites under mode II fatigue loading at cryogenic temperatures. Composites Science and Technology, 2009, 69(11): 1904-1911.

[266] Choi I, Yu Y H, Lee D G. Cryogenic sandwich-type insulation board composed of E-glass/epoxy composite and polymeric foams. Composite Structures, 2013, 102: 61-71.

[267] Takeda T, Narita F, Shindo Y, et al. Cryogenic through-thickness tensile characterization of plain woven glass/epoxy composite laminates using cross specimens: experimental test and finite element analysis. Composites Part B Engineering, 2015, 78: 42-49.

[268] Gonzalez D G, Millan M R, Rusinek A, et al. Low temperature effect on impact energy absorption capability of PEEK composites. Composite Structures, 2015, 134(15): 440-449.

[269] Coronado P, Argüelles A, Vina J, et al. Influence of low temperatures on the phenomenon of delamination of mode I fracture in carbon-fibre/epoxy composites under fatigue loading. Composite Structure, 2014, 112(1): 188-193.

[270] Li R, Karki P, Hao P W, et al. Rheological and low temperature properties of asphalt composites containing rock asphalts. Construction and Building Materials, 2015, 96: 47-54.

[271] Baljinder K K, Luangtriratana P. Thermo-physical performance of organoclay coatings deposited on the surfaces of glass fibre-reinforced epoxy composites using an atmospheric pressure plasma or a resin binder. Applied Clay Science, 2014, 99(3): 62-71.

[272] Baljinder K K, Luangtriratana P. Evaluation of thermal barrier effect of ceramic microparticulate surface coatings on glass fibre-reinforced epoxy composites. Composites Part B: Engineering, 2014, 66: 381-387.

[273] Maida P D, Radi E, Sciancalepore C, et al. Pullout behavior of polypropylene macro-synthetic fibers treated with nano-silica. Construction and Building Materials, 2015, 82: 39-44.

[274] Qin W Z, Vautard F, Drzal L T, et al. Mechanical and electrical properties of carbon fiber composites with incorporation of graphene nanoplatelets at the fiber-matrix interphase. Composites Part B: Engineering, 2015, 69: 335-341.

[275] Echaabi J, Trochu F, Pham X T, et al. Theoretical and experimental investigation of failure and damage procgression of graphite-epoxy progression composites in flexural bending test. Journal of Reinforced Plastics and Composites, 1996, 15(7): 740-755.

[276] John F T, Brian S H, James C S. Nanoclay reinforcement effects on the cryogenic microcracking of carbon fiber/epoxy composites. Composites Science and Technology, 2002, 62(9): 1249-1258.

[277] Sun Y, Chen J, Ma F M, et al. Tensile and flexural properties of multilayered metal/intermetallics composites. Materials Characterization, 2015, 102: 165-172.

[278] 张臻, 沈亚鹏, 王健. 形状记忆合金短纤维增强弹塑性基体复合材料的力学行为. 复合材料学报, 2004, 21(6): 173-178.

[279] 王振清, 雷红帅, 周博, 等. 基于内聚力模型的形状记忆合金短纤维增强树脂基复合材料的模拟分析. 复合材料学报, 2012, 29(5): 236-243.

[280] Meo M, Marulo F, Guida M. Shape memory alloy hybrid composites for improved impact properties for aeronautical applications. Composite Structures, 2013, 95(1): 756-766.

[281] Lei H S, Wang Z Q, Zhou B, et al. Experimental and numerical investigation on the macroscopic mechanical behavior of shape memory alloy hybrid composite with weak interface. Composite Structures, 2013, 101: 301-312.

[282] Zhou G, Lloyd P. Design, manufacture and evaluation of bending behaviour of composite beams embedded with SMA wires. Composites Science and Technology, 2009, 69(13): 2034-2041.

[283] 国家质量技术监督局. 定向纤维增强塑料拉伸性能试验方法: GB/T 3354—2014. 北京: 中国标准出版社, 2014.

[284] Hamming L M, Fan X W, Messersmith P B, et al. Mimicking mussel adhesion to improve interfacial properties in composites. Composites Scienec and Technology, 68(9): 2042-2048.

[285] Berman J B, White S R. Theoretical modelling of residual and transformational stresses in SMA composites. Smart Materials and Structures, 1996, 5(5): 731-743.

[286] Pisanova E, Zhandarov S, Mader E. How can adhesion be determined from micromechanical tests?. Composites Part A: Applied Science and Manufacturing, 2001, 32(3): 425-434.

[287] Desaeger M, Verpoest I. On the use of the micro-indentation test technique to measure the interfacial shear strength of fibre-reinforced polymer composites. Composites Science and Technology, 1993, 48(1): 215-226.

[288] Kanerva M, Saarela O. The peel ply surface treatment for adhesive bonding of composites: a review. International Journal of Adhesion Adhesires, 2013, 43(5): 60-69.

[289] Behzad T, Sain M. Surface and interface characterization of untreated and SMA imide-treated hemp fiber/acrylic composites. Polymer Composites, 2009, 30(6): 681-690.

[290] Poon C K, Lau K T, Zhou L M. Design of pull-out stresses for prestrained SMA wire/polymer hybrid composites. Composites Part B Engineering, 2005, 36(1): 25-31.

[291] Lau K T, Chan A W, Shi S Q, et al. Debond induced by strain recovery of an embedded NiTi wire at a NiTi epoxy interface: micro-scale observation. Materials Design, 2002, 23(3): 265-270.

[292] Payandeh Y, Meraghni F, Patoor E, et al. Effect of martensitic transformation on the debonding propagation in Ni-Ti shape memory wire composite. Materials Science and Engineering, 2009, 518(2): 35-40.

[293] Neuking K, Zarifa A A, Eggeler G. Surface engineering of shape memory alloy/polymer-composites: improvement of the adhesion between polymers and pseudoelastic shape memory alloys. Materials Science and Engineering, 2008, 481(1): 606-611.

[294] Rascon A N, Borunda E O, Hernandez J G, et al. Mechanical characterization of optical glass fiber coated with a thin film of silver nanoparticles by nanoindentation. Materials Letters, 2014, 136: 63-66.

[295] Chen J, Huang L, Xiao P, et al. Mechanical properties of carbon/carbon composites with the fibre/matrix interface modified by carbon nano fibers. Materials Science and Engineering, 2016, 656: 21-26.

[296] Mishnaevsky L. Nanostructured interfaces for enhancing mechanical properties of composites: computational micromechanical studies. Composites Part B Engineering, 2015, 68: 75-84.

[297] Smitha N A, Antounb G G, Ellisa A B, et al. Improved adhesion between nickel-titanium shape memory alloy and a polymer matrix via silane coupling agents. Composites Part A Applied Science and Manufacturing, 2004, 35(11): 1307-1312.

[298] Chen J R, Zhu Y F, Ni Q Q, et al. Surface modification and characterization of aramid fibers with hybrid coating. Applied Surface Science, 2014, 321(1): 103-108.

[299] Ye X Z, Wang H, Zheng K, et al. The interface designing and reinforced features of wood fiber/polypropylene composites: wood fiber adopting nano-zinc-oxidecoating via ion assembly. Composites Science and Technology, 2016, 124(5): 1-9.

[300] Chung M H, Wang W H, Chen L M, et al. Silane modification on mesoporous silica coated carbon nanotubes for improving compatibility and dispersity in epoxy matrices. Composites Part A, 2015, 78(2): 1-9.

[301] Mohammad S I, Yan D, Tong L Y, et al. Grafting carbon nanotubes directly onto carbon fibers for superior mechanical stability: towards next generation aerospace composites and energy storage applications. Carbon, 2016, 96: 701-710.

[302] Yang B, Zhang J F, Zhou L M, et al. Effect of fiber surface modification on water absorption and hydrothermal aging behaviors of GF/pCBT composites. Composites Part B, 2015, 82(1): 84-91.

[303] Payandeh Y, Meraghi F, Patoor E, et al. Debonding initiation in a NiTi shape memory wire-epoxy matrix composite. Influence of martensitic transformation. Materials and Design, 2010, 31(3): 1077-1084.

[304] Yang B, Wang Z Q, Zhou L M, et al. Experimental and numerical investigation of interply hybrid composites based on woven fabrics and pCBT resin subjected to low-velocity impact. Composite Structures, 2015, 132(3): 464-476.

[305] Fuentes C A, Brughmans G, Tran L Q N, et al. Mechanical behaviour and practical adhesion at a bamboo composite interface: physical adhesion and mechanical interlocking. Composites Science and Technology, 2015, 109(1): 40-47.

[306] Wenzel, Robert N. Resistance of solid surfaces to wetting by water. Transactions of the Faraday Society, 1936, 28(8): 988-994.

[307] Zhandarov S, Pisanova E, Lauke B. Is there any contradiction between the stress and energy failure criteria in micromechanical tests? Part I. Crack initiation: stress-controlled or energy-controlled?. Composite Interfaces, 1997, 5(15): 387-404.

[308] Sydenstricker T H D, Mochnaz S, Amico S C. Pull-out and other evaluations in sisal-reinforced polyester biocomposites. Polymer Testing, 2003, 22(4): 375-380.

[309] Advani S G. Flow and rheology in polymer composites manufacturing. Holland: Elsevier Science, 1994.

[310] Mc Carthy R F J, Haines G H, Newley R A. Polymer composite applications to aerospace equipment. Composites Manufacturing, 1994, 5(2): 83-93.

[311] Mallick P K, Newman S. Composite materials technology: processes and properties. Munich: VSA Hanser, 1990.

[312] Rudd C D, Long A C, Kendall K N, et al. Liquid moulding technologies. Cambridge: Woodhead, 1997.

[313] Advani S G, Sozer E M. Process modeling in composites manufacturing. Boca Raton: USA CRC Press, 2012.

[314] Wu W, Xie L, Jiang B, et al. Simultaneous binding and toughening concept for textile reinforced pCBT composites: manufacturing and flexural properties. Composite Structures, 2013, 105(8): 279-287.

[315] Coulter J P, Guceri S I. Resin impregnation during the manufacturing of composite materials subject to prescribed injection rate. Journal of Reinforced Plastics and Composites, 1988, 7(3): 200-219.

[316] Yan C, Li H, Zhang X, et al. Preparation and properties of continuous glass fiber reinforced anionic polyamide-6 thermoplastic composites. Materials & Design, 2013, 46(1): 688-695.

[317] 张璐, 周利民, 章继峰, 等. 纤维增强 PBT 复合材料的真空辅助树脂扩散成型方法: CN103341985A. 2013-10-09.

[318] Oteguy M E, Gibson, A G, Robinson A M. Fusion bonding of structural T-joints for thermoplastic composite boats. Journal of Thermoplastic Composite Materials, 2013, 26(4): 419-442.

[319] De Baere I, Van Paepegem W, Degrieck J. Feasibility study of fusion bonding for carbon fabric reinforced polyphenylene sulphide by hot-tool welding. Journal of Thermoplastic Composite Materials, 2012, 25(2): 135-151.

[320] Wang H Y, Liu L M. Analysis of the influence of adhesives in laser weld bonded joints. International Journal of Adhesion and Adhesives, 2014, 52(1): 77-81.

[321] 杨彩云, 李嘉禄. 三维机织复合材料纤维体积含量计算方法. 固体火箭技术, 2005, 28(3): 224-227.

[322] 高峰, 姚穆. 纤维体积含量对纤维增强复合材料拉伸断裂强度影响. 纺织学报, 1996, 1(1): 4-7.

[323] 李瑞洲, 郑元生, 敖利民. 表面金属化纤维金属含量的密度法测定. 纺织学报, 2010, 3(1): 24-26.

[324] 石宝, 张林彦. 玻璃纤维复合材料纤维体积含量的测定方法. 上海纺织科技, 2012, 9(1): 61-62.

[325] Hashin Z. Analysis of composite materials-a survey. Journal of Applied Mechanics, 1983, 50(3): 481-505.

[326] Berthelot J M. Matériaux composites: comportement mécanique et analyse des structures. Tec & Doc, 1999.

[327] Brahim S B, Cheikh R B. Influence of fibre orientation and volume fraction on the tensile properties of unidirectional Alfa-polyester composite. Composites Science and Technology, 2007, 67(1): 140-147.

[328] Yazıcı S, İnan G, Tabak V. Effect of aspect ratio and volume fraction of steel fiber on the mechanical properties of SFRC. Construction and Building Materials, 2007, 21(6): 1250-1253.

[329] Romanzini D, Lavoratti A, Ornaghi H L, et al. Influence of fiber content on the mechanical and dynamic mechanical properties of glass/ramie polymer composites. Materials and Design, 2013, 47(1): 9-15.

[330] El-Shekeil Y A, Sapuan S M, Jawaid M, et al. Influence of fiber content on mechanical, morphological and thermal properties of kenaf fibers reinforced poly(vinyl chloride) /thermoplastic polyurethane poly-blend composites. Materials and Design, 2014, 58(6): 130-135.

[331] Abdulmajeed A A, Närhi T O, Vallittu P K, et al. The effect of high fiber fraction on some mechanical properties of unidirectional glass fiber-reinforced composite. Dental Materials, 2011, 27(4): 313-321.

[332] Zhang L, Zhang J F, Wang Z Q, et al. Mechanical properties of GF/pCBT composites and their fusion-bonded joints: influence of process parameters. Strength of Materials, 2015, 47(1): 41-46.

[333] 周松. 复合材料螺栓连接渐进损伤的实验及数值分析. 哈尔滨: 哈尔滨工程大学, 2013.

[334] Hashin Z. Failure criteria for unidirectional fiber composites. Journal of Applied Mechanics, 1980, 47(2): 329-334.

[335] Tan S C. A progressive failure model for composite laminates containing openings. Composite Materials, 1991, 25(5): 556-577.

[336] 章继峰, 谢永刚, 张璐. 接头局部增强的复合材料层合板螺栓连接试验与数值模拟. 复合材料学报, 2013, 6(30): 191-196.

[337] Wang X Q, Zhang J F, Wang Z Q, et al. Effects of interphase properties in unidirectional fiber reinforced composite materials. Materials and Design, 2011, 32(6): 3486-3492.

[338] 王晓强. 基于内聚力模型的复合材料拉伸性能细观有限元分析. 哈尔滨: 哈尔滨工程大学, 2012.

[339] 谢鸣九. 复合材料连接. 上海: 上海交通大学出版社, 2011.

[340] Dugdale D S. Yielding of steel sheets containing slits. Journal of the Mechanics and Physics of Solids, 1960, 8(2): 100-112.

[341] Barenblatt G. The mathematical theory of equilibrium cracks in brittle fracture. Advances in Applied Mechanics, 1962, 7(5): 55-129.

[342] Hillerborg A, Modéer M, Petersson P E. Analysis of crack formation and crack growth in concrete by means of fracture mechanics and finite elements. Cement and Concrete Research, 1976, 6(1): 773-782.

[343] Needleman A. A continuum model for void nucleation by inclusion debonding. Applied Mechanics, 1987, 54(1): 525-531.

[344] 赵宁, 欧阳海彬, 戴建京, 等. 内聚力模型在结构胶接强度分析中的应用. 现在制造工程, 2009, 11(1): 128-131.

[345] Alfano G. On the influence of the shape of the interface law on the application of cohesive-zone models. Composites Science and Technology, 2006, 66(6): 723-730.

[346] Naik N K, Meduri S. Polymer-matrix composites subjected to low-velocity impact: effect of laminate configuration. Composites Science and Technology, 2001, 10(61): 1429-1436.

[347] Rokbi M, Osmani H, Benseddiq N, et al. On experimental investigation of failure process of woven fabric composites. Composites Science and Technology, 2011, 71(11): 1375-1384.

[348] Christoforou A P, Yigit A S. Scaling of low-velocity impact response in composite structures. Composite Structures, 2009, 3(1): 358-365.

[349] Zhu S Q, Chai G B. Low-velocity impact response of fiber-metal laminates: experimental and finite element analysis. Composites Science and Technology, 2012, 72(15): 1793-1802.

[350] Lopes C S, Seresta O, Coquet Y, et al. Low-velocity impact damage on dispersed stacking sequence laminates. Part I: experiments. Composites Science and Technology, 2009, 69(7-8): 926-936.

[351] Lopes C S, Camanho P P, Gurdal Z, et al. Low-velocity impact damage on dispersed stacking sequence laminates. Part II: numerical simulations. Composites Science and Technology, 2009, 8(1): 937-947.

[352] Karaofjlan L, Noor A K. Frictional contact impact response of textile composite structures. Composite Structures, 1997, 37(2): 269-280.

[353] Naik N K, Sekhe Y C, Meduri S. Damage in woven-fabric composites subjected to low-velocity impact. Composites Science and Technology, 2000, 60(5): 731-744.

[354] Davies G, Zhang X. Impact damage prediction in carbon composite structures. International Journal of Impact Engineering, 1995, 16(1): 149-170.

[355] Tsampas S A, Greenhalgh E S, Ankersen J. Compressive failure of hybrid multidirectional fibre-reinforced composites. Composites Part A: Applied Science and Manufacturing, 2015, 71: 40-58.

[356] Bhatia N M H. Strength and fracture characteristics of graphite glass intraply hybrid composites. Composite Materials: Testing and Design, 1982, 22(3): 183-199.

[357] Park R, Jang J. The effect of hybridization on the mechanical performance of aramid polyethylene intraply fabric composites. Composites Science and Technology, 1998, 7(1): 1621-1628.

[358] Pegoretti A, Fabbri E, Migliaresi C, et al. Intraply and interply hybrid composites based on E-glass and poly(vinyl alcohol) woven fabrics: tensile and impact properties. Polymer International, 2004, 53(9): 1290-1297.

[359] Akhbari M, Shokrieh M M, Nosraty H. A study on buckling behavior of composite sheet reinforced by hybrid woven fabrics. Transactions CSME, 2008, 32(1): 81-89.

[360] Tehrani D M, Nosraty H, Shokrieh M M, et al. Low velocity impact properties of intraply hybrid composites based on basalt and nylon woven fabrics. Materials and Design, 2010, 31(8): 3835-3844.

[361] Amiya R, Tripathy, Chen W J, et al. Novel poly(butylene terephthalate) /poly(vinyl butyral) blends prepared by in situ polymerization of cyclic poly(butylene terephthalate) oligomers. Polymer, 2003, 44(6): 1835-1842.

[362] Dehkordi M T, Nosraty H, Shokrieh M M, et al. The influence of hybridization on impact damage behavior and residual compression strength of intraply basalt/nylon hybrid composites. Mater Des, 2013, 43: 283-290.

[363] Chamis C C, Sinclair J H. Mechanics of intraply hybrid composites - properties, analysis, and design. Polymer Composites, 1980, 1: 7-13.

[364] Liua X, Wu Z J, Wang R G, et al. Experimental study of the electrical resistivity of glass-carbon/epoxy hybrid composites. Polymers and Polymer Composites, 2014, 22(1): 289-292.

[365] Belingardi G, Cavatorta M P, Frasca C. Bending fatigue behavior of glass-carbon/epoxy hybrid composites. Composites Science and Technology, 2006, 66(2): 222-232.

[366] Hosur M V, Adbullah M, Jeelani S. Studies on the low-velocity impact response of woven hybrid composites. Composite Structures, 2005, 67(3): 253-262.

[367] Alaattin A, Mehmet A, Fatih T. The effect of stacking sequence on the impact and post-impact behavior of woven/knit fabric glass/epoxy hybrid composites. Composite Structures, 2013, 103: 119-135.

[368] Gonzalez E V, Maimi P, Sainz J R, et al. Effects of interply hybridization on the damage resistance and tolerance of composite laminates. Composite Structures, 2014, 108(1): 319-331.

[369] Metin S, Numan B B, Onur S. An experimental investigation on the impact behavior of hybrid composite plates. Composite Structures, 2010, 92(5): 1256-1262.

[370] Jeremy G, Aaran J, Mohammad M, et al. Low velocity impact of combination Kevlar/carbon fiber sandwich composites. Composite Structures, 2005, 69(4): 396-406.

[371] Thanomsilp C, Hogg P J. Penetration impact resistance of hybrid composites based on commingled yarn fabrics. Composites Science and Technology, 2003, 63(3): 467-482.

[372] Alaattin A, Mehmet A, Fatih T. Impact and post impact(CAI) behavior of stitched woven-knit hybrid composites. Composite Structures, 2014, 116: 243-253.

[373] Yan R, Wang R, Lou C W, et al. Low-velocity impact and static behaviors of high-resilience thermal-bonding inter/intra-ply hybrid composites. Composites Part B: Engineering, 2015, 69: 58-68.

[374] Wang Q, Chen Z H, Chen Z F. Design and characteristics of hybrid composite armor subjected to projectile impact. Materials and Design, 2013, 46: 634-639.

[375] Manikandan P, Chai G B. A layer-wise behavioral study of metal based interply hybrid composites under low velocity impact load. Composite Structures, 2014, 117(1): 17-31.

[376] Sevkat E, Liaw B, Delale F. Drop-weight impact response of hybrid composites impacted by impactor of various geometries. Materials and Design, 2013, 52: 67-77.

[377] Sarasini F, Tirillò J, Valente M, et al. Hybrid composites based on aramid and basalt woven fabrics: impact damage modes and residual flexural properties. Materials and Design, 2013, 49: 290-302.

[378] Sarasini F, Tirillo J, Ferrante L, et al. Drop-weight impact behaviour of woven hybrid basalt-carbon/epoxy composites. Composites Part B, 2014, 59: 204-220.

[379] Sarasini F, Tirillo J, Valente M, et al. Effect of basalt fiber hybridization on the impact behavior under low impact velocity of glass/basalt woven fabric/epoxy resin composites. Composites Part A, 2013, 47: 109-123.

[380] Tasdemirci A, Tunusoglu G, Guden M. The effect of the interlayer on the ballistic performance of ceramic/composite armors: experimental and numerical study. International Journal of Impact Engineering, 2012, 44: 1-9.

[381] Zhou S, Wang Z Q, Zhou J S, et al. Experimental and numerical investigation on bolted composite joint made by vacuum assisted resin injection. Composites Part B: Engineering, 2013, 45(1): 1620-1628.

[382] Atas C, Sayman O. An overall view on impact response of woven fabric composite plates. Composite Structures, 2008, 82(3): 336-345.

[383] Hou J P, Petrinic N, Ruiz C, et al. Prediction of impact damage in composite plates. Composites Science and Technology, 2000, 60(2): 273-281.

[384] Reddy Y S, Reddy J N. Three dimensional finite element progressive failure analysis of composite laminates under axial extension. Composites Science and Technology, 1993, 15(2): 73-87.

[385] Guild F J, Hogg P J, Prichard J C. A model for the reduction in compressive strength of continuous fiber composites after impact damage. Composites, 1993, 24(4): 333-339.

[386] Hull D, Shi Y B. Damage mechanisms characterization in composite damage tolerance investigations. Composite Structures, 1993, 23(2): 99-120.

[387] 张典堂, 陈利, 孙颖, 等. UHMWPE/LLDPE 复合材料层板低速冲击及冲击后压缩性能实验研究. 复合材料学报, 2013(S1): 107-111.

[388] 蔡奕霖, 周仕刚. 玻璃纤维复合材料层合板冲击后的压缩强度. 纤维复合材料, 2010, 1(1): 8-12.

[389] 程小全, 寇长河, 郦正能. 低速冲击后复合材料层合板的压缩破坏行为. 复合材料学报, 2001, 18(1): 116-119.

[390] 林智育, 许希武, 朱伟. 复合材料层板冲击损伤特性及冲击后压缩强度研究. 航空材料学报, 2011, 31(1): 73-80.

[391] 林智育, 许希武. 复合材料层板低速冲击后剩余压缩强度. 复合材料学报, 2008, 25(1): 140-146.

[392] 贾建东, 丁运亮, 胡伯仁. 复合材料层合板低速冲击后压缩破坏的数值模拟. 机械科学与技术, 2010, 29(10): 1320-1324.

[393] 范金娟, 赵旭, 程小全. 复合材料层合板低速冲击后压缩损伤特征研究. 失效分析与预防, 2006, 1(2): 33-52.

[394] 闫丽, 安学锋, 蔡建丽, 等. 复合材料层压板低速冲击和准静态压痕损伤等效性的研究. 航空材料学报, 2011, 31(3): 71-75.

[395] 刘德博, 关志东, 陈建华, 等. 复合材料低速冲击损伤分析方法. 北京航空航天大学学报, 2012, 38(3): 422-426.

[396] 张小娟, 张博平, 张金奎. 基于凹坑深度的复合材料低速冲击损伤分析. 实验力学, 2010, 25(2): 234-238.

[397] Ji G F, Ouyang Z Y, Li G Q. Debonding and impact tolerant sandwich panel with hybrid foam core. Composite Structures, 2013, 103(9): 143-150.

[398] Park R, Jang J. Impact behavior of aramid fiber/glass fiber hybrid composites: the effect of stacking sequence. Polymer Composites, 2001, 22(1): 80-89.

[399] Stavropoulos C D, Papanicolaou G C. Effect of thickness on the compressive performance of ballistically impacted carbon fibre reinforced plastic(CFRP) laminates. Journal of Materials Science, 1997, 32(4): 931-936.

[400] Naik N K, Ramasimha R, Arya H, et al. Impact response and damage tolerance characteristics of glass-carbon/epoxy hybrid composite plates. Composites Part B: Engineering, 2001, 32(7): 565-574.

[401] Sachse S, Poruri M, Silva F, et al. Effect of nanofillers on low energy impact performance of sandwich structures with nanoreinforced polyurethane foam cores. Journal of Sandwich Structures and Materials, 2014, 16(2): 173-194.

[402] Nemes J A, Simmonds K E. Low-velocity impact response of foam-core sandwich composites. Journal of Composite Materials, 1992, 26(4): 500-519.

[403] Hosur M V, Abdullah M, Jeelani S. Manufacturing and low-velocity impact characterization of foam filled 3-D integrated core sandwich composites with hybrid face sheets. Composites Structure, 2005, 69(2): 161-181.

[404] Yang N C, Tseng W C. Impact assessment of a hybrid energy-generation system on a residential distribution system in Taiwan. Energy and Buildings, 2015, 91: 170-179.

[405] Sarlin E, Apostol M, Lindroos M, et al. Impact properties of novel corrosion resistant hybrid structures. Composites Structure, 2014, 108(1): 886-893.

[406] Cho H K, Rhee J. Vibration in a satellite structure with a laminate composite hybrid sandwich panel. Composites Structure, 2011, 93(10): 2566-2574.

[407] Castanie B, Aminanda Y, Bouvet C, et al. Core crush criterion to determine the strength of sandwich composite structures subjected to compression after impact. Composites Structure, 2008, 86(1): 243-250.

[408] Sanchez S S, Barbero E, Navarro C. Compressive residual strength at low temperatures of composite laminates subjected to low-velocity impacts. Composites Structure, 2008, 85(3): 226-232.

[409] Mannov E, Schmutzler H, Chandrasekaran S, et al. Improvement of compressive strength after impact in fibre reinforced polymer composites by matrix modification with thermally reduced graphene oxide. Composites Science and Technology, 2013, 87: 36-41.

[410] Gibson L J, Ashby M F. Cellular solids: structure and properties. 2nd ed. Cambridge, UK: Cambridge University Press, 1997.

[411] Moody R C. Damage tolerance of impacted composite sandwich panels, thesis for master of science. Maryland, USA: University of Maryland at College Park, 2002.